ALLE ZEIT WACH 1842

Dieter Bestle

Analyse und Optimierung von Mehrkörpersystemen

Grundlagen und rechnergestützte Methoden

Mit 80 Abbildungen

Cottbus, den 4.12.01

Springer-Verlag
Berlin Heidelberg New York
London Paris Tokyo
Hong Kong Barcelona Budapest

Dr.-Ing. habil. Dieter Bestle
Institut B für Mechanik
Universität Stuttgart
Pfaffenwaldring 9
70550 Stuttgart

ISBN 3-540-57735-1 Springer-Verlag Berlin Heidelberg NewYork

Cip-Eintrag beantragt

Satz: Reproduktionsfertige Vorlage des Autors
SPIN: 10126769 62/3020 - 5 4 3 2 1 0 - Gedruckt auf säurefreiem Papier

Vorwort

Im Zeichen der Produktivitäts- und Qualitätssteigerung werden Maschinen zunehmend schneller und die Genauigkeitsansprüche wachsen. Dies führt verstärkt zu dynamischen Problemen, die ein intuitives, auf Erfahrung basierendes experimentelles Herantasten an eine akzeptable Auslegung einer Maschine erschweren oder unmöglich machen. Um Kosten zu senken und Entwicklungszeiten für neue Produkte zu verkürzen, hat man begonnen, den experimentellen Entwicklungsprozeß durch rechnergestützte Entwurfsmethoden zu erweitern.

Die Methode der Mehrkörpersysteme ist für diese Aufgabenstellung bestens geeignet. Als Analysewerkzeug ist sie in der Fahrzeugtechnik, im Maschinenbau, der Robotik und Biomechanik bereits etabliert, die Möglichkeiten der Nutzung zur Synthese, d.h. Wahl geeigneter System- und Regelparameter, sind jedoch noch unzureichend. Ziel der Arbeit ist daher die Entwicklung und Darstellung eines einheitlichen Konzepts zur Modellierung, Analyse und Optimierung von Mehrkörpersystemen. Bausteine dazu sind Methoden der Mehrkörperdynamik, der Empfindlichkeitsanalyse von Mehrkörpersystemen, der Simulationstechnik, sowie der Mehrkriterien- und skalaren Parameteroptimierung. Die Grundlagen dazu werden ausführlich dargestellt und anhand von mehreren begleitenden Beispielen veranschaulicht. Im Mittelpunkt steht dabei die Weiterentwicklung der Methoden für die praktische Anwendung, welche eine Automatisierung der Problemformulierung und -lösung erfordert. Dazu werden neben numerischen Verfahren auch Methoden der Computer-Algebra herangezogen.

Dieses Buch basiert auf einer gleichnamigen Schrift, die im Jahre 1993 an der Universität Stuttgart zur Habilitation im Fachgebiet Technische Mechanik führte. Für die Anregung zu dieser Arbeit und die wohlwollende Förderung danke ich Herrn Professor Dr.-Ing. Dr. h.c. W. Schiehlen herzlich. Weiterhin danke ich Herrn Professor K.H. Well, der als Mitberichter am Habilitationsverfahren mitwirkte. Zum Gelingen der Arbeit haben auch viele Diskussionen und die Zusammenarbeit mit Studenten und Mitarbeitern des Instituts B für Mechanik der Universität Stuttgart beigetragen, wobei ich besonders meinen früheren Studenten und jetzigen Kollegen, Herrn Dipl.-Ing. P. Eberhard hervorheben möchte.

Die Habilitation steht am Ende einer langen Hochschulausbildung, die ohne finanzielle Unterstützung nicht möglich gewesen wäre, für welche ich mich bedanken möchte. Meine Eltern ermöglichten mir ein Ingenieurstudium fernab von Regelstudienzeiten. Die Robert Bosch Stiftung förderte meine Promotion durch das von ihr damals ins Leben gerufene, fächerübergreifende Graduiertenkolleg. Die Deutsche Forschungsgemeinschaft finanzierte einen Aufenthalt an der University of Iowa bei Herrn Professor E.J. Haug, der die vorliegende Arbeit sehr stark geprägt hat. Bedanken möchte ich mich auch bei meiner Familie für Ihre Unterstützung und Nachsicht bei meiner zeitintensiven Tätigkeit.

Stuttgart, im Frühjahr 1994

Inhaltsverzeichnis

Verzeichnis der wichtigsten Symbole und Formelzeichen

Allgemeine mathematische Zeichen

$\forall$	für alle
$\exists$, $\nexists$	es existiert ein (kein)
$\equiv$	identisch gleich
$:=$, $=:$	ist (wird) definiert als
$\rightarrow$	wird zugeordnet, wird abgebildet auf
da	totales Differential von a
∂a	partielles Differential von a
∇a	Gradient von a
$\nabla^2 a$	Hesse-Matrix von a
δa	Variation von a in Bezug auf Lage oder Entwurfsvariablen
$\delta' a$	Variation von a in Bezug auf Geschwindigkeiten
δa^0, δa^1	Variation von $a(t^0)$ bzw. $a(t^1)$
$\delta^0 a$, $\delta^1 a$	Variation von $a(t)$ an der Stelle $t = t^0$ bzw. $t = t^1$
Δa	endliche Änderung von a
$\dot{a}$	Ableitung nach der Zeit da/dt
a'	Ableitung nach einer Veränderlichen
$\ddot{a}$	zweite Ableitung nach der Zeit d^2a/dt^2
a''	zweite Ableitung nach einer Veränderlichen
$a(t)\|_\tau$	Funktionswert von a an der Stelle $t = \tau$
$\sum_i$	Summe über alle i
$\prod_i$	Produkt über alle i
$\wedge$	logisches *und*
$\vee$	logisches *oder*
$i = j(k)l$	Zählindex i läuft von j bis l in Schritten von k

Notationen für Vektoren und Matrizen
(Symbolische und analytische Schreibweise)

$\boldsymbol{a}$, a_i	Spaltenvektor
$\boldsymbol{a}^T$, a_i	Zeilenvektor
$\boldsymbol{A}$, A_{ij}	Matrix
$\boldsymbol{A}^T$, A^T_{ij}	transponierte Matrix

$\boldsymbol{A}^{-1}$, A_{ij}^{-1}	inverse Matrix
$\mathbf{0}$	Nullvektor, Nullmatrix
$\boldsymbol{I}$, δ_{ij}	Einheitsmatrix
ε_{ijk}	Permutationssymbol: $\varepsilon_{123} = \varepsilon_{231} = \varepsilon_{312} = 1$, $\varepsilon_{213} = \varepsilon_{132} = \varepsilon_{321} = -1$, $\varepsilon_{ijk} = 0$ sonst
$\tilde{\boldsymbol{a}}$, $\varepsilon_{ijk}a_j$	schiefsymmetrische Matrix zum Vektor $\boldsymbol{a} \in I\!R^3$
$\lVert\boldsymbol{a}\rVert$	Betrag eines Vektors $\boldsymbol{a}$ (Euklidsche Norm)
Spur $\boldsymbol{A}$, A_{ii}	Spur einer Matrix $\boldsymbol{A}$
det $\boldsymbol{A}$	Determinante einer Matrix $\boldsymbol{A}$
Rang $\boldsymbol{A}$	Rang einer Matrix $\boldsymbol{A}$
$\mathcal{N}(\boldsymbol{A})$	Nullraum von $\boldsymbol{A} \in I\!R^{m \times n}$: $\{\boldsymbol{x} \in I\!R^n \mid \boldsymbol{A}\,\boldsymbol{x} = \mathbf{0}\}$
$\mathcal{R}(\boldsymbol{A})$	Bildraum von $\boldsymbol{A} \in I\!R^{m \times n}$: $\{\boldsymbol{y} \in I\!R^m \mid \boldsymbol{y} = \boldsymbol{A}\,\boldsymbol{x}, \boldsymbol{x} \in I\!R^n\}$
$\boldsymbol{A} > 0$	positiv definite Matrix
$\boldsymbol{A} = \boldsymbol{A}^T$	symmetrische Matrix
$\boldsymbol{A} = -\boldsymbol{A}^T$	schiefsymmetrische Matrix
$\boldsymbol{a} = \boldsymbol{b}$	$\boldsymbol{a}$ gleich $\boldsymbol{b}$: $a_i = b_i \quad \forall \quad i$
$\boldsymbol{a} \leq \boldsymbol{b}$	$\boldsymbol{a}$ kleiner oder gleich $\boldsymbol{b}$: $a_i \leq b_i \quad \forall \quad i$
$\boldsymbol{a} < \boldsymbol{b}$	$\boldsymbol{a}$ kleiner $\boldsymbol{b}$: $\boldsymbol{a} \leq \boldsymbol{b} \wedge \boldsymbol{a} \neq \boldsymbol{b}$
$\boldsymbol{a} \ll \boldsymbol{b}$	$\boldsymbol{a}$ echt kleiner $\boldsymbol{b}$: $a_i < b_i \quad \forall \quad i$

Mengen

$\{a_1, a_2, \ldots\}$	Menge der Elemente $a_1, a_2, \ldots$
$a \in \mathcal{A}$	a ist Element von $\mathcal{A}$
$a \notin \mathcal{A}$	a ist nicht Element von $\mathcal{A}$
$\{a \mid \ldots\}$	Menge aller a, für die gilt ...
$\mathcal{A} \cap \mathcal{B}$	Schnittmenge aus $\mathcal{A}$ und $\mathcal{B}$: $\{a \mid a \in \mathcal{A} \wedge a \in \mathcal{B}\}$
$\mathcal{A} \cup \mathcal{B}$	Vereinigungsmenge aus $\mathcal{A}$ und $\mathcal{B}$: $\{a \mid a \in \mathcal{A} \vee a \in \mathcal{B}\}$
$\mathcal{A} \backslash \mathcal{B}$	$\mathcal{A}$ ohne $\mathcal{B}$: $\{a \mid a \in \mathcal{A}, a \notin \mathcal{B}\}$
$\mathcal{A} \times \mathcal{B}$	kartesisches Produkt: $\{(a, b) \mid a \in \mathcal{A}, b \in \mathcal{B}\}$
$\mathcal{A} \subset \mathcal{B}$	$\mathcal{A}$ ist Teilmenge von $\mathcal{B}$
$[a, b]$	abgeschlossenes Intervall von a bis b
(a, b)	offenes Intervall von a bis b
$(a, b]$, $[a, b)$	halboffene Intervalle von a bis b
C^n	Menge der n–fach stetig differenzierbaren Funktionen
$\mathcal{I}_n$	Indexmenge $\{1, 2, \ldots, n\}$
$\mathcal{F}$	zulässiger Kriterienraum
$\mathcal{F}^P$	Menge der Pareto-optimalen Lösungen im Kriterienraum
$\mathcal{G}$	Menge der stationären Parametervariationen
$\mathcal{K}(\boldsymbol{p})$	Kegel von $\boldsymbol{p}$: $\{\boldsymbol{f} \in I\!R^n \mid \boldsymbol{f} \geq \boldsymbol{f}(\boldsymbol{p})\}$
$\mathcal{M}$	Bindungsmannigfaltigkeit
$\mathcal{P}$	zulässiger Parameterraum
$\mathcal{P}^P$	Menge der Pareto-optimalen Lösungen
$I\!R$	Menge der reellen Zahlen
$I\!R^n$	n-dimensionaler reeller Raum
$\mathcal{S}$	Menge der zulässigen Suchrichtungen
$\mathcal{U}$	Menge der zulässigen Steuerfunktionen
$\mathcal{U}$	Umgebung

Lateinische Buchstaben

$\boldsymbol{a}$	Beschleunigungsvektor
$\bar{\boldsymbol{a}}$, $\bar{\bar{\boldsymbol{a}}}$	lokale Beschleunigungsterme
$\boldsymbol{c}$, $\bar{\boldsymbol{c}}$	Schleifenschließbedingungen
$\boldsymbol{c}^v$	nichtholonome Bindungen
d	Dämpferkonstante
$\boldsymbol{e}$	Fehlervektor
$\boldsymbol{e}_k$	k–ter Einheitsvektor
f	Lagefreiheitsgrad
f	Gütekriterium
$\bar{f}$	Gütekriterium der Liniensuche
f^b	Lagefreiheitsgrad des aufspannenden Baums
$\boldsymbol{f}$	Vektorkriterium
$\boldsymbol{f}^0$	ideale Lösung
$\boldsymbol{f}^e$, $\boldsymbol{f}^r$	eingeprägte Kraft und Reaktionskraft
$\bar{\boldsymbol{f}}^r$	Reaktionskraft am Gelenkschnitt
g	Geschwindigkeits-freiheitsgrad
$\boldsymbol{g}$	erweiterte Schleifenschließbedingungen
$\boldsymbol{g}$	Gleichungs-nebenbedingungen
$\boldsymbol{g}$	Gradient einer linearen Funktion
h	Anzahl der Entwurfsvariablen
h_n	Integrationsschrittweite
$\boldsymbol{h}$	Ungleichungs-nebenbedingungen
k	Federsteifigkeit
$\boldsymbol{k}$	Vektor der verallgemeinerten Zentrifugal-, Kreisel- und Corioliskräfte
l	Anzahl der Gleichungs-nebenbedingungen
l	lineare Funktion
$\boldsymbol{l}^e$, $\boldsymbol{l}^r$	eingeprägtes Moment und Reaktionsmoment
$\bar{\boldsymbol{l}}^r$	Reaktionsmoment am Gelenkschnitt
m	Masse
m	Anzahl der Ungleichungs-nebenbedingungen
n	Anzahl der Kriterien einer Vektoroptimierung
n^c	Zahl der Schleifenschließbedingungen
o_n	Integrationsordnung
p	Anzahl der Körper eines Mehrkörpersystems
$\boldsymbol{p}$	Vektor der Entwurfsvariablen
$\boldsymbol{p}^*$	optimale Lösung
$\boldsymbol{p}^P$	Pareto-optimale Lösung
$\boldsymbol{p}^o$, $\boldsymbol{p}^u$	obere und untere Schranken
$\delta\boldsymbol{p}$	Parametervariation, Parameteränderung
q	quadratische Funktion
$\boldsymbol{q}$	Vektor der verallgemeinerten eingeprägten Kräfte
r	Strafparameter
$\boldsymbol{r}$	Ortsvektor
$\boldsymbol{s}$	Suchrichtung
$d\boldsymbol{s}$	Vektor der infinitesimalen Drehung
t	Zeit
t^0, t^1	Anfangs- und Endzeit
u_j^2	Spielvariablen
$\boldsymbol{u}$	Steuerfunktionen
$\boldsymbol{v}$	Geschwindigkeitsvektor
$\boldsymbol{v}$	Kinematikbeziehungen zwischen $\dot{\boldsymbol{y}}$ und $\boldsymbol{z}$
$\boldsymbol{w}$	Gewichtungsvektor
$\boldsymbol{x}$	Zustandsvektor
$\boldsymbol{y}$	verallgemeinerte Koordinaten
$\boldsymbol{y}^b$	baumbeschreibende verallgemeinerte Koordinaten

$\hat{\boldsymbol{y}}^b$	partielle Ableitungen $\partial \boldsymbol{y}^b/\partial t$
$\boldsymbol{z}$	relative Abweichung von der Ideallösung
$\boldsymbol{z}$	verallgemeinerte Geschwindigkeiten
$\boldsymbol{z}^b$	baumbeschreibende verallgemeinerte Geschwindigkeiten
$\hat{\boldsymbol{z}}^b$	Zeitableitungen der partiellen Ableitungen $\hat{\boldsymbol{y}}^b$
$ABSERR$	absolute Fehlertoleranz der numerischen Integration
$\boldsymbol{B}$	Ersatzmatrix der inversen Hesse-Matrix
$\boldsymbol{C}$	Bindungsjacobimatrix
$\boldsymbol{C}_r$, $\boldsymbol{C}_S$	Bindungsjacobimatrizen der Translation und Rotation
D	finite Differenz
$\boldsymbol{DGL}$	implizite Kinetikfunktion
F	Bewertungsfunktion des dynamischen Verhaltens
G^1	Bewertungsfunktion des Endzustands und der Endzeit
$\boldsymbol{G}$	Jacobimatrix der erweiterten Schleifenschließbedingungen
$\boldsymbol{G}$	Hesse-Matrix einer quadratischen Funktion
H^1	Endbedingung
$\boldsymbol{H}$	Ersatzmatrix der Hesse-Matrix
$\boldsymbol{I}$	Einheitsmatrix
$\boldsymbol{I}$	Trägheitstensor
$\boldsymbol{J}_T$, $\boldsymbol{J}_R$	Jacobimatrizen der Translation und Rotation
K_i	i-ter Körper eines Mehrkörpersystems
$\boldsymbol{K}$	Koeffizientenmatrix zur Festlegung der verallgemeinerten Koordinaten
L	Lagrange Funktion
$\boldsymbol{L}_T$, $\boldsymbol{L}_R$	Jacobimatrizen der Translations- und Winkelgeschwindigkeiten
$\boldsymbol{M}$	Massenmatrix
$\boldsymbol{N}$	Jacobimatrix der aktiven Nebenbedingungen
P^r	Leistung der Reaktionskräfte
$P_{n,k}$, $\mathcal{P}_{n,k}$	Polynome der Ordnung k mit Randpunkt t_n
$RELERR$	relative Fehlertoleranz der numerischen Integration
$\boldsymbol{R}$	Rechtsdreiecksmatrix
$\boldsymbol{S}$	Drehmatrix
W^r	Arbeit der Reaktionskräfte
$\boldsymbol{W}$	Hesse-Matrix der Lagrange Funktion
$\boldsymbol{W}$	Gewichtungsmatrix
$\hat{\boldsymbol{Y}}^b$	partielle Ableitungen $\partial \boldsymbol{y}^b/\partial \boldsymbol{y}$
$\boldsymbol{Y}_p$	Empfindlichkeitsmatrix $d\boldsymbol{y}/d\boldsymbol{p}$ bzw. $d\boldsymbol{y}^b/d\boldsymbol{p}$
$\hat{\boldsymbol{Z}}^b$	Zeitableitungen der partiellen Ableitungen $\hat{\boldsymbol{Y}}^b$
$\boldsymbol{Z}_p$	Empfindlichkeitsmatrix $d\boldsymbol{z}/d\boldsymbol{p}$ bzw. $d\boldsymbol{z}^b/d\boldsymbol{p}$

Griechische Buchstaben

α	Variable der Liniensuche
$\boldsymbol{\alpha}$	Winkelbeschleunigungs-vektor
$\bar{\boldsymbol{\alpha}}$, $\bar{\bar{\boldsymbol{\alpha}}}$	lokale Winkelbeschleunigungsterme
$\boldsymbol{\gamma}$	Abk. der Restterme in Schleifenschließbedingungen auf Beschleunigungsebene

$\boldsymbol{\gamma}$	adjungierte Variablen der Schleifenschließbedingungen
$\boldsymbol{\gamma}$	Gradientenänderung
ε	kleine Größe
$\boldsymbol{\zeta}^0$, $\boldsymbol{\eta}^0$	adjungierte Variablen der Anfangsbedingungen
$\boldsymbol{\lambda}$, $\boldsymbol{\mu}$	Lagrange Multiplikatoren
$\boldsymbol{\mu}$, $\boldsymbol{\nu}$	adjungierte Zustandsvariablen
$\boldsymbol{\xi}$	adjungierte Hilfsvariablen
ρ, σ	Parameter der Bedingungen an die Liniensuche
σ	Toleranzfaktor
σ	Straffunktion
τ^1	adjungierte Endzeitvariable
φ	explizite Kriteriumsfunktion
ψ	funktionale Kriteriumsfunktion
$\boldsymbol{\psi}$	Ergänzungsfunktionen der Schleifenschließbedingungen
$\bar{\psi}$	punktweise Nebenbedingung
$\boldsymbol{\omega}$	Winkelgeschwindigkeitsvektor
$\bar{\boldsymbol{\omega}}$	lokaler Winkelgeschwindigkeitsterm
$\boldsymbol{\Lambda}_p$	Empfindlichkeitsmatrix $d\boldsymbol{\lambda}/d\boldsymbol{p}$
Φ	Pseudo-Gütefunktion
Φ	Bewertungsfunktion für Liniensuche
$\boldsymbol{\Phi}^0$	implizite Anfangsbedingungen der Lage
$\dot{\boldsymbol{\Phi}}^0$	implizite Anfangsbedingungen der Geschwindigkeiten
Ψ	Hilfsvariable für funktionale Kriterien

1 Einleitung

Es gehört zu den Grundaufgaben eines Ingenieurs, die bestmögliche Lösung eines Problems zu suchen. Dies erfolgte in der Vergangenheit meist durch ein auf Erfahrung und Intuition basierendes Herumprobieren an Prototypen. Auch wenn dieses Vorgehen sich oft nicht auf bestimmte Regeln zurückführen und der Erfolg sich nicht quantifizieren ließ, so führte es in vielen Bereichen, wie beispielsweise der Fahrwerksabstimmung im Automobilbau, doch zu beachtlichen Ergebnissen. Wegen der hohen Kosten und des hohen Zeitaufwands für den Bau von Prototypen versucht man heute, diesen experimentellen Entwicklungsprozeß durch rechnerische Verfahren abzulösen und die Aufgaben auf den Computer zu übertragen. Das daraus resultierende analytisch-numerische Vorgehen läßt sich wie folgt strukturieren:

1. Wahl und Aufstellen eines mathematischen Modells;
2. Wahl von Entwurfsvariablen;
3. Definition einer Ordnungsstruktur, die es gestattet, bestimmte Parameter gegenüber anderen zu bevorzugen;
4. Ermittlung von optimalen Entwurfsvariablen in Bezug auf diese Ordnungsstruktur;
5. Umsetzen der Ergebnisse in eine praktikable Realisierung.

Auch dieser analytisch-numerische Systementwurf kann auf Erfahrung, Intuition und Herumprobieren nicht verzichten. Eine gute Modellbildung erfordert Erfahrung, die Wahl von geeigneten Entwurfsvariablen und Ordnungskriterien erfordert Erfahrung und Intuition, und im Verlauf der Optimierung werden sich Modelländerungen und die Neuformulierung von Kriterien nicht vermeiden lassen. Der wesentliche Unterschied zum experimentellen Vorgehen besteht in der Quantifizierung des Systemverhaltens und der Festlegung von Regeln, die den optimalen Systementwurf nachvollziehbar machen und sich auf andere Systeme übertragen lassen. Außerdem werden von Optimierungsalgorithmen eventuell unerwartete Lösungen aufgedeckt, die durch einen konventionellen Entwicklungsprozeß nicht erkannt und erreicht worden wären.

1.1 Problemstellung

Die Optimierung eines dynamischen Systems erfordert zunächst eine geeignete mathematische Modellbildung. In der Technischen Mechanik kennt man im wesentlichen drei Modelltypen:

- *Mehrköpersysteme*,
- *Finite-Element-Systeme* und
- *Kontinuierliche Systeme.*

Die Wahl des Modells orientiert sich an der Struktur des technischen Systems und der Fragestellung. Häufig wird nur eine hybride Modellbildung, d.h. die Kombination verschiedener Modelltypen, einer gegebenen Systemstruktur gerecht.

Das Modell eines kontinuierlichen Systems läßt sich nur auf Körper mit einfacher Geometrie und homogenen Materialeigenschaften anwenden. Zudem führt es auf partielle Differentialgleichungen, die zur Lösung auf dem Rechner mathematisch diskretisiert werden müssen. Wegen diesen Einschränkungen haben die kontinuierlichen Systeme nur eine geringe Bedeutung in der Technischen Dynamik.

Vorteilhafter und anschaulicher ist die mechanische Diskretisierung des massebehafteten verformbaren Körpers, die auf das Modell eines Finite-Element-Systems führt. Insbesondere bei Problemstellungen in der Statik sind hier auch die Optimierungsverfahren sehr weit entwickelt. Der erfolgreiche Einsatz der Optimierungsmethoden ist dabei zum einen auf die Art der beschreibenden Gleichungen zurückzuführen, die in der Regel linear und algebraisch sind. Zum anderen sind aber auch sinnvolle Optimierungskriterien leicht zu finden: Zu minimieren sind die Masse, die Formänderungsenergie und eventuell die Verformung. Erweiterte Anwendungen in der Dynamik beschränken sich meist auf kleine Schwingungsamplituden.

Zur Beschreibung der großen, nichtlinearen Bewegungen mechanischer Systeme werden Mehrkörpersystemmodelle herangezogen. Hierbei werden die Systeme durch starre, massebehaftete Körper und masselose Koppel- und Bindungselemente diskretisiert. Diese Diskretisierung führt auf nichtlineare differentielle Bewegungsgleichungen, die numerisch gelöst werden müssen. Obwohl die Methode der Mehrkörpersysteme zur Analyse des dynamischen Verhaltens technischer Systeme weithin eingesetzt wird, spielt die Optimierung des dynamischen Verhaltens bislang nur eine untergeordnete Rolle. In der vorliegenden Arbeit sollen daher die für die Optimierung von Mehrkörpersystemen nötigen Hilfsmittel entwickelt und dargestellt werden.

In einem zweiten Schritt sind die Größen festzulegen, die bei der Optimierung verändert werden können und sollen. Man bezeichnet diese Größen als *Entwurfsvariablen* oder *Optimierungsparameter*. Wer an Optimierung von dynamischen Systemen denkt, verbindet dies zunächst mit der Problemstellung der *Optimalen Steuerung*, auch als *dynamische Optimierung* bekannt, DIXON und SZEGÖ (1980), deren Entwicklung durch die Raumfahrt begünstigt wurde. Eine sehr allgemeine Form der dynamischen Optimierung ist die Mayersche Form, z.B. EPPLER (1981):

> Gesucht sind Steuerfunktionen $\boldsymbol{u}(t)$, $\boldsymbol{u} : [t^0, t^1] \to \mathcal{U} \subseteq \mathbb{R}^h$ derart, daß die Lösung des dynamischen Systems
>
> $$\dot{\boldsymbol{x}} = \boldsymbol{f}(\boldsymbol{x}, \boldsymbol{u}),\ \boldsymbol{x}(t^0) = \boldsymbol{x}^0,\ \boldsymbol{f} : \mathbb{R}^n \times \mathbb{R}^h \to \mathbb{R}^n,$$
>
> den Wert der Gütefunktion
>
> $$\psi = \boldsymbol{c}^T \boldsymbol{x}(t^1)$$
>
> mit gegebenen Konstanten $c_i,\ i = 1(1)n$, und dem Endzeitpunkt t^1 minimiert.

Dabei werden i. allg. zusätzliche Nebenbedingungen an die Steuerfunktionen $\boldsymbol{u}(t)$ und den Endzustand $\boldsymbol{x}(t^1)$ des dynamischen Systems gestellt, z.B. JAENSCH, SCHNEPPER und WELL (1990). Zeitoptimale Probleme, nichtautonome dynamische Systeme und Integralkriterien lassen sich durch einfache Transformationen auf obige Form bringen. Die Optimierungsparameter sind bei dieser Problemstellung Funktionen der Zeit.

Die Fahrzeugdynamik hat aber beispielsweise gezeigt, daß nicht nur aktive Systeme ein gewünschtes dynamisches Verhalten gewährleisten. Passive Fahrgestelle können hervorragenden Fahrkomfort und Fahrsicherheit bieten, wenn sie richtig ausgelegt sind, d.h. wenn die Parameter günstig gewählt werden. Dieses Optimierungsproblem fügt sich nicht in obiges Konzept, da zeitinvariante Parameter und keine Steuerfunktionen optimiert werden müssen. Es gehört zu einem anderen Problemkreis, der *Parameteroptimierung*, die auch als *Programming* bezeichnet wird. Die Ursprünge gehen im wesentlichen auf Militärplanungsmethoden Ende der 40er Jahre zurück, und viele Begriffe klingen daher in der Technik etwas befremdlich, DANTZIG (1983). Die weitere Entwicklung führte zur Unternehmensplanung (Operations Research), wo ein Großteil der Optimierungsverfahren entwickelt und auf ökonomische Probleme angewandt wird. Das Standardproblem lautet:

> Gesucht ist ein Parametervektor $\boldsymbol{p} \in \mathcal{P} \subseteq \mathbb{R}^h$ derart, daß die Gütefunktion
>
> $$f = f(\boldsymbol{p})$$

in der Menge der zulässigen Parameter

$$\mathcal{P} := \left\{ \boldsymbol{p} \in I\!R^h \mid \boldsymbol{g}(\boldsymbol{p}) = \boldsymbol{0},\ \boldsymbol{h}(\boldsymbol{p}) \leq \boldsymbol{0}, \right.$$
$$\left. \boldsymbol{g} : I\!R^h \to I\!R^l,\ \boldsymbol{h} : I\!R^h \to I\!R^m \right\}$$

minimiert wird.

Man bezeichnet die Gleichungen $g_i(\boldsymbol{p}) = 0,\ i = 1(1)l$, und die Ungleichungen $h_j(\boldsymbol{p}) \leq 0,\ j = 1(1)m$, als *Nebenbedingungen*, die den zulässigen Parameterraum $\mathcal{P}$ einschränken. Die Parameteroptimierung von Mehrkörpersystemen fügt sich auch nicht zwanglos in diese zweite Formulierung, da alle Funktionen analytisch in Abhängigkeit von $\boldsymbol{p}$ gegeben sein müssen und der Begriff des dynamischen Systems nicht auftritt. Damit sind bei Mehrkörpersystemen Optimierungsverfahren der Parameteroptimierung heranzuziehen, es werden aber auch Methoden der dynamischen Optimierung zur Berücksichtigung der Systemdynamik einfließen.

Die beiden klassischen Formulierungen von Optimierungsproblemen gehen davon aus, daß die Ordnungsstruktur durch eine einzelne Gütefunktion festgelegt wird. In der Technik müssen jedoch oft mehrere, sich widersprechende Ziele verfolgt und eine geeignete Balance zwischen ihnen gefunden werden. Die Mehrkriterien- oder Vektoroptimierung definiert auch für solche Problemstellungen optimale Lösungen und weist Wege zu deren Bestimmung.

1.2 Literatur zum Themenkreis

Aus der Problemstellung wird deutlich, daß die Optimierung von Mehrkörpersystemen kein eigenständiges, abgeschlossenes Gebiet ist. Ergebnisse aus der Theorie der Mehrkörpersysteme, der Simulationstechnik, der Empfindlichkeitsanalyse und der Optimierung sind heranzuziehen. Jedes dieser Gebiete kann eine unübersehbare Flut von Publikationen aufweisen, so daß eine Literaturzusammenstellung immer subjektiv und unvollständig sein muß. Daher werden im folgenden stellvertretend nur wenige Arbeiten genannt, auf andere Beiträge zu diesen Themen wird an geeigneter Stelle hingewiesen.

Die wesentlichen Axiome der klassischen Starrkörperdynamik wurden bereits im 17. und 18. Jahrhundert von Newton und Euler postuliert. Aber erst die im 18. und 19. Jahrhundert formulierten Prinzipien erlauben eine formalisierte Anwendung auf technische Systeme, z.B. FISCHER und STEPHAN (1972) und SCHIEHLEN (1986). Schon bei dynamischen Systemen mit geringem Freiheitsgrad ist das Aufstellen der Bewegungsgleichungen von Hand sehr zeitintensiv und fehleranfällig, weshalb in den letzten drei Jahrzehnten eine Reihe von Mehrkörperformalismen entwickelt wurden, SCHIEHLEN (1990).

Die nichtlinearen Bewegungsgleichungen von Mehrkörpersystemen lassen sich im allgemeinen nur numerisch lösen. Ein Vergleich von RILL (1981) zeigt, daß Mehrschrittverfahren gegenüber Einschritt- und Extrapolationsverfahren bei der Analyse des dynamischen Verhaltens in Bezug auf die Rechenzeit zu bevorzugen sind. Bei Bewegungsgleichungen in Form von gewöhnlichen Differentialgleichungen hat sich der Algorithmus von SHAMPINE und GORDON (1975) bewährt, bei differential-algebraischen Bewegungsgleichungen läßt sich ein modifiziertes implizites Mehrschrittverfahren verwenden, FÜHRER (1988).

Die Entwicklung der Empfindlichkeitsanalyse von mechanischen Systemen ist mit den Namen Haug und Arora verbunden. Ausgehend von einem Optimierungsalgorithmus der dynamischen Optimierung, BRYSON und DENHAM (1962), entwickelten sie diesen zunächst für die Anwendung in der Strukturdynamik weiter. Anwendungen auf Fachwerke und kontinuierliche Systeme finden sich bei ARORA und HAUG (1976) und HAUG, ARORA und MATSUI (1976). Als tragfähig erwies sich der Begriff der adjungierten Variablen. Erweiterungen schlossen dann das Zeitverhalten von Finite-Element-Systemen ein, die durch lineare Zustandsgleichungen beschrieben werden, FENG, ARORA und HAUG (1977) und HAUG, ARORA und FENG (1978). Die Erweiterung auf allgemeine, nichtlineare dynamische Systeme ist ebenfalls möglich, HSIAO, HAUG und ARORA (1979). Vereinheitlichte Darstellungen für alle Gebiete findet man bei HAUG und ARORA (1978, 1979). Die spezielle Struktur der Bewegungsgleichungen von Mehrkörpersystemen ist in den Arbeiten von BARMAN (1979), KRISHNASWAMI (1983), MANI (1984), HAUG, WEHAGE und MANI (1984) und HAUG (1987) berücksichtigt.

In den erwähnten Arbeiten zur Empfindlichkeitsanalyse wird diese meist in Verbindung mit den Optimierungsalgorithmen gesehen. Flexibler ist jedoch ein modulares Konzept, bei dem Empfindlichkeitsanalyse und Optimierung entkoppelt werden. Der Optimierungsalgorithmus ist dann beliebig austauschbar und kann entsprechend seinen Eigenschaften ausgewählt werden, SCHITTKOWSKI (1980a,b). Dazu ist ein gewisses Verständnis der Optimierungsstrategien nötig, auch um geeignete Anpassungen vornehmen zu können, z.B. GILL, MURRAY und WRIGHT (1981) oder FLETCHER (1987).

Allgemeine Literaturübersichten auf den verschiedenen Gebieten der Optimierung mechanischer und dynamischer Systeme geben z.B. SEIREG (1972), MIELE (1975) und STADLER (1984). Frühe Arbeiten zur Parameteroptimierung dynamischer Systeme sind von der dynamischen Optimierung angeregt und suchen entweder analytische Lösungen, z.B. KARNOPP und TRIKHA (1969), oder beschränken sich auf nicht allgemein anwendbare Methoden der Optimierung, WILLMERT und FOX (1972) und AFIMIWALA und MAYNE (1974). Allgemeiner und theoretisch orientiert sind die bereits erwähnten Arbeiten von HAUG und ARORA (1979). Literatur zu einem generellen und formalisierten Konzept zur Optimierung von Mehrkörpersystemen liegt nicht vor.

1.3 Inhalt der Arbeit

Optimierung soll in dieser Arbeit als organisierte Suche nach den besten Parametern eines gegebenen Mehrkörpersystems verstanden werden. Mögliche Entwurfsvariablen sind u.a. Massen und Trägheitsmomente einzelner Körper, Steifigkeits- und Dämpfungsparameter, geometrische Abmessungen und auch Regelparameter von ansonsten vorgegebenen Regelgesetzen. Der Schwerpunkt der Arbeit liegt auf der Zusammenstellung, Beschreibung und Weiterentwicklung von praktikablen Methoden, welche die spezielle Struktur der Bewegungsgleichungen von Mehrkörpersystemen berücksichtigen. Die dargestellten Elemente sollen einen weitgehend automatisierten Systementwurf erlauben.

Im zweiten Kapitel werden zunächst die Grundlagen der Mehrkörperdynamik zusammengestellt, die eine formalisierte Aufstellung der Bewegungsgleichungen ermöglichen. Aus den Eigenschaften idealer Bindungen und den kinetischen Grundgleichungen lassen sich das d'Alembertsche und das Jourdainsche Prinzip ableiten.

Aufbauend auf diesen Prinzipien werden im dritten Kapitel die Bewegungsgleichungen von Mehrkörpersystemen mit Baumstruktur und kinematischen Schleifen hergeleitet. Aufgrund der unterschiedlichen Struktur der Bewegungsgleichungen sind für die Analyse des dynamischen Verhaltens unterschiedliche numerische Verfahren heranzuziehen.

Vor der Optimierung ist zunächst eine Ordnungsstruktur im Parameterraum festzulegen. Dies erfordert eine quantitative Bewertung des dynamischen Verhaltens. Im vierten Kapitel wird daher aufbauend auf einer Zusammenstellung von in der Literatur verwendeten Gütekriterien ein relativ allgemeines Gütefunktional definiert. In der Praxis sind bei einer Optimierung mehrere, sich widersprechende Ziele zu verfolgen und dabei außerdem einschränkende Bedingungen zu beachten. Dies führt auf ein Vektor- oder Mehrkriterienoptimierungsproblem, für dessen Lösung einige grundlegende Methoden diskutiert werden.

Die Optimierung mit numerischen Verfahren ist ein iterativer Prozeß, bei dem jeweils auf der Basis der Analyse eines gegebenen Entwurfs mit geeigneten Strategien ein verbesserter Entwurf gesucht wird. Effektive Optimierungsalgorithmen benötigen dazu neben der Auswertung der Gütefunktionale und Nebenbedingungen auch die Gradienten bezüglich der Entwurfsvariablen. In Kapitel 5 werden daher verschiedene Möglichkeiten der Empfindlichkeitsanalyse zur Generierung zusätzlicher analytischer Information über den Gradienten dargestellt und weiterentwickelt.

Im sechsten Kapitel wird das klassische nichtlineare Parameteroptimierungsproblem ohne Nebenbedingungen behandelt. Neben theoretischen Grundlagen werden auch effiziente numerische Optimierungsstrategien beschrieben. Verschiedene bekannte Algorithmen werden unter dem Aspekt der lokalen Approximation der Gütefunktion und der benötigten Information miteinander verglichen.

Diese Zusammenstellung bietet auch einen Zugang zur Parameteroptimierung von skalaren Gütefunktionen unter Berücksichtigung von Nebenbedingungen, die im siebten Kapitel dargestellt wird. Die Lösung dieser Probleme erfordert neben theoretischen Grundlagen auch heuristische Ansätze.

Alle Kapitel werden von einfachen Beispielen zur Unterstützung des Verständnisses und Untersuchung des numerischen Verhaltens begleitet. In Kapitel 8 werden die vorgestellten Methoden zusätzlich auf umfangreichere Modelle aus der Fahrzeugdynamik angewandt. Es wird gezeigt, daß sowohl die Modellbildung als auch die Empfindlichkeitsanalyse und Optimierung rechnergestützt erfolgen kann.

In der abschließenden Zusammenfassung werden die Methoden und Ergebnisse nochmals diskutiert und bewertet.

1.4 Notation

Üblicherweise wird in der Dynamik die Matrizenschreibweise zur Darstellung von Vektoren und Tensoren benützt, und diese Schreibweise soll auch in der vorliegenden Arbeit bevorzugt Verwendung finden. Skalare werden im Normaldruck, Spaltenvektoren durch fettgedruckte Kleinbuchstaben und Matrizen durch fettgedruckte Großbuchstaben dargestellt. Transponierte Vektoren und Matrizen sind durch den oberen Index 'T' gekennzeichnet. Weitere Kennzeichnungen von Vektoren durch obere und untere Indizes ergeben sich aus dem Text.

Die Darstellung von Vektoren und Tensoren als Spalten- und Rechteckmatrizen hängt vom gewählten Koordinatensystem ab. Ihre physikalische Bedeutung ist dagegen von der Wahl eines Koordinatensystems unabhängig. Deshalb wird in graphischen Darstellungen eine Bezeichnung mit Vektorpfeil gewählt, z.B. $\vec{r}$ für einen Ortsvektor.

Die Symbole der partiellen und totalen Differentiation werden bei der Empfindlichkeitsanalyse zur Unterscheidung der Differentiation bei expliziter und impliziter Abhängigkeit einer Funktion von der betrachteten Variablen gebraucht. Dabei werden die Zeit t und die Entwurfsvariablen $\boldsymbol{p} \in \mathbb{R}^h$ als unabhängige Variablen betrachtet, von denen im Prinzip alle Funktionen implizit oder explizit abhängen. Die Zustandsvariablen beispielsweise sind implizite Funktionen der Zeit und der Entwurfsvariablen, $\boldsymbol{x} = \boldsymbol{x}(t, \boldsymbol{p})$, denn ihr Wert wird von beiden Größen bestimmt, ein expliziter analytischer Zusammenhang läßt sich im allgemeinen jedoch nicht angeben. Für eine gegebene Funktion $\psi(t, \boldsymbol{x}, \boldsymbol{p})$ berücksichtigt die partielle Differentiation $\partial\psi/\partial p_k$ nur die explizite Abhängigkeit von dem Parameter p_k , die totale Differentiation zusätzlich auch die implizite Abhängigkeit durch die Zustandsvariablen $\boldsymbol{x}(t, \boldsymbol{p})$:

$$\frac{d\psi}{dp_k} = \sum_i \frac{\partial\psi}{\partial x_i}\frac{dx_i}{dp_k} + \frac{\partial\psi}{\partial p_k}. \tag{1.4.1}$$

Das Differential einer skalaren Funktion $\varphi(\boldsymbol{p})$ nach einem Vektor $\boldsymbol{p} \in I\!R^h$ ist als Spaltenvektor

$$\frac{\partial\varphi}{\partial\boldsymbol{p}} := \begin{bmatrix} \dfrac{\partial\varphi}{\partial p_1} \\ \vdots \\ \dfrac{\partial\varphi}{\partial p_h} \end{bmatrix} \quad \text{bzw.} \quad \frac{d\varphi}{d\boldsymbol{p}} := \begin{bmatrix} \dfrac{d\varphi}{dp_1} \\ \vdots \\ \dfrac{d\varphi}{dp_h} \end{bmatrix} \tag{1.4.2}$$

definiert. Die Differentiation einer Vektorfunktion $\boldsymbol{\varphi}(\boldsymbol{p})$, $\boldsymbol{\varphi} : I\!R^h \to I\!R^n$, führt dagegen auf $n \times h$–Jacobimatrizen

$$\frac{\partial\boldsymbol{\varphi}}{\partial\boldsymbol{p}} := \begin{bmatrix} \dfrac{\partial\varphi_1}{\partial p_1} & \cdots & \dfrac{\partial\varphi_1}{\partial p_h} \\ \vdots & & \vdots \\ \dfrac{\partial\varphi_n}{\partial p_1} & \cdots & \dfrac{\partial\varphi_n}{\partial p_h} \end{bmatrix} \quad \text{bzw.} \quad \frac{d\boldsymbol{\varphi}}{d\boldsymbol{p}} := \begin{bmatrix} \dfrac{d\varphi_1}{dp_1} & \cdots & \dfrac{d\varphi_1}{dp_h} \\ \vdots & & \vdots \\ \dfrac{d\varphi_n}{dp_1} & \cdots & \dfrac{d\varphi_n}{dp_h} \end{bmatrix}. \tag{1.4.3}$$

Die Matrizenschreibweise ist nicht sehr gut für die Vektoranalysis geeignet: Bei der Differentiation von Matrizenprodukten müssen verschiedene, spezielle Rechenregeln beachtet werden, z.B. beim Skalarprodukt

$$\frac{\partial}{\partial\boldsymbol{p}}\left(\boldsymbol{\varphi}^T\boldsymbol{\psi}\right) = \frac{\partial\boldsymbol{\varphi}}{\partial\boldsymbol{p}}^T\boldsymbol{\psi} + \frac{\partial\boldsymbol{\psi}}{\partial\boldsymbol{p}}^T\boldsymbol{\varphi}. \tag{1.4.4}$$

Außerdem führt die Differentiation von Matrixfunktionen nach Vektoren auf Tensoren 3. Stufe, die in der Matrizenschreibweise nicht geeignet dargestellt werden können. Daher wird, wo immer nötig oder besser geeignet, auch die analytische Darstellung (Indexschreibweise) benutzt, z.B. DUSCHEK und HOCHRAINER (1960,1961).

Indizes, die in einem Term doppelt auftreten, werden als gebundene Indizes bezeichnet, und es ist über diese zu summieren (Einsteinsche Summationskonvention). Zum Beispiel kann das Skalarprodukt als

$$\boldsymbol{\varphi}^T\boldsymbol{\psi} \equiv \varphi_i\psi_i \equiv \psi_i\varphi_i \equiv \psi_j\varphi_j \tag{1.4.5}$$

geschrieben werden. Die einzelnen Faktoren in einem Term dürfen beliebig vertauscht werden, entscheidend für die Rechenoperation ist die Stellung der Indizes. Außerdem können gebundene Indizes auch beliebig umbenannt werden, es müssen jedoch beide wieder mit gleichem Namen bezeichnet werden. Im folgenden gilt es zu beachten, daß die Summationskonvention sich *nur* auf indizierte Skalare, nicht auf indizierte Vektoren oder Matrizen bezieht! Die Differentiation von Matrizenprodukten ist in der Indexschreibweise unproblematisch, z.B. erhält man statt (1.4.4)

$$\frac{\partial}{\partial p_k}(\varphi_i \psi_i) = \frac{\partial \varphi_i}{\partial p_k}\psi_i + \varphi_i \frac{\partial \psi_i}{\partial p_k}. \tag{1.4.6}$$

Deshalb wird diese Schreibweise bevorzugt im Kapitel 5 über die Empfindlichkeitsanalyse benützt. Da nach verschiedenen Variablen differenziert werden muß, werden diese Differentiationen abweichend von der sonst in der Indexschreibweise üblichen Kommadarstellung entsprechend Gleichung (1.4.6) ausführlich geschrieben.

2 Grundgleichungen der Mehrkörperdynamik

Mehrkörpersysteme gewinnen bei der Modellierung von dynamischen Systemen, die große nichtlineare Bewegungen ausführen, zunehmend an Bedeutung. Die wesentlichen Einsatzbereiche sind die Fahrzeugtechnik, der Maschinenbau, die Robotik und die Raumfahrt. Das Modell der Mehrkörpersysteme ist eine Weiterentwicklung der klassischen Punktmechanik und der Kreiselmechanik, wie sie in der Physik üblich waren.

Die Axiome der Mehrkörperdynamik wurden zwar schon im 17. und 18. Jahrhundert postuliert, und auch die zur effizienten Aufstellung der Bewegungsgleichungen nötigen Prinzipien wurden in der analytischen Mechanik schon vor mehr als hundert Jahren daraus abgeleitet, aber erst die Verfügbarkeit des Computers machte die Methoden für Ingenieure interessant. Dabei beschränkt sich der Einsatz des Computers nicht nur auf die Lösung der nichtlinearen Bewegungsgleichungen, sondern auch schon die Aufstellung der Bewegungsgleichungen wäre ohne Rechnerunterstützung zu zeitintensiv und fehleranfällig. Deshalb begann man in den Ingenieurdisziplinen vor etwa drei Jahrzehnten mit der Entwicklung von effizienten Algorithmen zur Gleichungsgenerierung.

In der analytischen Mechanik liegt der Schwerpunkt auf indirekten Methoden, bei denen eine charakteristische Funktion, z.B. die Lagrangesche Funktion, aufgestellt und daraus durch Differentiation die Bewegungsgleichungen ermittelt werden. Bei der Generierung mit dem Rechner haben sich jedoch weitgehend die direkten Methoden durchgesetzt, bei denen zunächst für jeden Körper Impuls- und Drallsatz aufgestellt werden und dann anschließend mit Hilfe eines geeigneten Prinzips eine Reduktion auf die Bewegungsgleichungen durchgeführt wird. Daher beschränkt sich folgende Darstellung der Grundlagen der Mehrkörperdynamik auf dieses Vorgehen.

2.1 Klassifizierung von Mehrkörpersystemen

Das Modell der Mehrkörpersysteme eignet sich besonders zur Beschreibung von dynamischen Systemen, wenn massebehaftete Körper große Verschiebungen und Verdrehungen ausführen, die Verformungen der Körper selbst jedoch keine wesentliche Rolle spielen. Das Modell Mehrkörpersystem ist eine Idealisierung solcher realer Systeme und wie folgt definiert:

> Ein *Mehrkörpersystem* ist eine Menge von miteinander verbundenen, starren Körpern, die eine mit diesen Bindungen verträgliche Bewegung zueinander ausführen, Bild 2.1.1. Die *Bindungen* werden als ideal, das heißt, in die sperrenden Richtungen als unnachgiebig und in die freien Bewegungsrichtungen als reibungsfrei modelliert. Weiterhin können masselose *Koppelelemente* zwischen den Körpern oder zwischen Körpern und Umwelt mit gegebenen Kraftgesetzen eingebracht werden. Man bezeichnet die durch solche Koppelelemente verursachten Kräfte und die Gewichtskräfte als *eingeprägte Kräfte*, die durch Bindungen verursachten Kräfte als *Reaktionskräfte.* Die Symbole der wichtigsten Elemente eines Mehrkörpersystems sind in Bild 2.1.2 zusammengestellt.

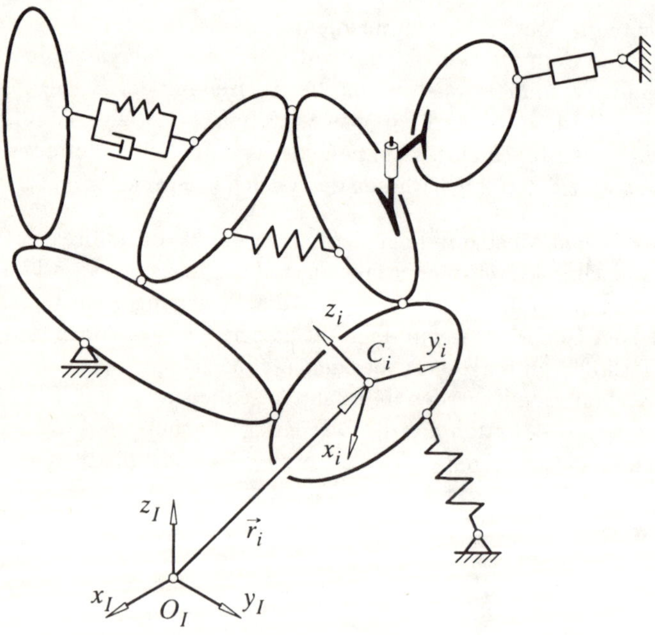

Bild 2.1.1: Mehrkörpersystem

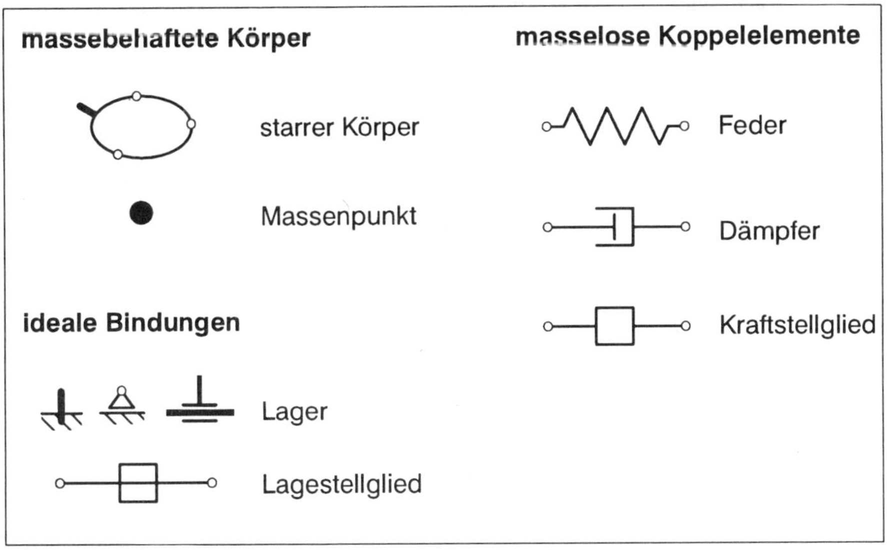

Bild 2.1.2: Elemente eines Mehrkörpersystems

Bindungen, die Lagegrößen einschränken, wie z.B. Drehgelenke, werden als *holonom* bezeichnet. *Nichtholonome* Bindungen schränken dagegen nur Geschwindigkeitsgrößen ein, z.B. rollendes Rad. Treten nur holonome Bindungen auf, bezeichnet man das System als holonomes Mehrkörpersystem, ansonsten als nichtholonom. Bei holonomen Mehrkörpersystemen ist der Lage- und Geschwindigkeitsfreiheitsgrad derselbe.

Im allgemeinen hängen die Bindungen nicht explizit von der Zeit ab, man bezeichnet sie dann als *skleronom.* Bei Lagestellgliedern mit vorgegebener Steuerfunktion tritt die Zeit jedoch explizit in den Bindungen auf, diese heißen dann *rheonom.*

Man unterscheidet ein- und zweiseitige Bindungen. *Einseitige* Bindungen beschränken die Bewegungsmöglichkeiten zweier Körper zueinander nur in eine Richtung, in die andere Richtung ist ein Abheben möglich. Das erneute Zusammentreffen der beiden Körper führt dann jedoch zu Stößen, die in dieser Arbeit unberücksichtigt bleiben. Deshalb werden im folgenden nur *zweiseitige* Bindungen betrachtet, welche die Bewegung in beide Richtungen sperren.

Ein weiteres Unterscheidungsmerkmal ist die Topologie des Systems. Ein System hat *Baumstruktur*, Bild 2.1.3a, wenn es durch Zerschneiden eines beliebigen Gelenks in zwei Teilsysteme zerfällt, wobei das Inertialsystem ebenfalls als Körper behandelt wird. Hat außerdem jeder Körper nur einen Vorgänger- und einen Nachfolgekörper, liegt als Sonderfall einer Baumstruktur *Kettenstruktur* vor, Bild 2.1.3b. Mehrkörpersysteme mit *kinematischen Schleifen*, Bild 2.1.3c, müssen zur Beschreibung der Kinematik im allgemeinen durch geeignetes Aufschneiden von Gelenken in Baumstruktur übergeführt werden.

Weitere Klassifizierungsmerkmale und Sonderfälle der erwähnten Formen von Mehrkörpersystemen sind von SCHIEHLEN (1975) zusammengestellt worden.

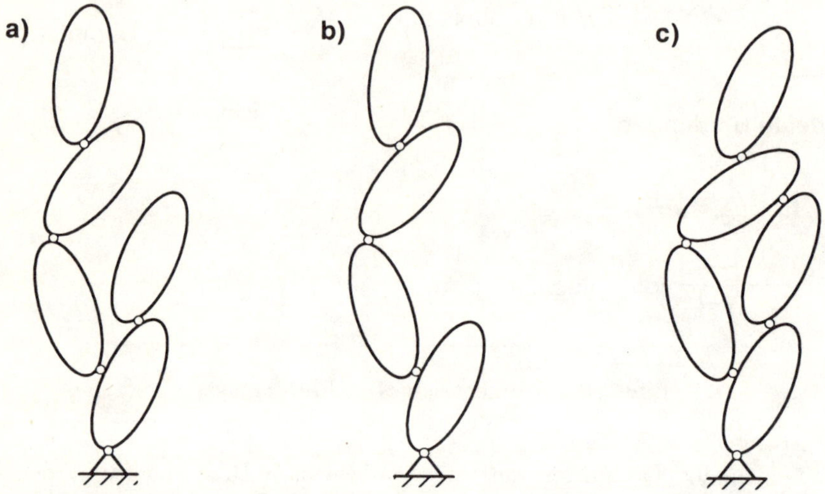

Bild 2.1.3: Topologien von Mehrkörpersystemen: Baumstruktur (a), Kettenstruktur (b) und Schleifenstruktur (c)

2.2 Impuls- und Drallsatz

Ein Mehrkörpersystem, wie in Bild 2.1.1 dargestellt, bestehe aus p starren Körpern K_i, $i = 1(1)p$, das Fundament sei mit Index 0 bezeichnet. Für die Aufstellung der Bewegungsgleichungen ist zunächst jeder einzelne Körper gedanklich freizuschneiden, Bild 2.2.1. Die Lage und Orientierung jedes Körpers K_i läßt sich bezüglich eines inertialen Koordinatensystems durch den Ortsvektor $\boldsymbol{r}_i$ des Schwerpunkts C_i und die Drehmatrix $\boldsymbol{S}_i$ eines körperfesten orthogonalen Dreibeins $\{C_i\,;\, x_i\,,\, y_i\,,\, z_i\}$ beschreiben. Seine Massengeometrie ist durch die Masse m_i und den Trägheitstensor $\boldsymbol{I}_i$ bezüglich des Schwerpunkts festgelegt. Die Summe aller eingeprägten Kräfte und Momente auf den Körper sei durch den Kraftwinder $(\boldsymbol{f}_i^e, \boldsymbol{l}_i^e)$, die der Reaktionskräfte und -momente durch $(\boldsymbol{f}_i^r, \boldsymbol{l}_i^r)$ jeweils im Schwerpunkt beschrieben. Die Momentenwirkung von nicht im Schwerpunkt angreifenden eingeprägten Kräften und Reaktionskräften ist in den Kraftwindern gegebenenfalls zu berücksichtigen.

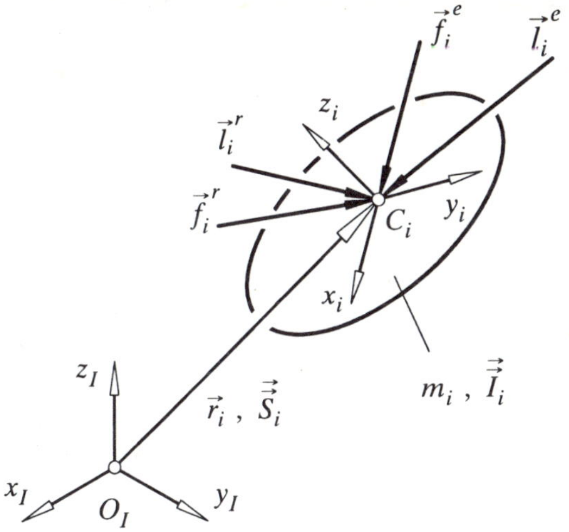

Bild 2.2.1: Freigeschnittener Körper

Impuls- und Drallsatz für die freigeschnittenen Körper lauten dann

$$m_i \boldsymbol{a}_i = \boldsymbol{f}_i^e + \boldsymbol{f}_i^r, \tag{2.2.1}$$

$$\boldsymbol{I}_i \boldsymbol{\alpha}_i + \tilde{\boldsymbol{\omega}}_i \boldsymbol{I}_i \boldsymbol{\omega}_i = \boldsymbol{l}_i^e + \boldsymbol{l}_i^r, \quad i = 1(1)p, \tag{2.2.2}$$

z.B. MAGNUS und MÜLLER (1979). Dabei ergeben sich die Absolutgeschwindigkeit $\boldsymbol{v}_i$ und die Absolutbeschleunigung $\boldsymbol{a}_i$ aus

$$\boldsymbol{v}_i = \frac{d\boldsymbol{r}_i}{dt} \quad \text{bzw.} \quad \boldsymbol{a}_i = \frac{d^2\boldsymbol{r}_i}{dt^2}, \tag{2.2.3}$$

und die Winkelgeschwindigkeit $\boldsymbol{\omega}_i = \left[\omega_{i_1}, \omega_{i_2}, \omega_{i_3}\right]^T$ aus dem schiefsymmetrischen Tensor

$$\tilde{\boldsymbol{\omega}}_i = \begin{bmatrix} 0 & -\omega_{i_3} & \omega_{i_2} \\ \omega_{i_3} & 0 & -\omega_{i_1} \\ -\omega_{i_2} & \omega_{i_1} & 0 \end{bmatrix} := \dot{\boldsymbol{S}}_i \boldsymbol{S}_i^T, \tag{2.2.4}$$

der auch das Kreuzprodukt vermittelt:

$$\vec{v}_A = \vec{\omega}_i \times \vec{r}_A = -\vec{r}_A \times \vec{\omega}_i \quad \Leftrightarrow \quad \boldsymbol{v}_A = \tilde{\boldsymbol{\omega}}_i \boldsymbol{r}_A = -\tilde{\boldsymbol{r}}_A \boldsymbol{\omega}_i\,. \tag{2.2.5}$$

Die Schiefsymmetrie des Produkts (2.2.4) und damit die Darstellbarkeit durch einen äquivalenten Vektor folgt aus der Orthogonalität der Drehmatrix, d.h.

$$\boldsymbol{S}_i \boldsymbol{S}_i^T = \boldsymbol{I}. \tag{2.2.6}$$

Denn durch Differentiation nach der Zeit erhält man

$$\frac{d}{dt}(\boldsymbol{S}_i\boldsymbol{S}_i^T) = \dot{\boldsymbol{S}}_i\boldsymbol{S}_i^T + \boldsymbol{S}_i\dot{\boldsymbol{S}}_i^T = \boldsymbol{0} \tag{2.2.7}$$

oder die Bedingung

$$\dot{\boldsymbol{S}}_i\boldsymbol{S}_i^T = -\boldsymbol{S}_i\dot{\boldsymbol{S}}_i^T = -\left(\dot{\boldsymbol{S}}_i\boldsymbol{S}_i^T\right)^T \tag{2.2.8}$$

für Schiefsymmetrie. Die Winkelbeschleunigung $\boldsymbol{\alpha}_i$ gewinnt man durch Differentiation der Winkelgeschwindigkeit nach der Zeit:

$$\boldsymbol{\alpha}_i = \frac{d\boldsymbol{\omega}_i}{dt}. \tag{2.2.9}$$

Man bezeichnet Impuls- und Drallsatz auch als *Newton-Eulersche Gleichungen.* Es ist noch anzumerken, daß die Grundgleichungen in obiger Form nicht nur im Inertialsystem, sondern auch in jedem anderen Referenzsystem gültig sind, wenn $\boldsymbol{\omega}_i$ absolute Winkelgeschwindigkeiten und $\boldsymbol{\alpha}_i$ und $\boldsymbol{a}_i$ absolute Beschleunigungen sind. Bei der Berechnung dieser Größen sind allerdings die Differentiationsregeln der Relativkinematik zu beachten, wodurch in den Newton-Eulerschen Gleichungen zusätzliche Terme entstehen, SCHIEHLEN (1986).

2.3 Prinzipien zur Elimination von Reaktionen

Theoretisch ist es möglich, die Grundgleichungen (2.2.1) und (2.2.2) unter Berücksichtigung der Bindungen nach den unbekannten Größen aufzulösen, dieser Weg ist aber schon bei wenigen Körpern ohne geeignete Systematik nicht sehr praktikabel. Falls nur die Dynamik des Mehrkörpersystems interessiert, ist es günstiger, die Reaktionskräfte und -momente mit den Prinzipien der Mechanik zu eliminieren.

2.3.1 Virtuelle Verschiebungen

Ein sehr geeignetes mathematisches Hilfsmittel zur Elimination von Reaktionen bei holonomen Mehrkörpersystemen sind gedachte, infinitesimale, mit den Bindungen verträgliche Lageänderungen, sogenannte virtuelle Verschiebungen und Verdrehungen:

$$\delta t = 0,\ \delta\boldsymbol{r}_i \neq \boldsymbol{0},\ \delta\boldsymbol{s}_i \neq \boldsymbol{0},\ \delta\boldsymbol{v}_i = \delta\boldsymbol{\omega}_i = \boldsymbol{0}. \tag{2.3.1}$$

Das bedeutet, man hält die Zeit an, friert die Bewegung mit dem momentanen Lage- und Geschwindigkeitszustand ein und betrachtet dazu eine infinitesimal benachbarte Lage, die ebenfalls den Bindungen genügt. Die virtuelle Verdrehung eines Körpers kann analog zur Winkelgeschwindigkeit aus dem schiefsymmetrischen Tensor

$$\delta\tilde{\boldsymbol{s}}_i = \begin{bmatrix} 0 & -\delta s_{i_3} & \delta s_{i_2} \\ \delta s_{i_3} & 0 & -\delta s_{i_1} \\ -\delta s_{i_2} & \delta s_{i_1} & 0 \end{bmatrix} := \delta\boldsymbol{S}_i\,\boldsymbol{S}_i^T \tag{2.3.2}$$

ermittelt werden. Die hier gewählte Variation der Lagegrößen (2.3.1) ist nicht die einzig mögliche, in der Mechanik können auch Geschwindigkeiten oder Beschleunigungen variiert werden, PARS (1965), FISCHER und STEPHAN (1972).

Die Rechenregeln der Variation entsprechen denen der Differentialrechnung, mit dem Unterschied, daß bei der Variation die Zeit entsprechend (2.3.1) festgehalten ist. Ist beispielsweise die Lage eines Körpers in Abhängigkeit von verallgemeinerten Koordinaten $\boldsymbol{y}$ und der Zeit beschrieben, d.h. $\boldsymbol{r} = \boldsymbol{r}(\boldsymbol{y}, t)$, dann ist das totale Differential

$$d\boldsymbol{r} = \frac{\partial \boldsymbol{r}}{\partial \boldsymbol{y}}\,d\boldsymbol{y} + \frac{\partial \boldsymbol{r}}{\partial t}\,dt, \tag{2.3.3}$$

die Variation dagegen

$$\delta\boldsymbol{r} = \frac{\partial \boldsymbol{r}}{\partial \boldsymbol{y}}\,\delta\boldsymbol{y}. \tag{2.3.4}$$

Das prinzipielle Vorgehen zur Elimination der Reaktionskräfte und -momente ist, die den Bindungen genügenden und damit voneinander abhängigen Variationen $\delta\boldsymbol{r}_i$ und $\delta\boldsymbol{s}_i$ auf unabhängige Variationen $\delta\boldsymbol{y}$ zurückzuführen, um dann folgenden Satz anzuwenden:

Satz 2.1: Unabhängige Variationen

Seien $\boldsymbol{c}$ und $\delta\boldsymbol{y}$ Vektoren im $\mathbb{R}^f$. Dann gilt

$$\boldsymbol{c}^T\,\delta\boldsymbol{y} = 0 \tag{2.3.5}$$

für alle $\delta\boldsymbol{y}$ dann und nur dann, wenn $\boldsymbol{c} = \boldsymbol{0}$ ist.

Beweis: Für $\boldsymbol{c} = \boldsymbol{0}$ ist Gleichung (2.3.5) offensichtlich richtig für alle $\delta\boldsymbol{y}$. Gilt umgekehrt Gleichung (2.3.5) für alle $\delta\boldsymbol{y}$, dann auch für $\delta\boldsymbol{y} = [0 \cdots \delta y_i \cdots 0]^T$,

$\delta y_i \neq 0$, mit nur einer nichtverschwindenden Koordinate. Damit folgt aus der Beziehung (2.3.5) sofort $c_i = 0$. Für $i = 1(1)f$ ergibt sich zusammenfassend $\boldsymbol{c} = \boldsymbol{0}$. □

Anmerkung: Entscheidend ist, daß Gleichung (2.3.5) für *alle* $\delta \boldsymbol{y}$ gilt. Die Koordinaten von $\delta \boldsymbol{y}$ müssen dazu voneinander unabhängig sein.

Manchmal ist es nicht möglich oder zweckmäßig, alle Abhängigkeiten in $\delta \boldsymbol{y}$ zu eliminieren. In diesem Fall müssen die Bindungen mit Hilfe von Lagrange Multiplikatoren berücksichtigt werden:

Satz 2.2: Lagrange Multiplikatoren

Sei $\boldsymbol{c} \in \mathbb{R}^n$ und $\boldsymbol{A} \in \mathbb{R}^{m \times n}$. Falls

$$\boldsymbol{c}^T \delta \boldsymbol{y} = 0 \quad \forall \quad \delta \boldsymbol{y} \in \mathbb{R}^n : \ \boldsymbol{A}\, \delta \boldsymbol{y} = \boldsymbol{0} \tag{2.3.6}$$

ist, dann existiert ein Vektor von Lagrange Multiplikatoren $\boldsymbol{\lambda} \in \mathbb{R}^m$, so daß gilt:

$$(\boldsymbol{c}^T - \boldsymbol{\lambda}^T \boldsymbol{A})\, \delta \boldsymbol{y} = 0 \quad \forall \quad \delta \boldsymbol{y} \in \mathbb{R}^n. \tag{2.3.7}$$

Beweis: Der Satz läßt sich z.B. aus der Lösbarkeit von inhomogenen Gleichungssystemen ableiten. Ein inhomogenes Gleichungssystem

$$\boldsymbol{A}^T \boldsymbol{\lambda} = \boldsymbol{c}, \quad \boldsymbol{\lambda} \in \mathbb{R}^m, \ \boldsymbol{c} \in \mathbb{R}^n, \ \boldsymbol{A} = [\boldsymbol{a}_1, \ldots, \boldsymbol{a}_n], \tag{2.3.8}$$

ist dann und nur dann lösbar, wenn die Gleichungen miteinander verträglich sind, ZURMÜHL (1964), S. 99. Verträglichkeit bedeutet, daß im Falle einer linearen Abhängigkeit der Zeilen von $\boldsymbol{A}^T$, d.h. wenn ein $\delta \boldsymbol{y} \in \mathbb{R}^n$ mit

$$\sum_{i=1}^{n} \delta y_i\, \boldsymbol{a}_i = \boldsymbol{A}\, \delta \boldsymbol{y} = \boldsymbol{0} \tag{2.3.9}$$

existiert, die entsprechende Beziehung auch für die rechten Seiten gilt:

$$\sum_{i=1}^{n} \delta y_i\, c_i = \boldsymbol{c}^T \delta \boldsymbol{y} = 0. \tag{2.3.10}$$

Diese Verträglichkeitsbeziehungen sind genau die Voraussetzungen (2.3.6) des Satzes 2.2. Damit existiert eine Lösung $\boldsymbol{\lambda} \in \mathbb{R}^m$ für das Gleichungssystem (2.3.8) bzw.

$$\boldsymbol{c} - \boldsymbol{A}^T \boldsymbol{\lambda} = \boldsymbol{0}. \tag{2.3.11}$$

Entsprechend Satz 2.1 gilt dann aber auch (2.3.7). □

Beide Sätze werden sich im folgenden nicht nur zur Elimination der Reaktionskräfte und -momente als nützlich erweisen, sondern auch bei der Empfindlichkeitsanalyse und der Entwicklung von Optimierungsgrundlagen werden sie unentbehrlich sein. Dabei können die Lagrange Multiplikatoren des Satzes 2.2 auch anschaulich interpretiert werden.

2.3.2 Ideale holonome Bindungen

Mit Hilfe der virtuellen Verschiebungen und Verdrehungen lassen sich die in der Definition von Mehrkörpersystemen beschriebenen Idealisierungen bezüglich der Bindungen mathematisch formulieren. Betrachtet sei eine Bindung, welche die relative Bewegung zwischen den Körpern K_i und K_j einschränkt, Bild 2.3.1, wobei einer der Körper auch das Fundament K_0 sein kann. Die Punkte P und Q seien zu einer festgehaltenen Zeit t momentan übereinstimmende, körperfeste Punkte auf K_i bzw. K_j. Die durch die Bindung momentan hervorgerufenen Reaktionskräfte und -momente in diesem Punkt sind nach dem 3. Newtonschen Gesetz (actio und reactio) entgegengesetzt gleich groß:

$$\bar{\boldsymbol{f}}^r_{ij} = -\bar{\boldsymbol{f}}^r_{ji}, \quad \bar{\boldsymbol{l}}^r_{ij} = -\bar{\boldsymbol{l}}^r_{ji}. \tag{2.3.12}$$

Ist andererseits die Relativbewegung der Körper durch die Bindung nicht völlig eingeschränkt, kann sich der Punkt P gegen Q mit den Bindungen verträglich verschieben und sich Körper K_j gegen K_i verdrehen. Bezeichnen $\delta \boldsymbol{r}^P$ und $\delta \boldsymbol{r}^Q$ virtuelle Verschiebungen der Punkte P und Q, sowie $\delta \boldsymbol{s}_i$ und $\delta \boldsymbol{s}_j$ virtuelle Verdrehungen der Körper, dann gilt für ideale, zweiseitige Bindungen:

$$\vec{\bar{f}}^r_{ij} \perp (\delta \vec{r}^P - \delta \vec{r}^Q), \quad \text{d.h.} \quad \bar{\boldsymbol{f}}^{rT}_{ij} (\delta \boldsymbol{r}^P - \delta \boldsymbol{r}^Q) = 0, \tag{2.3.13}$$

$$\vec{\bar{l}}^r_{ij} \perp (\delta \vec{s}_i - \delta \vec{s}_j), \quad \text{d.h.} \quad \bar{\boldsymbol{l}}^{rT}_{ij} (\delta \boldsymbol{s}_i - \delta \boldsymbol{s}_j) = 0. \tag{2.3.14}$$

Interpretiert man das Skalarprodukt als Projektionsoperator, heißt dies, die Komponenten der Reaktionskraft $\bar{\boldsymbol{f}}^r_{ij}$ bzw. des -moments $\bar{\boldsymbol{l}}^r_{ij}$ in den zulässigen relativen Verschiebungsrichtungen $(\delta \boldsymbol{r}^P - \delta \boldsymbol{r}^Q)$ bzw. Verdrehungsrichtungen $(\delta \boldsymbol{s}_i - \delta \boldsymbol{s}_j)$ sind null (Reibungsfreiheit), oder anders interpretiert, man hat keine relativen Verschiebungen bzw. Verdrehungen in die gesperrten, durch die Reaktionen definierten Richtungen (Starrheit).

Die Skalarprodukte in den Beziehungen (2.3.13) und (2.3.14) definieren virtuelle Arbeiten, so daß zusammenfassend die virtuelle Arbeit der Reaktionskräfte und

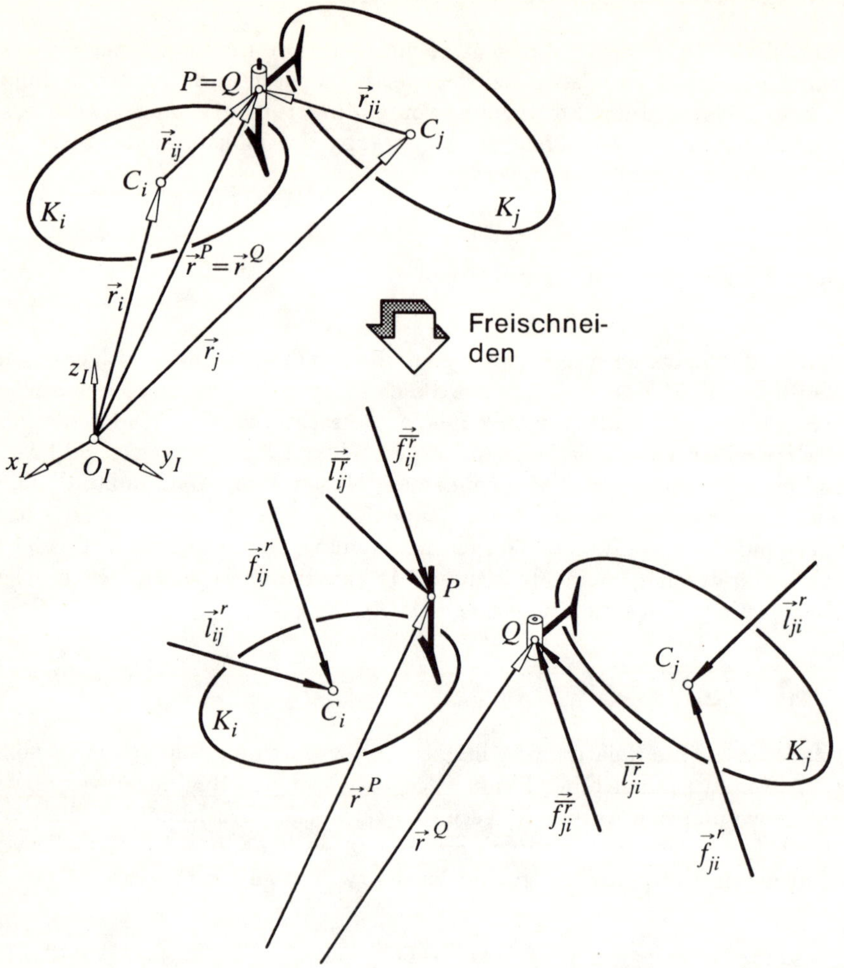

Bild 2.3.1: Reaktionskräfte idealer Bindungen

-momente verschwindet:

$$\delta W_{ij}^r = \bar{\boldsymbol{f}}_{ij}^{rT}(\delta \boldsymbol{r}^P - \delta \boldsymbol{r}^Q) + \bar{\boldsymbol{l}}_{ij}^{rT}(\delta \boldsymbol{s}_i - \delta \boldsymbol{s}_j) = 0. \tag{2.3.15}$$

Um zu nützlichen Beziehungen zu kommen, ist diese lokale Betrachtung am Gelenkort auf die Schnittkraftwinder in den Schwerpunkten der Körper zu übertragen. Dazu sind zunächst die virtuellen Verschiebungen $\delta \boldsymbol{r}^P$ und $\delta \boldsymbol{r}^Q$ durch Größen auszudrücken, welche die virtuellen Verrückungen der Körper beschreiben. Bezeichnet $\boldsymbol{r}_{ij}$ den Vektor $\overrightarrow{C_i P}$ im Inertialsystem und $\boldsymbol{r}'_{ij}$ im körperfesten Koordinatensystem von K_i, dann gilt mit dem Ortsvektor $\boldsymbol{r}_i$ zum Schwerpunkt des Körpers K_i und der Drehmatrix $\boldsymbol{S}_i$

$$\boldsymbol{r}^P = \boldsymbol{r}_i + \boldsymbol{r}_{ij} = \boldsymbol{r}_i + \boldsymbol{S}_i \, \boldsymbol{r}'_{ij} \, . \tag{2.3.16}$$

Daraus folgt für die Variation mit (2.3.2) und der Vertauschungsregel (2.2.5)

$$\begin{aligned} \delta \boldsymbol{r}^P &= \delta \boldsymbol{r}_i + \delta \boldsymbol{S}_i \, \boldsymbol{r}'_{ij} \\ &\equiv \delta \boldsymbol{r}_i + \delta \boldsymbol{S}_i \, \boldsymbol{S}_i^T \boldsymbol{S}_i \, \boldsymbol{r}'_{ij} \\ &= \delta \boldsymbol{r}_i + \delta \tilde{\boldsymbol{s}}_i \, \boldsymbol{r}_{ij} \\ &= \delta \boldsymbol{r}_i - \tilde{\boldsymbol{r}}_{ij} \, \delta \boldsymbol{s}_i , \end{aligned} \tag{2.3.17}$$

da P ein körperfester Punkt ist und damit die Variation von $\boldsymbol{r}'_{ij}$ verschwindet. Analog erhält man für den Punkt Q auf Körper K_j

$$\delta \boldsymbol{r}^Q = \delta \boldsymbol{r}_j - \tilde{\boldsymbol{r}}_{ji} \, \delta \boldsymbol{s}_j . \tag{2.3.18}$$

Bezeichnen $\left(\boldsymbol{f}_{ij}^r, \boldsymbol{l}_{ij}^r\right)$ und $\left(\boldsymbol{f}_{ji}^r, \boldsymbol{l}_{ji}^r\right)$ die zu den Bindungsreaktionen äquivalenten Kraftwinder in den Schwerpunkten der Körper, dann gilt gemäß dem Transformationsgesetz für Kraftwinder

$$\boldsymbol{f}_{ij}^r = \bar{\boldsymbol{f}}_{ij}^r , \qquad \boldsymbol{l}_{ij}^r = \bar{\boldsymbol{l}}_{ij}^r + \tilde{\boldsymbol{r}}_{ij} \bar{\boldsymbol{f}}_{ij}^r , \tag{2.3.19}$$

und mit den Identitäten (2.3.12)

$$\boldsymbol{f}_{ji}^r = \bar{\boldsymbol{f}}_{ji}^r = -\bar{\boldsymbol{f}}_{ij}^r , \qquad \boldsymbol{l}_{ji}^r = \bar{\boldsymbol{l}}_{ji}^r + \tilde{\boldsymbol{r}}_{ji} \bar{\boldsymbol{f}}_{ji}^r = -\left(\bar{\boldsymbol{l}}_{ij}^r + \tilde{\boldsymbol{r}}_{ji} \bar{\boldsymbol{f}}_{ij}^r\right) . \tag{2.3.20}$$

Eingesetzt in (2.3.15) erhält man wegen der Schiefsymmetrie der Tensoren $\tilde{\boldsymbol{r}}_{ij}$ und $\tilde{\boldsymbol{r}}_{ji}$

$$\begin{aligned} \delta W_{ij}^r &= \bar{\boldsymbol{f}}_{ij}^{rT} \left(\delta \boldsymbol{r}_i - \tilde{\boldsymbol{r}}_{ij} \, \delta \boldsymbol{s}_i - \delta \boldsymbol{r}_j + \tilde{\boldsymbol{r}}_{ji} \, \delta \boldsymbol{s}_j\right) + \bar{\boldsymbol{l}}_{ij}^{rT} \left(\delta \boldsymbol{s}_i - \delta \boldsymbol{s}_j\right) \\ &= \bar{\boldsymbol{f}}_{ij}^{rT} \left(\delta \boldsymbol{r}_i - \delta \boldsymbol{r}_j\right) + \left(\bar{\boldsymbol{l}}_{ij}^{rT} - \bar{\boldsymbol{f}}_{ij}^{rT} \tilde{\boldsymbol{r}}_{ij}\right) \delta \boldsymbol{s}_i - \left(\bar{\boldsymbol{l}}_{ij}^{rT} - \bar{\boldsymbol{f}}_{ij}^{rT} \tilde{\boldsymbol{r}}_{ji}\right) \delta \boldsymbol{s}_j \\ &- \left(\boldsymbol{f}_{ij}^{rT} \, \delta \boldsymbol{r}_i + \boldsymbol{l}_{ij}^{rT} \, \delta \boldsymbol{s}_i\right) + \left(\boldsymbol{f}_{ji}^{rT} \, \delta \boldsymbol{r}_j + \boldsymbol{l}_{ji}^{rT} \, \delta \boldsymbol{s}_j\right) = 0 , \end{aligned} \tag{2.3.21}$$

d.h. die virtuelle Arbeit der aus der Bindung resultierenden Schnittkraftwinder in den Schwerpunkten der verbundenen Körper verschwindet ebenfalls. Es ist wichtig, festzustellen, daß dabei beide bewegliche Körper gemeinsam betrachtet werden müssen. Bezeichnet Körper K_j das Fundament, so verschwinden die Variationen

$$\delta \boldsymbol{r}_0 = \boldsymbol{0}, \quad \delta \boldsymbol{s}_0 = \boldsymbol{0}, \tag{2.3.22}$$

und obige Beziehung vereinfacht sich zu

$$\delta W_{i0}^r = \boldsymbol{f}_{i0}^{rT}\, \delta \boldsymbol{r}_i + \boldsymbol{l}_{i0}^{rT}\, \delta \boldsymbol{s}_i = 0. \tag{2.3.23}$$

In diesem Fall genügt es also, nur die Reaktionskräfte und -momente auf den beweglichen Körper zu betrachten.

Eine wesentliche Voraussetzung für das Verschwinden der virtuellen Arbeit der Reaktionskräfte ist die Verträglichkeit der virtuellen Verschiebungen und Verdrehungen mit den Bindungen. Lager zwischen den Körpern K_i und K_j mit der Wertigkeit q lassen sich formal durch q implizite Funktionen beschreiben, die zu einer Vektorfunktion $\bar{\boldsymbol{c}} \in I\!R^q$ zusammengefaßt werden können:

$$\bar{\boldsymbol{c}}(t, \boldsymbol{r}_i, \boldsymbol{S}_i, \boldsymbol{r}_j, \boldsymbol{S}_j) = \boldsymbol{0}. \tag{2.3.24}$$

Durch Variation ergeben sich daraus Nebenbedingungen für die virtuellen Lageänderungen:

$$\delta \bar{\boldsymbol{c}} = \boldsymbol{C}_{r_i}\, \delta \boldsymbol{r}_i + \boldsymbol{C}_{S_i}\, \delta \boldsymbol{s}_i + \boldsymbol{C}_{r_j}\, \delta \boldsymbol{r}_j + \boldsymbol{C}_{S_j}\, \delta \boldsymbol{s}_j = \boldsymbol{0}. \tag{2.3.25}$$

Während sich die Koeffizientenmatrizen $\boldsymbol{C}_{r_i}$ bzw. $\boldsymbol{C}_{r_j}$ durch direkte partielle Differentiation ermitteln lassen,

$$\boldsymbol{C}_{r_i} = \frac{\partial \bar{\boldsymbol{c}}}{\partial \boldsymbol{r}_i} \qquad \text{bzw.} \qquad \boldsymbol{C}_{r_j} = \frac{\partial \bar{\boldsymbol{c}}}{\partial \boldsymbol{r}_j}, \tag{2.3.26}$$

ist dies für die virtuellen Verdrehungen nicht möglich. Zur Vereinfachung sei der implizite, funktionelle Zusammenhang (2.3.24) isoliert für eine einzelne Drehmatrix ohne Index betrachtet, d.h. $\bar{\boldsymbol{c}} = \bar{\boldsymbol{c}}(\boldsymbol{S})$ oder in analytischer Darstellung $\bar{c}_\alpha = \bar{c}_\alpha(S_{mn})$. Durch Variation erhält man

$$\delta \bar{c}_\alpha = \frac{\partial \bar{c}_\alpha}{\partial S_{mn}}\, \delta S_{mn}\,. \tag{2.3.27}$$

Die Variation der Drehmatrix läßt sich entsprechend (2.3.2) auf die infinitesimalen Verdrehungen zurückführen, d.h.

$$\delta \boldsymbol{S} = \delta \tilde{\boldsymbol{s}}\, \boldsymbol{S} \qquad \text{oder} \qquad \delta S_{mn} = \varepsilon_{mlk}\, \delta s_l\, S_{kn}\,. \tag{2.3.28}$$

Oben eingesetzt erhält man

$$\delta\bar{c}_\alpha = \varepsilon_{mlk}\,\frac{\partial\bar{c}_\alpha}{\partial S_{mn}}\,S_{kn}\,\delta s_l\,. \tag{2.3.29}$$

Aus einem Koeffizientenvergleich mit der Variation (2.3.25) folgt die Koeffizientenmatrix für virtuelle Verdrehungen:

$$(\boldsymbol{C}_S)_{\alpha\beta} = \varepsilon_{m\beta k}\,\frac{\partial\bar{c}_\alpha}{\partial S_{mn}}\,S_{kn}\,. \tag{2.3.30}$$

Im allgemeinen bestimmt man die Koeffizientenmatrix nicht auf diesem formalen Weg, sondern durch direkte Umformungen. Für numerisch arbeitende Mehrkörperformalismen müssen die Koeffizientenmatrizen für alle zur Verfügung stehenden Gelenktypen in Gelenkbibliotheken abgelegt werden, z.B. NIKRAVESH (1988) und HAUG (1989).

Beispiel 2.3.1: Kugelgelenk

Ein Kugelgelenk, das zwei Körper in einem Punkt P verbindet, läßt sich implizit durch

$$\bar{\boldsymbol{c}} = \boldsymbol{r}_i + \boldsymbol{S}_i\,\boldsymbol{r}'_{ij} - \boldsymbol{r}_j - \boldsymbol{S}_j\,\boldsymbol{r}'_{ji} = \boldsymbol{0}$$

darstellen, wobei $\boldsymbol{r}'_{ij}$ und $\boldsymbol{r}'_{ji}$ konstante, im jeweiligen körperfesten Koordinatensystem beschriebene Vektoren zum Gelenkpunkt sind, Bild 2.3.2. Die Variation liefert mit (2.3.28)

$$\begin{aligned}\delta\bar{\boldsymbol{c}} &= \delta\boldsymbol{r}_i + \delta\boldsymbol{S}_i\,\boldsymbol{r}'_{ij} - \delta\boldsymbol{r}_j - \delta\boldsymbol{S}_j\,\boldsymbol{r}'_{ji}\\ &= \delta\boldsymbol{r}_i + \delta\tilde{\boldsymbol{s}}_i\,\boldsymbol{S}_i\,\boldsymbol{r}'_{ij} - \delta\boldsymbol{r}_j - \delta\tilde{\boldsymbol{s}}_j\,\boldsymbol{S}_j\,\boldsymbol{r}'_{ji}\\ &= \delta\boldsymbol{r}_i + \delta\tilde{\boldsymbol{s}}_i\,\boldsymbol{r}_{ij} - \delta\boldsymbol{r}_j - \delta\tilde{\boldsymbol{s}}_j\,\boldsymbol{r}_{ji} = \boldsymbol{0}.\end{aligned}$$

Mit der Vertauschungsregel (2.2.5) für das Kreuzprodukt ergibt sich

$$\delta\bar{\boldsymbol{c}} = \delta\boldsymbol{r}_i - \tilde{\boldsymbol{r}}_{ij}\,\delta\boldsymbol{s}_i - \delta\boldsymbol{r}_j + \tilde{\boldsymbol{r}}_{ji}\,\delta\boldsymbol{s}_j = \boldsymbol{0},$$

und daraus durch Vergleich mit (2.3.25)

$$\begin{aligned}\boldsymbol{C}_{r_i} &= \boldsymbol{I}, & \boldsymbol{C}_{S_i} &= -\tilde{\boldsymbol{r}}_{ij} = -\boldsymbol{S}_i\,\tilde{\boldsymbol{r}}'_{ij}\,\boldsymbol{S}_i^T,\\ \boldsymbol{C}_{r_j} &= -\boldsymbol{I}, & \boldsymbol{C}_{S_j} &= \tilde{\boldsymbol{r}}_{ji} = \boldsymbol{S}_j\,\tilde{\boldsymbol{r}}'_{ji}\,\boldsymbol{S}_j^T.\end{aligned}$$

Das gleiche Ergebnis erhält man nach längerer Rechnung auch mit (2.3.26) und (2.3.30).

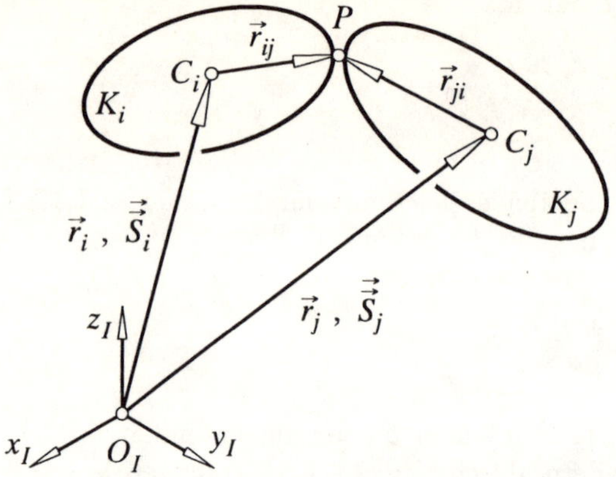

Bild 2.3.2: Kugelgelenk

2.3.3 D'Alembertsches Prinzip

Die anhand einer einzelnen Bindung abgeleiteten Beziehungen (2.3.21) und (2.3.23) lassen sich auf das gesamte Mehrkörpersystem erweitern:

Satz 2.3: Virtuelle Arbeit der Reaktionskräfte

Sind

$$(\boldsymbol{f}_i^r, \boldsymbol{l}_i^r) = \left(\boldsymbol{f}_{i0}^r + \sum_{\substack{j=1 \\ j\neq i}}^{p} \boldsymbol{f}_{ij}^r,\ \boldsymbol{l}_{i0}^r + \sum_{\substack{j=1 \\ j\neq i}}^{p} \boldsymbol{l}_{ij}^r \right) \tag{2.3.31}$$

die aus den idealen Bindungen zu allen anderen Körpern K_j resultierenden Kraftwinder in den Schwerpunkten der Körper K_i, dann verschwindet die virtuelle Arbeit dieser Reaktionen für alle mit den Bindungen verträglichen virtuellen Verschiebungen und Verdrehungen:

$$\delta W^r = \sum_{i=1}^{p} \left(\boldsymbol{f}_i^{rT} \delta \boldsymbol{r}_i + \boldsymbol{l}_i^{rT} \delta \boldsymbol{s}_i \right) = 0. \tag{2.3.32}$$

Beweis: Mit den Kraftwindern (2.3.31) erhält man für die virtuelle Arbeit (2.3.32)

$$\delta W^r = \sum_{i=1}^{p} \left[\left(\boldsymbol{f}_{i0}^r + \sum_{\substack{j=1 \\ j\neq i}}^{p} \boldsymbol{f}_{ij}^r \right)^T \delta \boldsymbol{r}_i + \left(\boldsymbol{l}_{i0}^r + \sum_{\substack{j=1 \\ j\neq i}}^{p} \boldsymbol{l}_{ij}^r \right)^T \delta \boldsymbol{s}_i \right]$$

$$= \sum_{i=1}^{p} \left(\boldsymbol{f}_{i0}^{rT} \delta \boldsymbol{r}_i + \boldsymbol{l}_{i0}^{rT} \delta \boldsymbol{s}_i \right) + \sum_{i=1}^{p} \sum_{\substack{j=1 \\ j \neq i}}^{p} \left(\boldsymbol{f}_{ij}^{rT} \delta \boldsymbol{r}_i + \boldsymbol{l}_{ij}^{rT} \delta \boldsymbol{s}_i \right)$$

oder nach Aufspalten der inneren Summation und Vernachlässigung der Terme ohne Beitrag

$$\delta W^r = \sum_{i=1}^{p} \delta W_{i0}^r + \sum_{i=2}^{p} \sum_{j=1}^{i-1} \left(\boldsymbol{f}_{ij}^{rT} \delta \boldsymbol{r}_i + \boldsymbol{l}_{ij}^{rT} \delta \boldsymbol{s}_i \right) + \sum_{i=1}^{p-1} \sum_{j=i+1}^{p} \left(\boldsymbol{f}_{ij}^{rT} \delta \boldsymbol{r}_i + \boldsymbol{l}_{ij}^{rT} \delta \boldsymbol{s}_i \right). \tag{2.3.33}$$

Vertauschen der Summationsreihenfolge und der Summationsindices in der zweiten Doppelsumme führt mit (2.3.21) und (2.3.23) auf

$$\begin{aligned} \delta W^r &= \sum_{i=1}^{p} \delta W_{i0}^r + \sum_{i=2}^{p} \sum_{j=1}^{i-1} \left[\left(\boldsymbol{f}_{ij}^{rT} \delta \boldsymbol{r}_i + \boldsymbol{l}_{ij}^{rT} \delta \boldsymbol{s}_i \right) + \left(\boldsymbol{f}_{ji}^{rT} \delta \boldsymbol{r}_j + \boldsymbol{l}_{ji}^{rT} \delta \boldsymbol{s}_j \right) \right] \\ &= \sum_{i=1}^{p} \delta W_{i0}^r + \sum_{i=2}^{p} \sum_{j=1}^{i-1} \delta W_{ij}^r \\ &= 0, \end{aligned} \tag{2.3.34}$$

womit das Verschwinden der virtuellen Arbeit der Reaktionskräfte und -momente für das Gesamtsystem gezeigt ist. □

Die Beziehung (2.3.32) weist den Weg, um aus den Newton-Eulerschen Gleichungen (2.2.1) und (2.2.2) die Reaktionen zu eliminieren. Durch Vormultiplizieren mit den transponierten virtuellen Verschiebungen $\delta \boldsymbol{r}_i$ bzw. Verdrehungen $\delta \boldsymbol{s}_i$ und Summation über alle Körper erhält man die Bewegungsgleichungen für holonome Mehrkörpersysteme in Variationsform, die man auch als *d'Alembertsches Prinzip in der Fassung von Lagrange* bezeichnet:

$$\sum_{i=1}^{p} \left[\delta \boldsymbol{r}_i^T \left(m_i \boldsymbol{a}_i - \boldsymbol{f}_i^e \right) + \delta \boldsymbol{s}_i^T \left(\boldsymbol{I}_i \boldsymbol{\alpha}_i + \tilde{\boldsymbol{\omega}}_i \boldsymbol{I}_i \boldsymbol{\omega}_i - \boldsymbol{l}_i^e \right) \right] = 0. \tag{2.3.35}$$

Wichtig ist, daß $\delta \boldsymbol{r}_i$ und $\delta \boldsymbol{s}_i$ gemäß Satz 2.3 beliebige, *mit den Bindungen verträgliche* virtuelle Verschiebungen und Verdrehungen sind.

Dieses Prinzip ersetzt den Impulssatz, den Drallsatz und den Satz über das Verschwinden der virtuellen Arbeit von Reaktionskräften idealer Lager, weshalb es häufig als einziges Axiom für den Aufbau der holonomen Mehrkörperdynamik postuliert wird. Zusammen mit den Bindungsgleichungen lassen sich daraus die Lagrangeschen Gleichungen 1. Art ableiten, z.B. HAUG (1989), i. allg. ist es aber günstiger, die Zahl der systembeschreibenden Koordinaten zu reduzieren.

2.3.4 Jourdainsches Prinzip

Es wurde bereits erwähnt, daß man statt der Lage- auch die Geschwindigkeitsgrößen variieren kann. Zur Unterscheidung von den Variationen (2.3.1) werden die virtuellen Geschwindigkeits- und Winkelgeschwindigkeitsänderungen mit dem Symbol δ' bezeichnet:

$$\delta' t = 0, \quad \delta' \boldsymbol{r}_i = \delta' \boldsymbol{s}_i = \boldsymbol{0}, \quad \delta' \boldsymbol{v}_i \neq \boldsymbol{0}, \; \delta' \boldsymbol{\omega}_i \neq \boldsymbol{0}. \tag{2.3.36}$$

Holonome geometrische Bindungen müssen durch Zeitdifferentiation zunächst in kinematische Bindungen umgeformt werden. Für die allgemeinen Bindungsgleichungen (2.3.24) erhält man mit (2.2.3) und (2.2.4)

$$\dot{\boldsymbol{c}} = \boldsymbol{C}_{r_i} \boldsymbol{v}_i + \boldsymbol{C}_{S_i} \boldsymbol{\omega}_i + \boldsymbol{C}_{r_j} \boldsymbol{v}_j + \boldsymbol{C}_{S_j} \boldsymbol{\omega}_j + \frac{\partial \bar{\boldsymbol{c}}}{\partial t} = \boldsymbol{0}. \tag{2.3.37}$$

Dabei sind die Koeffizientenmatrizen mit (2.3.26) und (2.3.30) identisch, was sich durch analoges Vorgehen zu Abschnitt 2.3.2 zeigen läßt. Die Variation entsprechend (2.3.36), d.h.

$$\delta' \dot{\boldsymbol{c}} = \boldsymbol{C}_{r_i} \delta' \boldsymbol{v}_i + \boldsymbol{C}_{S_i} \delta' \boldsymbol{\omega}_i + \boldsymbol{C}_{r_j} \delta' \boldsymbol{v}_j + \boldsymbol{C}_{S_j} \delta' \boldsymbol{\omega}_j = \boldsymbol{0}, \tag{2.3.38}$$

liefert die gleichen Bedingungen für die virtuellen Geschwindigkeitsänderungen wie Gleichung (2.3.25) für die virtuellen Lageänderungen. Das bedeutet aber, daß die virtuellen Verschiebungen in den Beziehungen (2.3.21) und (2.3.23), und auch in den daraus abgeleiteten Gleichungen (2.3.32) und (2.3.35) gegen die virtuellen Geschwindigkeitsänderungen ausgetauscht werden können. Aus dem Verschwinden der virtuellen Arbeit folgt dann das Verschwinden der virtuellen Leistung der Reaktionskräfte und -momente idealer holonomer Bindungen:

$$\delta' P^r = \sum_{i=1}^{p} \left(\boldsymbol{f}_i^{rT} \delta' \boldsymbol{v}_i + \boldsymbol{l}_i^{rT} \delta' \boldsymbol{\omega}_i \right) = 0. \tag{2.3.39}$$

Entsprechend folgt aus dem d'Alembertschen Prinzip das *Jourdainsche Prinzip*:

$$\sum_{i=1}^{p} \left[\delta' \boldsymbol{v}_i^T (m_i \boldsymbol{a}_i - \boldsymbol{f}_i^e) + \delta' \boldsymbol{\omega}_i^T (\boldsymbol{I}_i \boldsymbol{\alpha}_i + \tilde{\boldsymbol{\omega}}_i \boldsymbol{I}_i \boldsymbol{\omega}_i - \boldsymbol{l}_i^e) \right] = 0. \tag{2.3.40}$$

Der Vorteil des Jourdainschen Prinzips liegt in der Anwendbarkeit auf nichtholonome Mehrkörpersysteme. Denn ähnlich den Überlegungen zu idealen holonomen Bindungen gilt für ideale nichtholonome Bindungen, daß die Reaktionskräfte und -momente senkrecht auf zulässigen Geschwindigkeits- bzw. Winkelgeschwindigkeitsvariationen stehen und damit ihre virtuelle Leistung ebenfalls verschwindet. Es findet weiterhin bei holonomen Mehrkörpersystemen Anwendung, falls verallgemeinerte Geschwindigkeiten verwendet werden.

3 Bewegungsgleichungen

Die Bewegungsgleichungen in Variationsform lassen sich in dieser Form nicht direkt für eine Analyse dynamischer Systeme einsetzen. Dazu müssen die Variationen, die sich bis dahin als nützlich erwiesen haben, wieder eliminiert werden.

Grundlegend dafür ist die Wahl geeigneter Koordinaten zur Beschreibung der Bewegung. Eine einfache Beschreibung ist mit Hilfe der *kartesischen Koordinaten* möglich. Dabei wird jeder Körper entsprechend seiner jeweils drei voneinander unabhängigen Translations- und Rotationsmöglichkeiten durch drei Raumkoordinaten (x, y, z) und drei Winkelkoordinaten (α, β, γ) beschrieben. Anstatt der Winkelkoordinaten werden häufig auch vier *Quaternionen* $\boldsymbol{q} = [q_0, q_1, q_2, q_3]^T$ verwendet, die in der amerikanischen Literatur als *Eulerparameter* bezeichnet werden, und die dann einer Normierungsbedingung unterliegen. In dieser Beschreibung ergeben sich die Bewegungsdifferentialgleichungen zwar in sehr einfacher Form, es sind jedoch zusätzlich nichtlineare, algebraische Zwangsbedingungen für die kartesischen Koordinaten zu berücksichtigen, Haug (1989). Die numerische Integration eines solchen differentialalgebraischen Systems ist mit einigen Schwierigkeiten verbunden.

Zu bevorzugen ist daher eine andere Beschreibungsform, die auf *verallgemeinerten oder Lagrangeschen Koordinaten* basiert. Dabei wird nur eine dem Freiheitsgrad des Systems entsprechende Zahl von Größen zur eindeutigen Lagebeschreibung der einzelnen Körper verwendet, Müller und Schiehlen (1976). Diese können relative Gelenkkoordinaten sein, wie sie sich für rekursive Formalismen anbieten, Brandl, Johanni und Otter (1988) und Hwang und Haug (1988), teilweise eignen sich aber absolute Koordinaten zur Beschreibung der Bewegung besser. Der Vorteil gegenüber kartesischen Koordinaten liegt in der Beschreibung des dynamischen Systems durch gewöhnliche Differentialgleichungen, für die eine Reihe von effizienten numerischen Integrationsalgorithmen zur Verfügung stehen.

Während bei Mehrkörpersystemen mit Baumstruktur immer eine derartige Beschreibung möglich ist, treten bei Mehrkörpersystemen mit kinematischen Schleifen i. allg. Schwierigkeiten auf, da oft keine einfache explizite analytische Beschreibung des Systems in Abhängigkeit der verallgemeinerten Koordinaten möglich ist. Deshalb werden solche Systeme ähnlich wie bei der Verwendung kartesischer Koordinaten bevorzugt durch differential-algebraische Gleichungen beschrieben. Doch mit Hilfe der Symbolmanipulation ist es möglich, auch bei Mehrkörpersystemen mit Schleifenstruktur die Vorteile von Bewegungsgleichungen in Minimalform auszunutzen. Beide Beschreibungsformen werden im folgenden einander gegenübergestellt.

Bei nichtholonomen Systemen und teilweise auch bei holonomen Systemen ist die Einführung zusätzlicher verallgemeinerter Geschwindigkeiten zur Beschreibung des Geschwindigkeitszustands zweckmäßig. Dadurch kann sich der Umfang der Bewegungsgleichungen und damit der Zeitaufwand bei der numerischen Integration dieser Gleichungen erheblich reduzieren.

3.1 Holonome Mehrkörpersysteme mit Baumstruktur

Für Mehrkörpersysteme mit Baumstruktur kann immer eine Beschreibung der Kinematik mit einem Minimalsatz von verallgemeinerten Koordinaten $\boldsymbol{y} \in \mathbb{R}^f$ gefunden werden, wobei f der Freiheitsgrad des Systems ist. Diese verallgemeinerten oder Lagrangeschen Koordinaten beschreiben dann f voneinander unabhängige Teilbewegungen, aus denen sich die Gesamtbewegung des Systems zusammensetzt. Der Ingenieur ist in der Wahl der Koordinaten frei, die Koordinaten müssen jedoch voneinander unabhängig sein und die Lage und Orientierung aller Körper eindeutig festlegen:

$$\boldsymbol{r}_i = \boldsymbol{r}_i(t, \boldsymbol{y}), \quad \boldsymbol{S}_i = \boldsymbol{S}_i(t, \boldsymbol{y}), \quad i = 1(1)p. \tag{3.1.1}$$

Man bezeichnet diese Beschreibung im Unterschied zu Gleichung (2.3.24) auch als Darstellung der holonomen Bindungen in expliziter Form. Singularitäten in dieser Beschreibung können bei einer späteren numerischen Integration der Bewegungsgleichungen zu numerischen Schwierigkeiten führen.

Aus der expliziten Darstellung (3.1.1) erhält man auch die in (2.3.35) benötigten virtuellen Verschiebungen und Verdrehungen in expliziter Form:

$$\delta \boldsymbol{r}_i = \frac{\partial \boldsymbol{r}_i}{\partial \boldsymbol{y}} \delta \boldsymbol{y} =: \boldsymbol{J}_{T_i}(t, \boldsymbol{y})\, \delta \boldsymbol{y}, \tag{3.1.2}$$

$$\delta \tilde{\boldsymbol{s}}_i = \delta \boldsymbol{S}_i \boldsymbol{S}_i^T = \sum_{k=1}^{f} \frac{\partial \boldsymbol{S}_i}{\partial y_k} \boldsymbol{S}_i^T \delta y_k =: \sum_{k=1}^{f} \tilde{\boldsymbol{j}}_{i_k} \delta y_k\,, \tag{3.1.3}$$

und daraus

$$\delta \boldsymbol{s}_i = \sum_{k=1}^{f} \boldsymbol{j}_{i_k}\, \delta y_k = \boldsymbol{J}_{R_i}\, \delta \boldsymbol{y} \quad \text{mit} \quad \boldsymbol{J}_{R_i}(t, \boldsymbol{y}) := \left[\boldsymbol{j}_{i_1}, \ldots, \boldsymbol{j}_{i_f}\right]. \tag{3.1.4}$$

Man bezeichnet $\boldsymbol{J}_{T_i}$ und $\boldsymbol{J}_{R_i}$ als *Jacobimatrizen der Translation* und *der Rotation*. Sie vermitteln eine Transformation zwischen den unabhängigen virtuellen Verschiebungen $\delta \boldsymbol{y}$ und den virtuellen Verschiebungen $\delta \boldsymbol{r}_i$ und Verdrehungen $\delta \boldsymbol{s}_i$ der einzelnen Körper. Mit diesen Beziehungen ergibt sich aus (2.3.35)

$$\delta \boldsymbol{y}^T \sum_{i=1}^{p} \left[\boldsymbol{J}_{T_i}^T (m_i \boldsymbol{a}_i - \boldsymbol{f}_i^e) + \boldsymbol{J}_{R_i}^T (\boldsymbol{I}_i \boldsymbol{\alpha}_i + \tilde{\boldsymbol{\omega}}_i \boldsymbol{I}_i \boldsymbol{\omega}_i - \boldsymbol{l}_i^e)\right] = 0. \tag{3.1.5}$$

Wegen der Unabhängigkeit der virtuellen Verschiebungen $\delta \boldsymbol{y}$ verschwindet nach Satz 2.1 die Summe, und man erhält die Bewegungsgleichungen für holonome Mehrkörpersysteme:

$$\sum_{i=1}^{p} \left[\boldsymbol{J}_{T_i}^T m_i \boldsymbol{a}_i + \boldsymbol{J}_{R_i}^T (\boldsymbol{I}_i \boldsymbol{\alpha}_i + \tilde{\boldsymbol{\omega}}_i \boldsymbol{I}_i \boldsymbol{\omega}_i)\right] = \sum_{i=1}^{p} \left(\boldsymbol{J}_{T_i}^T \boldsymbol{f}_i^e + \boldsymbol{J}_{R_i}^T \boldsymbol{l}_i^e\right). \tag{3.1.6}$$

Üblicherweise arbeitet man in die Bewegungsgleichungen die nichtlinearen Kinematikbeziehungen (3.1.1) ein. Durch Differentiation folgt für die translatorischen Schwerpunktgeschwindigkeiten und -beschleunigungen der einzelnen Körper mit geeigneten Abkürzungen

$$\boldsymbol{v}_i = \frac{\partial \boldsymbol{r}_i}{\partial \boldsymbol{y}} \dot{\boldsymbol{y}} + \frac{\partial \boldsymbol{r}_i}{\partial t} =: \boldsymbol{J}_{T_i} \dot{\boldsymbol{y}} + \bar{\boldsymbol{v}}_i(t, \boldsymbol{y}), \tag{3.1.7}$$

$$\boldsymbol{a}_i = \frac{\partial \boldsymbol{v}_i}{\partial \dot{\boldsymbol{y}}} \ddot{\boldsymbol{y}} + \frac{\partial \boldsymbol{v}_i}{\partial \boldsymbol{y}} \dot{\boldsymbol{y}} + \frac{\partial \boldsymbol{v}_i}{\partial t} =: \boldsymbol{J}_{T_i} \ddot{\boldsymbol{y}} + \bar{\boldsymbol{a}}_i(t, \boldsymbol{y}, \dot{\boldsymbol{y}}). \tag{3.1.8}$$

In einer (3.1.3) und (3.1.4) entsprechenden Vorgehensweise erhält man für die Winkelgeschwindigkeiten und Winkelbeschleunigungen

$$\boldsymbol{\omega}_i = \boldsymbol{J}_{R_i} \dot{\boldsymbol{y}} + \bar{\boldsymbol{\omega}}_i(t, \boldsymbol{y}), \tag{3.1.9}$$

$$\boldsymbol{\alpha}_i = \boldsymbol{J}_{R_i} \ddot{\boldsymbol{y}} + \bar{\boldsymbol{\alpha}}_i(t, \boldsymbol{y}, \dot{\boldsymbol{y}}), \tag{3.1.10}$$

siehe SCHIEHLEN (1986).

Damit ergeben sich aus Gleichung (3.1.6) als *Bewegungsgleichungen* für holonome Mehrkörpersysteme nichtlineare, gewöhnliche Differentialgleichungen 2. Ordnung in den verallgemeinerten Koordinaten $\boldsymbol{y}$,

$$\boldsymbol{M}(t,\boldsymbol{y})\,\ddot{\boldsymbol{y}} + \boldsymbol{k}(t,\boldsymbol{y},\dot{\boldsymbol{y}}) = \boldsymbol{q}(t,\boldsymbol{y},\dot{\boldsymbol{y}}), \tag{3.1.11}$$

mit der $f \times f$–*Massenmatrix*

$$\boldsymbol{M}(t,\boldsymbol{y}) := \sum_{i=1}^{p} \left(\boldsymbol{J}_{T_i}^T m_i \boldsymbol{J}_{T_i} + \boldsymbol{J}_{R_i}^T \boldsymbol{I}_i \boldsymbol{J}_{R_i}\right), \tag{3.1.12}$$

dem $f\times 1$– *Vektor der verallgemeinerten Zentrifugal-, Kreisel- und Corioliskräfte und -momente*

$$\boldsymbol{k}(t,\boldsymbol{y},\dot{\boldsymbol{y}}) := \sum_{i=1}^{p} \left(\boldsymbol{J}_{T_i}^T m_i \bar{\boldsymbol{a}}_i + \boldsymbol{J}_{R_i}^T \boldsymbol{I}_i \bar{\boldsymbol{\alpha}}_i + \boldsymbol{J}_{R_i}^T \tilde{\boldsymbol{\omega}}_i \boldsymbol{I}_i \boldsymbol{\omega}_i\right) \tag{3.1.13}$$

und dem $f\times 1$– *Vektor der verallgemeinerten eingeprägten Kräfte und Momente*

$$\boldsymbol{q}(t,\boldsymbol{y},\dot{\boldsymbol{y}}) := \sum_{i=1}^{p} \left(\boldsymbol{J}_{T_i}^T \boldsymbol{f}_i^e + \boldsymbol{J}_{R_i}^T \boldsymbol{l}_i^e\right). \tag{3.1.14}$$

Die Massenmatrix (3.1.12) ist symmetrisch und i. allg. positiv definit. Während die Symmetrie mit $\boldsymbol{I}_i = \boldsymbol{I}_i^T$ offensichtlich ist, hängt die positive Definitheit von bestimmten Forderungen ab. Sei $\delta\boldsymbol{y} \in I\!R^f$ ein beliebiger Vektor, dann gilt für die einzelnen Summanden mit (3.1.2) und (3.1.4)

$$\delta\boldsymbol{y}^T \left(\boldsymbol{J}_{T_i}^T m_i \boldsymbol{J}_{T_i}\right) \delta\boldsymbol{y} = m_i\, \delta\boldsymbol{r}_i^T \delta\boldsymbol{r}_i \geq 0 \tag{3.1.15}$$

und

$$\delta\boldsymbol{y}^T \left(\boldsymbol{J}_{R_i}^T \boldsymbol{I}_i \boldsymbol{J}_{R_i}\right) \delta\boldsymbol{y} = \delta\boldsymbol{s}_i^T \boldsymbol{I}_i\, \delta\boldsymbol{s}_i \geq 0 \tag{3.1.16}$$

aufgrund von $m_i \geq 0$ und der mindestens positiv semidefiniten Trägheitstensoren. Daraus folgt mit

$$\delta\boldsymbol{y}^T \boldsymbol{M}\, \delta\boldsymbol{y} \geq 0 \tag{3.1.17}$$

jedoch lediglich, daß die Massenmatrix $\boldsymbol{M}$ positiv semidefinit ist. Selbst bei nichtverschwindenden Massen und positiv definiten Trägheitstensoren kann die quadratische Form (3.1.17) in singulären Lagen null werden, wenn es virtuelle Verrückungen $\delta \boldsymbol{y} \neq \mathbf{0}$ gibt, für die alle $\delta \boldsymbol{r}_i$ und $\delta \boldsymbol{s}_i$ verschwinden. Diese singulären Lagen führen aufgrund der dann singulären Massenmatrix zu den schon erwähnten numerischen Schwierigkeiten und sollten vermieden werden. Andererseits müssen Nullmassen und vernachlässigte Trägheitsmomente bei dieser Formulierung nicht in jedem Fall auch zu einer singulären Massenmatrix führen. Deshalb sind die Bewegungsgleichungen (3.1.11) in Minimalform anderen Formen vorzuziehen, wenn in der Modellbildung Körper mit kleinen oder verschwindenden Massen mitmodelliert werden, z.B. Achslenker bei Radaufhängungen in der Fahrzeugdynamik.

Durch Einführen eines Vektors der verallgemeinerten Geschwindigkeiten $\boldsymbol{z} = \dot{\boldsymbol{y}}$ und eines Zustandsvektors $\boldsymbol{x} = [\boldsymbol{y}^T, \boldsymbol{z}^T]^T$ können die Bewegungsgleichungen (3.1.11) für nichtsinguläre Massenmatrizen auch in die sogenannte *Zustandsform* überführt werden:

$$\left.\begin{aligned} \dot{\boldsymbol{y}} &= \boldsymbol{z}, \\ \boldsymbol{M}(t, \boldsymbol{y})\, \dot{\boldsymbol{z}} &= \boldsymbol{q}(t, \boldsymbol{y}, \boldsymbol{z}) - \boldsymbol{k}(t, \boldsymbol{y}, \boldsymbol{z}) \end{aligned}\right\} \tag{3.1.18}$$

bzw.

$$\dot{\boldsymbol{x}} = \boldsymbol{f}(t, \boldsymbol{x}), \quad \boldsymbol{f} := \begin{bmatrix} \boldsymbol{z} \\ \boldsymbol{M}^{-1}(\boldsymbol{q} - \boldsymbol{k}) \end{bmatrix}. \tag{3.1.19}$$

Wie bereits erwähnt, sollte die Modellbildung für reale technische Systeme rechnergestützt erfolgen. Das Programmpaket NEWEUL beispielsweise generiert mit Hilfe des Computers aus einfachen Benutzereingaben symbolische Ausdrücke für die in den Gleichungen (3.1.11) bzw. (3.1.18) auftretenden Matrizen und Vektoren, SCHMOLL (1988) und KREUZER und LEISTER (1991). Auch die Lösung der nichtlinearen Bewegungsdifferentialgleichungen (3.1.19) kann i. allg. nur numerisch erfolgen. Für die Inversion der positiv definiten Massenmatrix eignet sich das Cholesky-Verfahren, z.B. GOLUB und VANLOAN (1986). Zur numerischen Integration von gewöhnlichen Differentialgleichungen 1. Ordnung stehen dann eine Reihe von Integrationsroutinen zur Verfügung. Als Startwerte der Integration können die verallgemeinerten Koordinaten und Geschwindigkeiten zu einem Anfangszeitpunkt t^0 beliebig vorgegeben werden, da sie voneinander unabhängig sind:

$$\boldsymbol{y}(t^0) = \boldsymbol{y}^0, \quad \boldsymbol{z}(t^0) = \boldsymbol{z}^0. \tag{3.1.20}$$

Bei der Auswahl eines geeigneten Integrationsverfahrens sind verschiedene Aspekte zu berücksichtigen. Bewegungsgleichungen von Mehrkörpersystemen sind i. allg. stark nichtlinear, so daß a priori keine Aussagen über geeignete Integrationsschrittweiten gemacht werden können. Da sich das dynamische Verhalten zudem im Verlauf der Integration mehrfach stark ändern kann, ist eine numerische Integration ohne Schrittweitensteuerung nicht empfehlenswert. Nur mit Hilfe einer zuverlässigen Schrittweitensteuerung läßt sich der numerische Integrationsfehler kontrollieren.

Man unterscheidet *Einschritt-*, *Mehrschritt-* und *Extrapolationsverfahren*, wobei letztere i. allg. ebenfalls auf Einschrittverfahren aufbauen. Einschrittverfahren haben bezüglich der Vergangenheit kein Gedächtnis, alle Informationen für den durchzuführenden Zeitschritt sind durch mehrfache Funktionsauswertungen der rechten Seite von (3.1.19) neu zu beschaffen. Mehrschrittverfahren dagegen berücksichtigen zurückliegende Stützstellen und benötigen daher in der Regel bei mittleren und hohen Genauigkeitsanforderungen weniger Funktionsauswertungen als Einschritt- und Extrapolationsverfahren. Vor dem Hintergrund der Mehrkörperdynamik, bei der die Auswertung der rechten Seite der Zustandsgleichungen eine Matrixinversion und bei Modellen technischer Systeme recht umfangreiche Berechnungen der Vektoren $\boldsymbol{k}$ und $\boldsymbol{q}$ erfordert, sind die Mehrschrittverfahren den anderen Methoden vorzuziehen.

Ein sehr zuverlässiger Mehrschrittalgorithmus ist das von SHAMPINE und GORDON (1975) vorgestellte Prädiktor-Korrektor-Verfahren (PECE – Predict–Evaluate–Correct–Evaluate). Ein PECE-Verfahren k-ter Ordnung besteht aus einer expliziten Adams-Bashforth Formel k-ter Ordnung als Prädiktorschritt sowie einer impliziten Adams-Moulton Formel $(k+1)$-ter Ordnung als Korrektorschritt, die durch Verwendung der genäherten Lösung des Prädiktorschritts ebenfalls explizit lösbar wird. Zur Vereinfachung wird das PECE-Verfahren im folgenden anhand einer skalaren Zustandsdifferentialgleichung dargestellt, die Anwendung auf Vektor-Differentialgleichungen erfolgt lediglich komponentenweise.

Formal erhält man den Zustand $x(t)$ aus einem bekannten Zustand $x_n := x(t_n)$ durch Integration der rechten Seite, Bild 3.1.1. Eine Stammfunktion der rechten Seite läßt sich aber nicht immer finden, weshalb man auf Approximationen angewiesen ist. Beim Adams-Bashforth Verfahren k-ter Ordnung wird der Integrand durch ein Polynom $P_{n,k-1}$ $(k-1)$-ter Ordnung mit Hilfe von k Stützstellen approximiert:

$$P_{n,k-1}(t): \quad P_{n,k-1}(t_j) = f_j := f(t_j, x_j), \quad j = n\;(-1)\;n-k+1. \tag{3.1.21}$$

Die Integration dieses Polynoms liefert für die Zustandsvariable $x(t)$ ein Integrationspolynom k-ter Ordnung, $\bar{P}_{n,k}$, mit folgenden Eigenschaften:

$$\begin{aligned} \bar{P}_{n,k}(t): \quad & \bar{P}_{n,k}(t_n) = x_n, \\ & \frac{d\bar{P}_{n,k}}{dt}(t_j) = P_{n,k-1}(t_j) = f_j, \quad j = n\;(-1)\;n-k+1. \end{aligned} \tag{3.1.22}$$

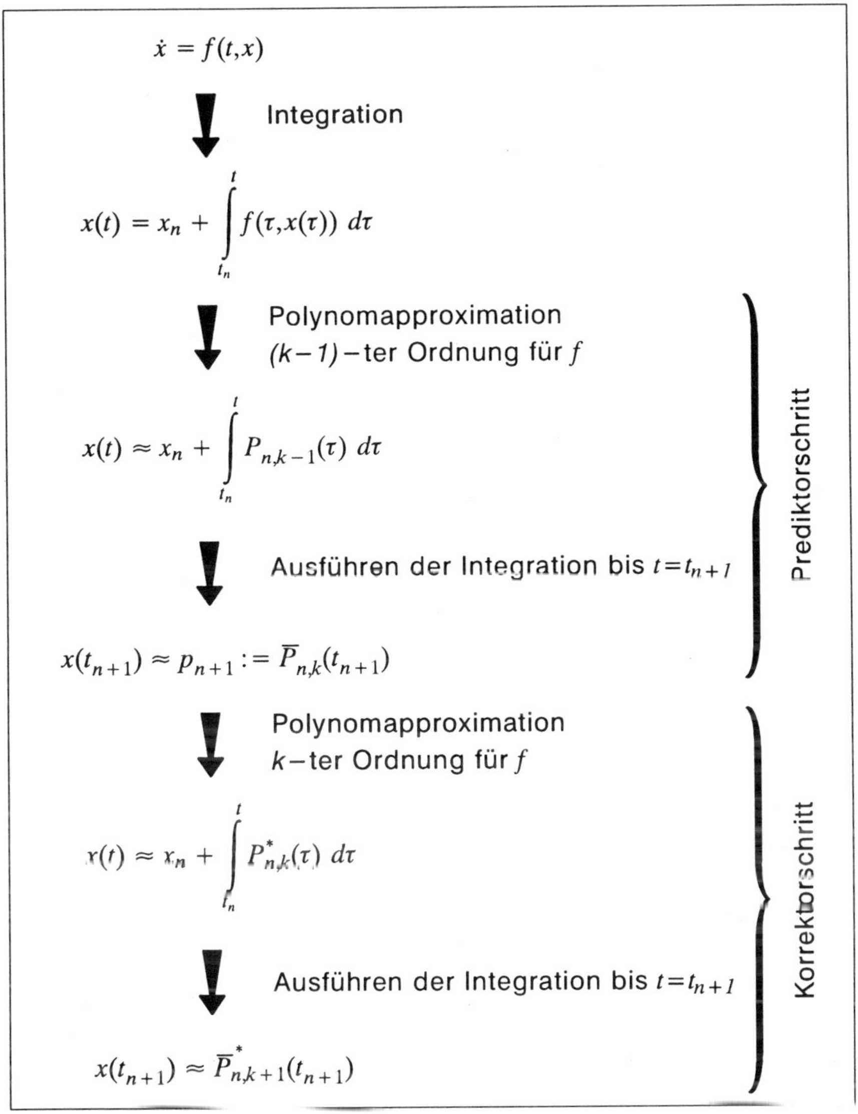

Bild 3.1.1: PECE-Verfahren k-ter Ordnung

Mit Hilfe dieses Polynoms wird der Zustand zum Zeitpunkt t_{n+1} extrapoliert, $x_{n+1} \approx p_{n+1} := \bar{P}_{n,k}(t_{n+1})$. Dieser wird dann mit Hilfe einer Adams-Moulton Formel $(k+1)$-ter Ordnung korrigiert. Dazu wertet man mit dem Schätzwert p_{n+1} die rechte Seite aus, um einen Näherungswert für $f(t_{n+1})$ zu bestimmen. Mit diesem und den k zurückliegenden Stützstellen für $f(t)$ kann ein Polynom k-ter Ordnung aufgebaut werden:

$$
\begin{aligned}
P^*_{n,k}(t): \quad & P^*_{n,k}(t_j) = f_j, \quad j = n\,(-1)\,n-k+1, \\
& P^*_{n,k}(t_{n+1}) = f(t_{n+1}, p_{n+1}).
\end{aligned} \tag{3.1.23}
$$

Die explizite Integration dieses Polynoms führt auf ein Polynom $(k+1)$-ter Ordnung für die Zustandsvariable, $x(t) \approx \bar{P}^*_{n,k+1}(t)$, mit dem der Zustand an der Stützstelle t_{n+1} entgültig geschätzt wird.

Die Güte dieser Näherungslösung hängt von der Ordnung des Verfahrens und den Schrittweiten zwischen den Stützstellen ab. Im Algorithmus von Shampine und Gordon wird die Differenz zwischen Prädiktor- und Korrektorwert zur Schätzung einer optimalen Schrittweite und Ordnung benutzt, um den lokalen Fehler

$$
|\Delta x| \leq RELERR * |x| + ABSERR
$$

zu beschränken, wobei $RELERR$ und $ABSERR$ vorzugebende Integrationstoleranzen sind. Aufgrund von fehlender zurückliegender Information wird die Integration mit einem Verfahren 1. Ordnung gestartet, die maximale Ordnung ist wegen möglicher Oszillationen bei Approximationen hoher Ordnung auf zwölf begrenzt. Numerische Anwendungen auf Mehrkörpersysteme zeigen sehr zufriedenstellende Ergebnisse.

Beispiel 3.1.1: Doppelpendel

Das in Bild 3.1.2 dargestellte Doppelpendel ist ein Beispiel für ein Mehrkörpersystem mit Baumstruktur. Der Freiheitsgrad des Systems ist $f = 2$, die Kinematik des Doppelpendels läßt sich z.B. durch die Absolutwinkel α und β als verallgemeinerte Koordinaten beschreiben, d.h. $\boldsymbol{y} = [\alpha,\, \beta]^T$.

Für die Ortsvektoren der beiden Massenpunkte erhält man

$$
\boldsymbol{r}_1 = \begin{bmatrix} l_1 \cos\alpha \\ l_1 \sin\alpha \\ 0 \end{bmatrix}, \quad \boldsymbol{r}_2 = \begin{bmatrix} l_1 \cos\alpha + l_2 \cos\beta \\ l_1 \sin\alpha - l_2 \sin\beta \\ 0 \end{bmatrix},
$$

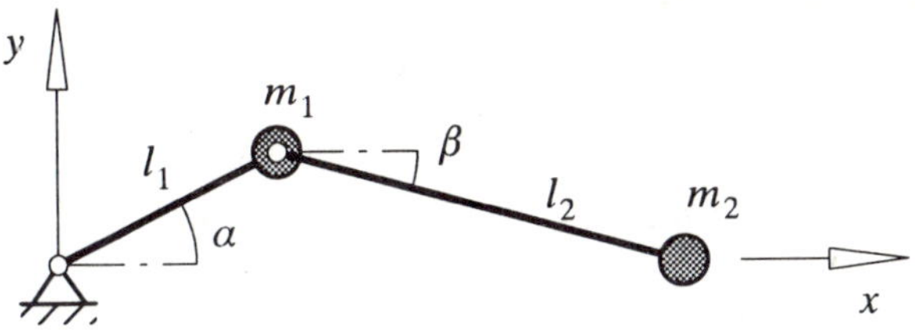

Bild 3.1.2: Doppelpendel

und daraus durch Differentiation für die Jacobimatrizen der Translation

$$\boldsymbol{J}_{T_1} = \begin{bmatrix} -l_1 \sin\alpha & 0 \\ l_1 \cos\alpha & 0 \\ 0 & 0 \end{bmatrix}, \quad \boldsymbol{J}_{T_2} \begin{bmatrix} -l_1 \sin\alpha & -l_2 \sin\beta \\ l_1 \cos\alpha & -l_2 \cos\beta \\ 0 & 0 \end{bmatrix}.$$

Weiterhin erhält man für die Geschwindigkeiten, Beschleunigungen und eingeprägten Kräfte

$$\boldsymbol{v}_1 = \boldsymbol{J}_{T_1}\dot{\boldsymbol{y}}, \quad \boldsymbol{a}_1 = \boldsymbol{J}_{T_1}\ddot{\boldsymbol{y}} + \underbrace{\begin{bmatrix} -l_1\dot{\alpha}^2 \cos\alpha \\ -l_1\dot{\alpha}^2 \sin\alpha \\ 0 \end{bmatrix}}_{\bar{\boldsymbol{a}}_1}, \quad \boldsymbol{f}_1^e = \begin{bmatrix} 0 \\ -m_1 g \\ 0 \end{bmatrix},$$

$$\boldsymbol{v}_2 = \boldsymbol{J}_{T_2}\dot{\boldsymbol{y}}, \qquad \boldsymbol{a}_2 = \boldsymbol{J}_{T_2}\ddot{\boldsymbol{y}} + \underbrace{\begin{bmatrix} -l_1\dot{\alpha}^2 \cos\alpha - l_2\dot{\beta}^2 \cos\beta \\ -l_1\dot{\alpha}^2 \sin\alpha + l_2\dot{\beta}^2 \sin\beta \\ 0 \end{bmatrix}}_{\bar{\boldsymbol{a}}_2},$$

$$\boldsymbol{f}_2^e = \begin{bmatrix} 0 \\ -m_2 g \\ 0 \end{bmatrix}.$$

Die Bewegungsgleichungen des Doppelpendels lauten dann

$$\boldsymbol{M}(t, \boldsymbol{y})\,\ddot{\boldsymbol{y}} + \boldsymbol{k}(t, \boldsymbol{y}, \dot{\boldsymbol{y}}) = \boldsymbol{q}(t, \boldsymbol{y})$$

mit

$$\begin{aligned}
\boldsymbol{M}(t,\boldsymbol{y}) &= \sum_{i=1}^{2} \boldsymbol{J}_{T_i}^T m_i \boldsymbol{J}_{T_i} \\
&= \begin{bmatrix} (m_1+m_2)l_1^2 & -m_2 l_1 l_2 \cos(\alpha+\beta) \\ -m_2 l_1 l_2 \cos(\alpha+\beta) & m_2 l_2^2 \end{bmatrix}, \qquad (3.1.24)
\end{aligned}$$

$$\boldsymbol{k}(t,\boldsymbol{y},\dot{\boldsymbol{y}}) = \sum_{i=1}^{2} \boldsymbol{J}_{T_i}^T m_i \bar{\boldsymbol{a}}_i = \begin{bmatrix} m_2 l_1 l_2 \dot{\beta}^2 \sin(\alpha+\beta) \\ m_2 l_1 l_2 \dot{\alpha}^2 \sin(\alpha+\beta) \end{bmatrix}, \qquad (3.1.25)$$

$$\boldsymbol{q}(t,\boldsymbol{y}) = \sum_{i=1}^{2} \boldsymbol{J}_{T_i}^T \boldsymbol{f}_i^e = \begin{bmatrix} -(m_1+m_2) g l_1 \cos\alpha \\ m_2 g l_2 \cos\beta \end{bmatrix}. \qquad (3.1.26)$$

3.2 Holonome Mehrkörpersysteme mit kinematischen Schleifen

Während sich bei Mehrkörpersystemen mit Baumstruktur immer eine analytische Beschreibung der Kinematik in Abhängigkeit von verallgemeinerten Koordinaten finden läßt, ist dies bei kinematischen Schleifen i. allg. nicht mehr möglich. Oft können die Bindungen in solchen Schleifen nur als implizite Funktionen formuliert werden.

Zur Beschreibung des Mehrkörpersystems werden daher kinematische Schleifen zunächst in günstigen Gelenken aufgeschnitten, so daß ein Mehrkörpersystem mit Baumstruktur entsteht, Bild 3.2.1. Die Beschreibung der Kinematik des aufgeschnittenen Systems, d.h. des aufspannenden Baums, kann dann in der schon bekannten Form erfolgen.

Durch das Aufschneiden der Lager erhält das Mehrkörpersystem jedoch zusätzliche Freiheiten, weshalb man für die Beschreibung des aufgeschnittenen Systems mehr verallgemeinerte Koordinaten benötigt, als es dem Freiheitsgrad f des ursprünglichen Systems entspricht. Bezeichnen f^b den Freiheitsgrad des aufspannenden Baums und $\boldsymbol{y}^b \in \mathbb{R}^{f^b}$ die zugehörigen verallgemeinerten Koordinaten, dann werden diese durch das Schließen der aufgeschnittenen Schleifen voneinander abhängig. Die Abhängigkeit läßt sich implizit durch $n^c = f^b - f$ Schleifenschließbedingungen

$$\boldsymbol{c}(t,\boldsymbol{y}^b) = \boldsymbol{0}, \qquad \boldsymbol{c}: \mathbb{R} \times \mathbb{R}^{f^b} \to \mathbb{R}^{n^c}, \qquad (3.2.1)$$

formulieren. Aufgrund dieser Abhängigkeiten sind auch die virtuellen Verschie-

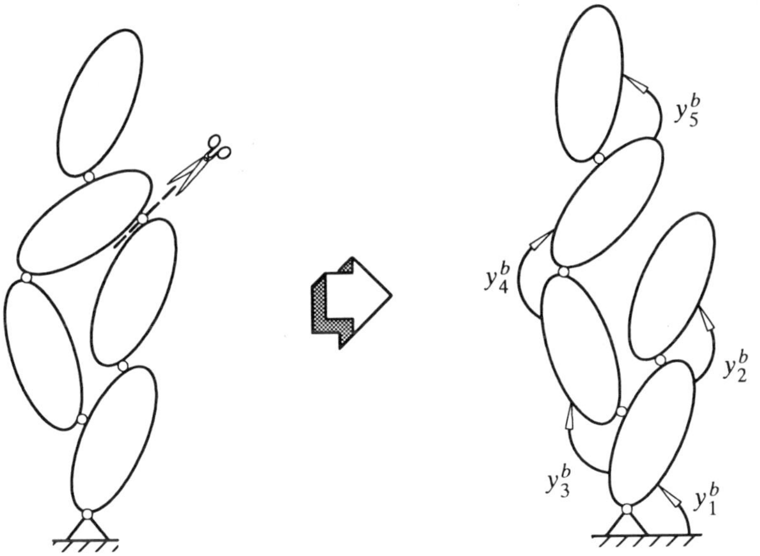

Bild 3.2.1: Aufschneiden von kinematischen Schleifen

bungen $\delta \boldsymbol{y}^b$ voneinander nicht unabhängig:

$$\delta \boldsymbol{c} = \frac{\partial \boldsymbol{c}}{\partial \boldsymbol{y}^b}\, \delta \boldsymbol{y}^b =: \boldsymbol{C}(t, \boldsymbol{y}^b)\, \delta \boldsymbol{y}^b = \boldsymbol{0}. \tag{3.2.2}$$

Die Schleifenschließbedingungen müssen dagegen voneinander unabhängig sein, d.h. die Bindungs-Jacobimatrix $\boldsymbol{C}$ muß vollen Zeilenrang n^c haben. Häufig lassen sich mehr als n^c Schleifenschließbedingungen formulieren, aus denen die unabhängigen Gleichungen auszuwählen sind. Aufgrund der Zeit- und Koordinatenabhängigkeit der Bindungs-Jacobimatrix kann eine solche Auswahl nur lokal erfolgen und muß u.U. während einer Simulation mehrfach geändert werden.

Das Vorgehen in Abschnitt 3.1 beim Aufstellen der Bewegungsgleichungen ist auf Mehrkörpersysteme mit kinematischen Schleifen nicht direkt übertragbar, da die Koordinaten $\boldsymbol{y}^b$ bei der Schleifenstruktur voneinander nicht unabhängig sind. In den letzten Jahren haben sich zwei unterschiedliche Richtungen zur Behandlung solcher Abhängigkeiten herauskristallisiert. Bei der einen Vorgehensweise werden zunächst alle verallgemeinerten Koordinaten $\boldsymbol{y}^b$ des aufspannenden Baums als gleichwertig betrachtet und die Reaktionskräfte und -momente der Schleifenschließbedingungen in Form von Langrange Multiplikatoren berücksichtigt, z.B. HWANG und HAUG (1988). Dies führt wie schon bei Verwendung kartesischer Koordinaten auf differential-algebraische Gleichungen, nämlich die differentiellen Kinematik- und Kinetikgleichungen und die algebraischen Schleifenschließbedingungen. Bei der anderen Vorgehensweise werden entsprechend dem Freiheitsgrad des ursprünglichen Systems mit geschlossenen kinematischen Schleifen f der beschreibenden Koordinaten $\boldsymbol{y}^b$ als unabhängige oder Minimalkoordinaten ausgewählt. Die restlichen Koordinaten werden als Hilfsvariablen betrachtet und sind in Abhängigkeit der Minimalkoordinaten darzustellen, z.B. KREUZER (1979). Diese Abhängigkeiten lassen sich dann in die Bewegungsgleichungen einarbeiten und man erhält gewöhnliche Differentialgleichungen zur Beschreibung der Bewegung.

Beide Methoden haben ihre Vor- und Nachteile. Die differential-algebraischen Gleichungen haben eine vergleichsweise einfache Form und sind auch leicht aufzustellen, ihre direkte numerische Behandlung bereitet jedoch einige Schwierigkeiten. Dagegen lassen sich die Bewegungsgleichungen in Minimalform als gewöhnliche Differentialgleichungen numerisch sehr effizient integrieren. Es ist aber nicht immer einfach, die Wahl der Minimalkoordinaten a priori zu treffen, und auch die Formulierung einer expliziten Abhängigkeit der Hilfsvariablen von den Minimalkoordinaten ist nicht immer möglich. Daher verwendet man i. allg. Mischformen, d.h. man reduziert differential-algebraische Gleichungen in jedem Zeitschritt der Integration numerisch auf Minimalform, z.B. WEHAGE und HAUG (1982), oder man läßt bei der Erstellung der Bewegungsgleichungen in Minimalform die Wahl der Minimalkoordinaten zunächst offen und legt sie erst im Verlauf der Simulation fest, LEISTER und BESTLE (1992).

3.2.1 Bewegungsgleichungen mit algebraischen Bindungsgleichungen

Werden alle verallgemeinerten Koordinaten $\boldsymbol{y}^b \in I\!R^{f^b}$ als gleichwertig angesehen, dann gelten die Bewegungsgleichungen in Variationsform, Gl. (3.1.5), in entsprechender Weise auch hier, jedoch mit dem Unterschied, daß die zulässigen virtuellen Verschiebungen $\delta\boldsymbol{y}^b$ das lineare Gleichungssystem (3.2.2) zu erfüllen haben:

$$\delta\boldsymbol{y}^{bT} \sum_{i=1}^{p} \left[\boldsymbol{J}_{T_i}^{b\;T} (m_i \boldsymbol{a}_i - \boldsymbol{f}_i^e) + \boldsymbol{J}_{R_i}^{b\;T} (\boldsymbol{I}_i \boldsymbol{\alpha}_i + \tilde{\boldsymbol{\omega}}_i \boldsymbol{I}_i \boldsymbol{\omega}_i - \boldsymbol{l}_i^e) \right] = 0$$

$$\forall \quad \delta\boldsymbol{y}^b : \boldsymbol{C}\,\delta\boldsymbol{y}^b = \boldsymbol{0}. \tag{3.2.3}$$

Nach Satz 2.2 können diese Bindungen mit Hilfe von Lagrange Multiplikatoren $\boldsymbol{\lambda} \in I\!R^{n^c}$ berücksichtigt werden. Es gilt dann

$$\delta\boldsymbol{y}^{bT} \left\{ \sum_{i=1}^{p} \left[\boldsymbol{J}_{T_i}^{b\;T} (m_i \boldsymbol{a}_i - \boldsymbol{f}_i^e) + \boldsymbol{J}_{R_i}^{b\;T} (\boldsymbol{I}_i \boldsymbol{\alpha}_i + \tilde{\boldsymbol{\omega}}_i \boldsymbol{I}_i \boldsymbol{\omega}_i - \boldsymbol{l}_i^e) \right] - \boldsymbol{C}^T \boldsymbol{\lambda} \right\} = 0$$

(3.2.4)

für alle $\delta \boldsymbol{y}^b \in \mathbb{R}^{f^b}$ und damit nach Satz 2.1

$$\sum_{i=1}^{p} \left[\boldsymbol{J}_{T_i}^{b\ T} m_i \boldsymbol{a}_i + \boldsymbol{J}_{R_i}^{b\ T} (\boldsymbol{I}_i \boldsymbol{\alpha}_i + \tilde{\boldsymbol{\omega}}_i \boldsymbol{I}_i \boldsymbol{\omega}_i) \right] - \boldsymbol{C}^T \boldsymbol{\lambda} = \sum_{i=1}^{p} \left(\boldsymbol{J}_{T_i}^{b\ T} \boldsymbol{f}_i^e + \boldsymbol{J}_{R_i}^{b\ T} \boldsymbol{l}_i^e \right). \tag{3.2.5}$$

Nach Einführen der Kinematikbeziehungen (3.1.7)–(3.1.10) für das aufgeschnittene System erhält man die Bewegungsgleichungen

$$\boldsymbol{M}^b(t, \boldsymbol{y}^b)\, \ddot{\boldsymbol{y}}^b + \boldsymbol{k}^b(t, \boldsymbol{y}^b, \dot{\boldsymbol{y}}^b) - \boldsymbol{C}^T(t, \boldsymbol{y}^b)\, \boldsymbol{\lambda} = \boldsymbol{q}^b(t, \boldsymbol{y}^b, \dot{\boldsymbol{y}}^b). \tag{3.2.6}$$

Dabei bezeichnen $\boldsymbol{M}^b$, $\boldsymbol{k}^b$ und $\boldsymbol{q}^b$ entsprechend (3.1.12)–(3.1.14) die Massenmatrix, den Vektor der Zentrifugal-, Coriolis- und Kreiselkräfte sowie den Vektor der verallgemeinerten eingeprägten Kräfte des aufgeschnittenen Systems. Für das geschlossene System ist also lediglich der Term mit der Bindungs-Jacobimatrix und den Lagrange Multiplikatoren hinzuzufügen, der die Reaktionskräfte und -momente in den geschnittenen Gelenken berücksichtigt.

Durch Einführen von verallgemeinerten Geschwindigkeiten $\boldsymbol{z}^b$ lassen sich die Bewegungsgleichungen (3.2.6) ebenfalls in Form von Differentialgleichungen 1. Ordnung schreiben:

$$\left.\begin{aligned} \dot{\boldsymbol{y}}^b &= \boldsymbol{z}^b, \\ \boldsymbol{M}^b(t, \boldsymbol{y}^b)\, \dot{\boldsymbol{z}}^b - \boldsymbol{C}^T(t, \boldsymbol{y}^b)\, \boldsymbol{\lambda} &= \boldsymbol{q}^b(t, \boldsymbol{y}^b, \boldsymbol{z}^b) - \boldsymbol{k}^b(t, \boldsymbol{y}^b, \boldsymbol{z}^b). \end{aligned}\right\} \tag{3.2.7}$$

Zusätzlich zu diesen $2f^b$ Differentialgleichungen sind die n^c algebraischen Bindungsgleichungen (3.2.1) zur Bestimmung der $(2f^b + n^c)$ Unbekannten $\dot{\boldsymbol{y}}^b$, $\dot{\boldsymbol{z}}^b$ und $\boldsymbol{\lambda}$ zu berücksichtigen. Man bezeichnet ein solches gemischtes Gleichungssystem als *differential-algebraisches Gleichungssystem (DAGL)*. Zulässige Anfangsbedingungen $[\boldsymbol{y}^{b0^T}, \boldsymbol{z}^{b0^T}]^T$ müssen die algebraischen Gleichungen ebenfalls erfüllen, sie heißen dann *konsistent* mit den Schleifenschließbedingungen.

Die Beschreibung eines Mehrkörpersystems mit kinematischen Schleifen durch die Gleichungen (3.2.7) und (3.2.1) ist nicht ausreichend, denn nicht für alle mit den Schleifenschließbedingungen (3.2.1) konsistente Anfangsbedingungen existiert eine Lösung des DAGL. Den Bindungen auf Lageebene entsprechen nämlich auch Bindungen auf Geschwindigkeitsebene, die aus der totalen Zeitableitung von $\boldsymbol{c}$ folgen:

$$\dot{\boldsymbol{c}} = \frac{d\boldsymbol{c}}{dt} = \frac{\partial \boldsymbol{c}}{\partial \boldsymbol{y}^b} \boldsymbol{z}^b + \frac{\partial \boldsymbol{c}}{\partial t} = \boldsymbol{C} \boldsymbol{z}^b + \frac{\partial \boldsymbol{c}}{\partial t} = \boldsymbol{0}. \tag{3.2.8}$$

Konsistente, d.h. zulässige Anfangsgeschwindigkeiten müssen diesen Geschwindigkeitsbedingungen ebenfalls genügen.

Im Prinzip ist das Mehrkörpersystem durch diese Gleichungen vollständig beschrieben, sie sind jedoch für eine rechnerische Lösung nicht gut geeignet. Denn die Schleifenschließbedingungen sind nichtlinear und die Bedingungen auf Geschwindigkeitsebene liefern keine reguläre Koeffizientenmatrix eines aus (3.2.7) und (3.2.8) zusammengesetzten Gleichungssystems für $\dot{\boldsymbol{y}}^b$, $\dot{\boldsymbol{z}}^b$ und $\boldsymbol{\lambda}$. Daher leitet man die Gleichungen (3.2.8) nochmals ab, wodurch Bindungen auf Beschleunigungs- bzw. Kraftebene entstehen:

$$\begin{aligned} \ddot{\boldsymbol{c}} = \frac{d^2\boldsymbol{c}}{dt^2} &= \frac{\partial \boldsymbol{c}}{\partial \boldsymbol{y}^b}\dot{\boldsymbol{z}}^b + \frac{\partial}{\partial \boldsymbol{y}^b}\left(\frac{\partial \boldsymbol{c}}{\partial \boldsymbol{y}^b}\boldsymbol{z}^b\right)\boldsymbol{z}^b + 2\,\frac{\partial^2 \boldsymbol{c}}{\partial \boldsymbol{y}^b\,\partial t}\boldsymbol{z}^b + \frac{\partial^2 \boldsymbol{c}}{\partial t^2} \\ &=: \boldsymbol{C}\dot{\boldsymbol{z}}^b + \boldsymbol{\gamma} = \boldsymbol{0}. \end{aligned} \tag{3.2.9}$$

Nur diese letzte Bindungsform bildet zusammen mit den Bewegungsgleichungen ein geeignetes Gleichungssystem zur Ermittlung von $[\dot{\boldsymbol{y}}^{b^T}, \dot{\boldsymbol{z}}^{b^T}, \boldsymbol{\lambda}^T]^T$:

$$\begin{bmatrix} \boldsymbol{I} & \boldsymbol{0} & \boldsymbol{0} \\ \boldsymbol{0} & \boldsymbol{M}^b & \boldsymbol{C}^T \\ \boldsymbol{0} & \boldsymbol{C} & \boldsymbol{0} \end{bmatrix} \begin{bmatrix} \dot{\boldsymbol{y}}^b \\ \dot{\boldsymbol{z}}^b \\ -\boldsymbol{\lambda} \end{bmatrix} = \begin{bmatrix} \boldsymbol{z}^b \\ \boldsymbol{q}^b(t, \boldsymbol{y}^b, \boldsymbol{z}^b) - \boldsymbol{k}^b(t, \boldsymbol{y}^b, \boldsymbol{z}^b) \\ -\boldsymbol{\gamma}(t, \boldsymbol{y}^b, \boldsymbol{z}^b) \end{bmatrix}. \tag{3.2.10}$$

Falls die Massenmatrix $\boldsymbol{M}^b$ positiv definit ist und die Bindungen unabhängig sind, d.h. die Jacobimatrix $\boldsymbol{C}$ vollen Zeilenrang hat, ist die Koeffizientenmatrix der linken Seite regulär und damit invertierbar, HAUG (1989). Damit ist dieses Gleichungssystem im Prinzip ausreichend, um für konsistente Anfangsbedingungen die Trajektorien von $[\boldsymbol{y}^{b^T}, \boldsymbol{z}^{b^T}, \boldsymbol{\lambda}^T]^T$ zu ermitteln. Denn für einen gegebenen Zustand $[\boldsymbol{y}^{b^T}, \boldsymbol{z}^{b^T}]$ lassen sich aus (3.2.10) die zugehörigen zeitlichen Ableitungen bestimmen und, wie in Abschnitt 3.1 dargestellt, numerisch integrieren. Bei Langzeitintegrationen haben die Bindungen (3.2.1) und (3.2.8) jedoch die Tendenz, durch auflaufende Integrationsfehler stark verletzt zu werden und so zu physikalisch nicht sinnvollen Ergebnissen zu führen.

Eine häufig benutzte Methode zur Verringerung dieses Effekts ist die Stabilisierung nach BAUMGARTE (1972). Ziel ist letztendlich, die Schließbedingungen in einer Form zu berücksichtigen, die auf die Lösung $\boldsymbol{c} \equiv \boldsymbol{0}$ führt. Im Gleichungssystem (3.2.10) geschieht dies durch die Differentialgleichungen $\ddot{\boldsymbol{c}} = \boldsymbol{0}$, welche diese Lösung zwar als zweites Integral haben, aber aufgrund von Störungen instabil werden. Es bietet sich daher an, die Gleichungen durch ergänzende Terme in eine stabile Schwingungsgleichung mit der stationären Lösung $\boldsymbol{c} = \boldsymbol{0}$ umzuformen:

$$\ddot{\boldsymbol{c}} + 2\,d\,\dot{\boldsymbol{c}} + \nu^2\boldsymbol{c} = \boldsymbol{0}, \qquad d > 0. \tag{3.2.11}$$

Die dritte Subgleichung in (3.2.10) wird dann durch

$$\boldsymbol{C}\dot{\boldsymbol{z}}^b = -\boldsymbol{\gamma} - 2\,d\,\dot{\boldsymbol{c}} - \nu^2\boldsymbol{c} \tag{3.2.12}$$

ersetzt. Bei geeigneter Wahl der Dämpfungskonstanten d und Eigenfrequenz ν ergibt sich tatsächlich der stabilisierende Effekt, eine generelle Empfehlung für diese Wahl ist jedoch nicht möglich. Zu kleine Werte führen zu unbefriedigenden Abweichungen in den Schließbedingungen, zu große Werte beeinflussen die numerische Integration ungünstig. Daher wurden in den vergangenen Jahren mehrfach Versuche unternommen, weitergehende Aussagen zur Wahl der Koeffizienten zu machen oder zusätzliche Terme in (3.2.11) einzuführen, die Diskussion ist jedoch noch nicht befriedigend abgeschlossen, z.B. NIKRAVESH (1984), OSTERMEYER (1990), BAE und YANG (1991).

Andere Ansätze versuchen die Schließbedingungen auf Geschwindigkeitsebene exakt zu erfüllen, denn genauere Analysen des Störverhaltens zeigen, daß die wesentlichen Beiträge zur Instabilität von den Geschwindigkeitskoordinaten herrühren, ALISHENAS (1992). Dies läßt sich z.B. durch Einführung verallgemeinerter Impulse und erster Integrale der Lagrange Multiplikatoren erreichen, BAUMGARTE (1983), NIKRAVESH (1990). Bei Langzeitsimulationen tritt dann allerdings das Problem auf, daß diese Integrale stark anwachsen können, falls die Lagrange Multiplikatoren nicht mittelwertfrei sind.

In dem von FÜHRER (1988) entwickelten Algorithmus zur direkten numerischen Integration der differential-algebraischen Bewegungsgleichungen von Mehrkörpersystemen wird versucht, den Schließbedingungen auf allen drei Ebenen Rechnung zu tragen. Dazu wird ein lineares Ausgleichsproblem formuliert, das bei jedem Integrationsschritt zu lösen ist. Dieser zusätzliche Aufwand schlägt sich in einer erhöhten Rechenzeit nieder, wie Vergleiche mit anderen Integrationsverfahren zeigen, LEISTER (1990). Bei solchen Rechenzeitvergleichen zeigt sich allgemein, daß die numerische Integration von gewöhnlichen Differentialgleichungen wesentlich günstiger ist als die Behandlung von differentialalgebraischen Gleichungen, weshalb in vielen Anwendungen eine Reduktion der Bewegungsgleichungen auf Minimalform durchgeführt wird.

Beispiel 3.2.1: Differential-algebraische Bewegungsgleichungen des Schubkurbeltriebs

Zur Beschreibung der Kinematik des in Bild 3.2.2 dargestellten Schubkurbeltriebs kann z.B. das Schubgelenk geschnitten werden. Der entstehende aufspannende Baum ist das in Beispiel 3.1.1 untersuchte Doppelpendel, das durch die Bewegungsgleichungen

$$\boldsymbol{M}^b\ddot{\boldsymbol{y}}^b + \boldsymbol{k}^b = \boldsymbol{q}^b$$

beschrieben wird. Mit den verallgemeinerten Baumkoordinaten $\boldsymbol{y}^b = [\alpha, \beta]^T$ sind die Matrizen $\boldsymbol{M}^b$, $\boldsymbol{k}^b$ und $\boldsymbol{q}^b$ durch (3.1.24)–(3.1.26) gegeben.

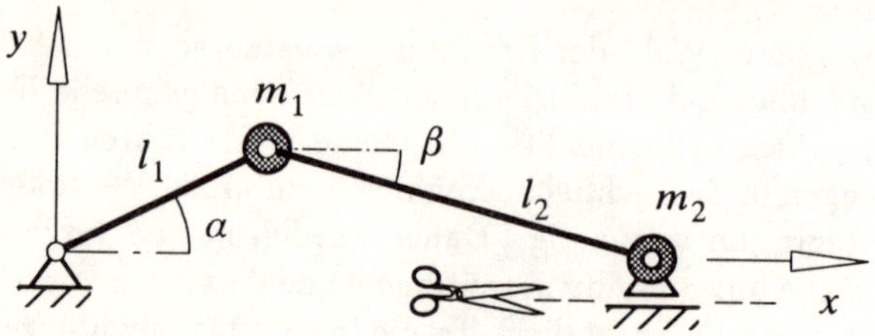

Bild 3.2.2: Schubkurbeltrieb

Der Schubkurbeltrieb ist ein Teil dieser Systemfamilie und wird durch die Schließbedingung

$$c(\alpha, \beta) = l_1 \sin\alpha - l_2 \sin\beta = 0$$

festgelegt. Die Bewegungsgleichungen in Variationsform lauten damit entsprechend Gleichung (3.2.3) nach Einarbeiten der Kinematik des aufspannenden Baums

$$\delta\boldsymbol{y}^{bT}\left(\boldsymbol{M}^b\ddot{\boldsymbol{y}}^b + \boldsymbol{k}^b - \boldsymbol{q}^b\right) = 0$$

$$\forall \quad \delta\boldsymbol{y}^b : \underbrace{[l_1\cos\alpha, \ -l_2\cos\beta]}_{\boldsymbol{C}} \begin{bmatrix} \delta\alpha \\ \delta\beta \end{bmatrix} = 0$$

oder mit Satz 2.2

$$\delta\boldsymbol{y}^{bT}\left(\boldsymbol{M}^b\ddot{\boldsymbol{y}}^b + \boldsymbol{k}^b - \boldsymbol{q}^b - \boldsymbol{C}^T\boldsymbol{\lambda}\right) = 0 \quad \forall \quad \delta\boldsymbol{y}^b.$$

Daraus folgen mit Satz 2.1 die differential-algebraischen Bewegungsgleichungen

$$\begin{bmatrix} (m_1+m_2)l_1^2 & -m_2l_1l_2\cos(\alpha+\beta) \\ -m_2l_1l_2\cos(\alpha+\beta) & m_2l_2^2 \end{bmatrix} \begin{bmatrix} \ddot{\alpha} \\ \ddot{\beta} \end{bmatrix}$$

$$+ \begin{bmatrix} m_2l_1l_2\dot{\beta}^2\sin(\alpha+\beta) - l_1\lambda\cos\alpha \\ m_2l_1l_2\dot{\alpha}^2\sin(\alpha+\beta) + l_2\lambda\cos\beta \end{bmatrix} = \begin{bmatrix} -(m_1+m_2)gl_1\cos\alpha \\ m_2gl_2\cos\beta \end{bmatrix}$$

mit den algebraischen Nebenbedingungen auf Lage-, Geschwindigkeits- und Beschleunigungsebene:

$$\begin{aligned} c &= l_1 \sin\alpha - l_2 \sin\beta = 0, \\ \dot{c} &= l_1\dot{\alpha}\cos\alpha - l_2\dot{\beta}\cos\beta = 0, \\ \ddot{c} &= l_1\ddot{\alpha}\cos\alpha - l_2\ddot{\beta}\cos\beta - l_1\dot{\alpha}^2\sin\alpha + l_2\dot{\beta}^2\sin\beta = 0. \end{aligned}$$

Bevor im nächsten Abschnitt näher auf die Reduktion der Bewegungsgleichungen auf Minimalform eingegangen wird, soll zunächst eine Interpretation der Lagrange Multiplikatoren $\boldsymbol{\lambda}$ als verallgemeinerte Reaktionskräfte versucht werden. Dazu sei der Schnitt durch eine einzelne Bindung (2.3.24) zwischen zwei Körpern K_i und K_j betrachtet:

$$\begin{aligned} \bar{\boldsymbol{c}}(t, \boldsymbol{r}_i, \boldsymbol{S}_i, \boldsymbol{r}_j, \boldsymbol{S}_j) &= \bar{\boldsymbol{c}}\left(t, \boldsymbol{r}_i(t, \boldsymbol{y}^b), \boldsymbol{S}_i(t, \boldsymbol{y}^b), \boldsymbol{r}_j(t, \boldsymbol{y}^b), \boldsymbol{S}_j(t, \boldsymbol{y}^b)\right) \\ &= \boldsymbol{c}(t, \boldsymbol{y}^b) = \boldsymbol{0}, \end{aligned} \tag{3.2.13}$$

wobei die verallgemeinerten Koordinaten $\boldsymbol{y}^b$ das entstehende aufgeschnittene System beschreiben. Durch Variation von $\bar{\boldsymbol{c}}$ erhält man Gleichung (2.3.25) oder mit (3.1.2) und (3.1.4) entsprechenden Beziehungen

$$\delta\bar{\boldsymbol{c}} = \left[\sum_{k=i,j} \left(\boldsymbol{C}_{r_k}\boldsymbol{J}^b_{T_k} + \boldsymbol{C}_{S_k}\boldsymbol{J}^b_{R_k}\right)\right] \delta\boldsymbol{y}^b. \tag{3.2.14}$$

Andererseits führt die Variation von $\boldsymbol{c}$ auf Gleichung (3.2.2). Da die Funktionen $\boldsymbol{c}$ und $\bar{\boldsymbol{c}}$ für alle $\boldsymbol{y}^b$ übereinstimmen, müssen auch ihre Variationen für alle (und nicht nur die mit $\boldsymbol{c}$ verträglichen) virtuellen Verschiebungen $\delta\boldsymbol{y}^b$ übereinstimmen. Satz 2.1 liefert dann

$$\boldsymbol{C} = \sum_{k=i,j} \left(\boldsymbol{C}_{r_k}\boldsymbol{J}^b_{T_k} + \boldsymbol{C}_{S_k}\boldsymbol{J}^b_{R_k}\right). \tag{3.2.15}$$

Die Bindung (3.2.13) kann dann einerseits in Form von Lagrange Multiplikatoren berücksichtigt werden, woraus sich die Bewegungsgleichungen in Form von Gleichung (3.2.5) ergeben, d.h.

$$\begin{aligned} &\sum_{k=1}^{p} \left[\boldsymbol{J}^{b\,T}_{T_k} m_k \boldsymbol{a}_k + \boldsymbol{J}^{b\,T}_{R_k} \left(\boldsymbol{I}_k\boldsymbol{\alpha}_k + \tilde{\boldsymbol{\omega}}_k\boldsymbol{I}_k\boldsymbol{\omega}_k\right)\right] - \boldsymbol{C}^T\boldsymbol{\lambda} \\ &\qquad = \sum_{k=1}^{p} \left(\boldsymbol{J}^{b\,T}_{T_k} \boldsymbol{f}^e_k + \boldsymbol{J}^{b\,T}_{R_k} \boldsymbol{l}^e_k\right), \end{aligned} \tag{3.2.16}$$

andererseits kann sie auch durch die entsprechenden Reaktionskräfte und -momente berücksichtigt werden, Bild 3.2.3. Da es die einzigen, im folgenden explizit auftretenden Reaktionen sind, werden sie der Einfachheit halber, von der Notation in Abschnit 2.3.2 abweichend, mit $\boldsymbol{f}_i^r$, $\boldsymbol{l}_i^r$, $\boldsymbol{f}_j^r$, $\boldsymbol{l}_j^r$ bezeichnet. Behandelt man diese im aufgeschnittenen System wie eingeprägte Kräfte, ergeben sich entsprechend (3.1.6) folgende Bewegungsgleichungen:

$$\sum_{k=1}^{p}\left[\boldsymbol{J}_{T_k}^{b\ T} m_k \boldsymbol{a}_k + \boldsymbol{J}_{R_k}^{b\ T}\left(\boldsymbol{I}_k\boldsymbol{\alpha}_k + \tilde{\boldsymbol{\omega}}_k\boldsymbol{I}_k\boldsymbol{\omega}_k\right)\right]$$

$$= \sum_{k=1}^{p}\left(\boldsymbol{J}_{T_k}^{b\ T}\boldsymbol{f}_k^e + \boldsymbol{J}_{R_k}^{b\ T}\boldsymbol{l}_k^e\right) + \sum_{k=i,j}\left(\boldsymbol{J}_{T_k}^{b\ T}\boldsymbol{f}_k^r + \boldsymbol{J}_{R_k}^{b\ T}\boldsymbol{l}_k^r\right). \qquad (3.2.17)$$

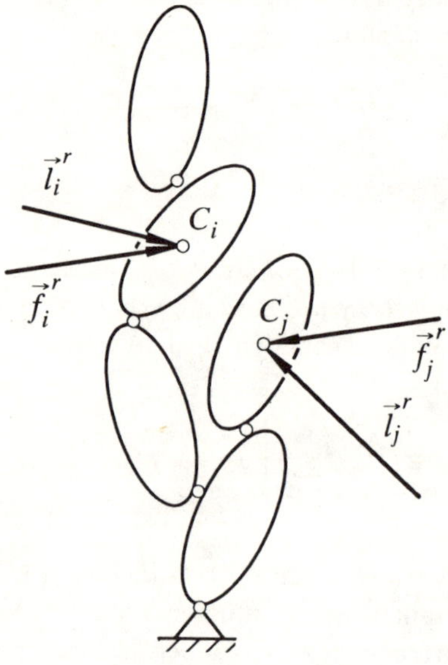

Bild 3.2.3: Reaktionskräfte einer aufgeschnittenen Bindung

Setzt man für die Reaktionskräfte die in der Schleife tatsächlich wirkenden Reaktionen ein, ergeben sich für übereinstimmende, konsistente Anfangsbedingungen aus (3.2.16) und (3.2.17) identische Bewegungen, Geschwindigkeiten und Beschleunigungen. Durch Subtraktion der beiden Bewegungsgleichungen erhält man

$$\boldsymbol{C}^T\boldsymbol{\lambda} = \sum_{k=i,j}\left(\boldsymbol{J}_{T_k}^{b\ T}\boldsymbol{f}_k^r + \boldsymbol{J}_{R_k}^{b\ T}\boldsymbol{l}_k^r\right). \qquad (3.2.18)$$

Die in (3.2.17) eingeführten Kräfte sind natürlich Reaktionskräfte einer idealen Bindung und erfüllen damit das d'Alembertsche Prinzip. Das heißt, ihre virtuelle Arbeit (2.3.21) verschwindet für alle mit der Bindung (3.2.13) verträglichen virtuellen Verschiebungen und Verdrehungen:

$$\delta W_{ij}^r = \sum_{k=i,j} \left(\boldsymbol{f}_k^{rT} \delta \boldsymbol{r}_k + \boldsymbol{l}_k^{rT} \delta \boldsymbol{s}_k \right) = 0$$

$$\forall \quad \delta \boldsymbol{r}_i, \, \delta \boldsymbol{s}_i, \delta \boldsymbol{r}_j, \, \delta \boldsymbol{s}_j \; : \quad \delta \bar{\boldsymbol{c}} = \sum_{k=i,j} \left(\boldsymbol{C}_{r_k} \delta \boldsymbol{r}_k + \boldsymbol{C}_{S_k} \delta \boldsymbol{s}_k \right) = \boldsymbol{0}. \qquad (3.2.19)$$

Damit existieren nach Satz 2.2 Lagrange Multiplikatoren $\boldsymbol{\mu} \in \mathbb{R}^{n^c}$, so daß gilt

$$\sum_{k=i,j} \left[\left(\boldsymbol{f}_k^{rT} - \boldsymbol{\mu}^T \boldsymbol{C}_{r_k} \right) \delta \boldsymbol{r}_k + \left(\boldsymbol{l}_k^{rT} - \boldsymbol{\mu}^T \boldsymbol{C}_{S_k} \right) \delta \boldsymbol{s}_k \right] = 0$$

$$\forall \quad \delta \boldsymbol{r}_i, \, \delta \boldsymbol{s}_i, \delta \boldsymbol{r}_j, \, \delta \boldsymbol{s}_j \qquad (3.2.20)$$

oder

$$\boldsymbol{f}_k^r = \boldsymbol{C}_{r_k}^T \boldsymbol{\mu}, \quad \boldsymbol{l}_k^r = \boldsymbol{C}_{S_k}^T \boldsymbol{\mu}, \quad k = i, j. \qquad (3.2.21)$$

Eingesetzt in (3.2.18) erhält man mit dem Zusammenhang (3.2.15)

$$\boldsymbol{C}^T (\boldsymbol{\lambda} - \boldsymbol{\mu}) = \boldsymbol{0}. \qquad (3.2.22)$$

Wegen der Unabhängigkeit der Bindungen hat die Bindungs-Jacobimatrix $\boldsymbol{C}$ vollen Zeilenrang und die Spaltenvektoren der Koeffizientenmatrix in Gleichung (3.2.22) sind damit linear unabhängig. Die Gleichung stellt gerade eine Linearkombination der Spalten mit den Koeffizienten $(\boldsymbol{\lambda} - \boldsymbol{\mu})$ dar und ist daher nur trivial lösbar, $\boldsymbol{\lambda} = \boldsymbol{\mu}$. Damit erhält man den gesuchten Zusammenhang zwischen den Lagrange Multiplikatoren in den Bewegungsgleichungen (3.2.7) und den durch die Bindung verursachten Reaktionskräften und -momenten:

$$\boldsymbol{f}_i^r = \boldsymbol{C}_{r_i}^T \boldsymbol{\lambda}, \quad \boldsymbol{l}_i^r = \boldsymbol{C}_{S_i}^T \boldsymbol{\lambda},$$
$$\boldsymbol{f}_j^r = \boldsymbol{C}_{r_j}^T \boldsymbol{\lambda}, \quad \boldsymbol{l}_j^r = \boldsymbol{C}_{S_j}^T \boldsymbol{\lambda}. \qquad (3.2.23)$$

Bei der Interpretation dieser Reaktionskräfte ist allerdings Vorsicht geboten. Durch die Lagrange Multipikatoren werden nur Reaktionen berücksichtigt, welche durch die Bindung (3.2.13) verursacht werden, dies müssen jedoch nicht alle Reaktionen sein, die im aufgeschnittenen Lager tatsächlich entstehen. Sind Bindungen, die eigentlich durch das Lager vermittelt werden, schon implizit in der Wahl der verallgemeinerten Koordinaten $\boldsymbol{y}^b$ berücksichtigt, werden die zugehörigen Lagerreaktionen durch die Beziehungen (3.2.23) nicht wiedergegeben. Ein einfaches Beispiel von HAUG (1992), das hier etwas modifiziert dargestellt ist, zeigt dies:

Beispiel 3.2.2: Pendel

In Bild 3.2.4 ist ein Pendel mit schräggestellter Achse dargestellt. Wählt man die verallgemeinerten Koordinaten $\boldsymbol{y}^b = [x_1, x_2]^T$, so ist die Bindung an die schiefe Ebene, $z = 0$, schon implizit in dieser Wahl enthalten. Es bleibt die Bindung

$$c \equiv \bar{c} = x_1^2 + x_2^2 - l^2 = 0$$

für die Pendelstange, die nach (3.2.23) zu der Reaktionskraft

$$\boldsymbol{f}^r = \boldsymbol{C}_r^T \lambda = \frac{\partial \bar{c}}{\partial \boldsymbol{r}} \lambda = \begin{bmatrix} 2x_1 \\ 2x_2 \\ 0 \end{bmatrix} \lambda$$

führt. Die Reaktionskraft in z-Richtung wird also unterdrückt, $f_z^r = 0$, obwohl sie tatsächlich vorhanden ist. Denn das Lager muß die z-Komponente der Gewichtskraft aufnehmen, d.h. $f_z^r = mg \cos \alpha$.

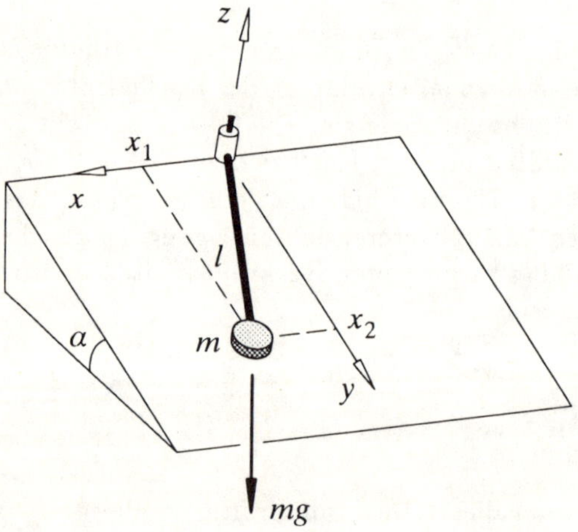

Bild 3.2.4: Schräggestelltes Pendel

Um die dargestellten Schwierigkeiten zu vermeiden, ist es zweckmäßiger, die Reaktionskräfte direkt aus den Newton-Euler Gleichungen abzuleiten, SCHIEHLEN (1986), SCHRAMM (1986). Dabei läßt sich ein (3.2.23) entsprechender Zusammenhang zwischen verallgemeinerten Zwangskräften und physikalisch interpretierbaren Reaktionskräften und -momenten formulieren.

3.2.2 Bewegungsgleichungen in Minimalform

Gewöhnliche Differentialgleichungen lassen sich, wie erwähnt, numerisch wesentlich effizienter integrieren als differential-algebraische Gleichungen. Um diese Vorteile auch bei Mehrkörpersystemen mit kinematischen Schleifen ausnutzen zu können, müssen die Lagrange Multiplikatoren eliminiert werden. Dabei wird i. allg. gleichzeitig die Dimension des resultierenden Differentialgleichungssystems auf die Zahl der Freiheitsgrade reduziert, dies ist jedoch nicht zwingend, BLAJER (1990), BLAJER, BESTLE und SCHIEHLEN (1993).

Zur Reduktion der differential-algebraischen Bewegungsgleichungen auf Minimalform bieten sich verschiedene Verfahren an. Bei Methoden der Koordinatenzerlegung wählt man f der verallgemeinerten Koordinaten $\boldsymbol{y}^b \in I\!R^{f^b}$ als unabhängige Minimalkoordinaten zur vollständigen Beschreibung des geschlossenen Systems und betrachtet die übrigen als abhängig, z.B. WEHAGE und HAUG (1982). Die Bewegungsgleichungen und die Zwangsbedingungen lassen sich dann entsprechend zerlegen und die Lagrange Multiplikatoren aus einem Teil dieser Gleichungen ermitteln. Aus den übrigen Beziehungen erhält man eine minimale Anzahl von gewöhnlichen Differentialgleichungen für die unabhängigen Minimalkoordinaten. Dieser Eliminationsprozeß ist bei jedem Zeitschritt numerisch durchzuführen und daher sehr rechenzeitintensiv.

Ein entsprechendes Vorgehen ist auch symbolisch möglich, KREUZER (1979). In diesem Fall muß der Ingenieur schon in der Modellbildungsphase unabhängige Koordinaten wählen, die restlichen Variablen als Hilfsvariablen deklarieren, und deren funktionalen Zusammenhang mit den unabhängigen Koordinaten angeben. Mit Hilfe des Symbolmanipulationsprogramms NEWEUL für Mehrkörpersysteme lassen sich dann die Bewegungsgleichungen in Minimalform generieren, KREUZER und LEISTER (1991). Dem Vorteil der einmaligen, symbolischen Reduktion auf Minimalform steht hier der Nachteil der a priori zu treffenden Wahl von Minimalkoordinaten gegenüber. Denn während einer Simulation kann eine solche Wahl zu Singularitäten führen, die ein Umschalten auf einen anderen Satz von Minimalkoordinaten und damit einen anderen Satz von Bewegungsgleichungen nötig machen, SCHIRM, BLAJER und SCHIEHLEN (1993).

Die Minimalkoordinaten müssen nicht zwingend ausgewählte Koordinaten von $\boldsymbol{y}^b$ sein, häufig ist eine allgemeinere Linearkombination der verallgemeinerten Koordinaten besser konditioniert, MANI, HAUG und ATKINSON (1985), KIM und VANDERPLOEG (1986). In Verbindung mit der numerischen Reduktion auf Minimalform sind diese Verfahren allerdings noch rechenzeitintensiver als die erwähnte Koordinatenzerlegung. Deshalb wird im folgenden die symbolische Vorgehensweise sowie ein symbolisch-numerisches Verfahren beschrieben, das die Rechenzeitvorteile der symbolischen Reduktion mit der Flexibilität der Koordinatenwahl bei numerischen Verfahren kombiniert, LEISTER und BESTLE (1992).

Beide Verfahren lassen sich einheitlich darstellen, wenn zusätzlich zu den verallgemeinerten Koordinaten $\boldsymbol{y}^b \in I\!R^{fb}$, die den aufspannenden Baum beschreiben, entsprechend dem Freiheitsgrad f des geschlossenen Systems Minimalkoordinaten $\boldsymbol{y} \in I\!R^f$ eingeführt werden. Diese Koordinaten müssen zunächst nicht weiter spezifiziert werden, es wird lediglich vorausgesetzt, daß sie voneinander unabhängig sind und die Kinematik des geschlossenen Systems vollständig beschreiben. Die Koordinaten $\boldsymbol{y}^b$ hängen dann letztendlich von den Minimalkoordinaten $\boldsymbol{y}$ und der Zeit ab, d.h. $\boldsymbol{y}^b = \boldsymbol{y}^b(t, \boldsymbol{y})$, auch wenn dieser Zusammenhang nicht explizit formuliert wird. In Einzelfällen kann es zweckmäßig oder algorithmisch effizienter sein, den Zusammenhang näher zu spezifizieren. Zum Beispiel bietet sich für das Mehrkörpersystem in Bild 3.2.1 an, für die baumartigen Teile die verallgemeinerten Koordinaten mit den Minimalkoordinaten gleichzusetzen und die Schleifenkoordinaten entsprechend dem einen Schleifenfreiheitsgrad nur auf eine einzelne Minimalkoordinate zu beziehen:

$$f^b = 5, \quad f = 3,$$

$$y_1^b \equiv y_1, \quad y_2^b = y_2^b(y_2), \quad y_3^b = y_3^b(y_2), \quad y_4^b = y_4^b(y_2), \quad y_5^b \equiv y_3.$$

Für die Herleitung der Bewegungsgleichungen muß die implizite Abhängigkeit der Koordinaten $\boldsymbol{y}^b$ von den Minimalkoordinaten schon bei der Beschreibung der Kinematik berücksichtigt werden. Analog zu (3.1.1) ist die Lage und Orientierung aller Körper durch Ortsvektoren zu den Massenmittelpunkten und Drehmatrizen zu beschreiben:

$$\boldsymbol{r}_i = \boldsymbol{r}_i(t, \boldsymbol{y}, \boldsymbol{y}^b(t, \boldsymbol{y})), \quad \boldsymbol{S}_i = \boldsymbol{S}_i(t, \boldsymbol{y}, \boldsymbol{y}^b(t, \boldsymbol{y})), \quad i = 1(1)p. \tag{3.2.24}$$

Dabei ist die explizite Abhängigkeit der Ortsvektoren und Drehmatrizen von den Minimalkoordinaten nicht zwingend, sie erlaubt lediglich eine effizientere Berücksichtigung möglicher Identitäten von Koordinaten $\boldsymbol{y}^b$ und Minimalkoordinaten $\boldsymbol{y}$. Wegen der Zurückführung der Kinematikbeschreibung auf Minimalkoordinaten entspricht das weitere Vorgehen dem für Mehrkörpersysteme mit Baumstruktur. Durch Differentiation von (3.2.24) erhält man für die Geschwindigkeiten und Winkelgeschwindigkeiten

$$\begin{aligned} \boldsymbol{v}_i = \frac{d\boldsymbol{r}_i}{dt} &= \left[\frac{\partial \boldsymbol{r}_i}{\partial \boldsymbol{y}} + \frac{\partial \boldsymbol{r}_i}{\partial \boldsymbol{y}^b}\frac{\partial \boldsymbol{y}^b}{\partial \boldsymbol{y}}\right]\dot{\boldsymbol{y}} + \frac{\partial \boldsymbol{r}_i}{\partial \boldsymbol{y}^b}\frac{\partial \boldsymbol{y}^b}{\partial t} + \frac{\partial \boldsymbol{r}_i}{\partial t} \\ &=: \boldsymbol{J}_{T_i}(t, \boldsymbol{y}, \boldsymbol{y}^b, \hat{\boldsymbol{Y}}^b)\,\dot{\boldsymbol{y}} + \bar{\boldsymbol{v}}_i(t, \boldsymbol{y}, \boldsymbol{y}^b, \hat{\boldsymbol{y}}^b), \\ \boldsymbol{\omega}_i = \frac{d\boldsymbol{s}_i}{dt} &=: \boldsymbol{J}_{R_i}(t, \boldsymbol{y}, \boldsymbol{y}^b, \hat{\boldsymbol{Y}}^b)\,\dot{\boldsymbol{y}} + \bar{\boldsymbol{\omega}}_i(t, \boldsymbol{y}, \boldsymbol{y}^b, \hat{\boldsymbol{y}}^b) \end{aligned} \tag{3.2.25}$$

mit den Abkürzungen

$$\hat{\boldsymbol{Y}}^b := \frac{\partial \boldsymbol{y}^b}{\partial \boldsymbol{y}} \quad \text{und} \quad \hat{\boldsymbol{y}}^b := \frac{\partial \boldsymbol{y}^b}{\partial t} \tag{3.2.26}$$

für die partiellen Ableitungen der Baumkoordinaten nach den Minimalkoordinaten und der Zeit. Durch eine weitere Zeitdifferentiation ergibt sich für die Beschleunigungen und Winkelbeschleunigungen

$$\begin{aligned} \boldsymbol{a}_i = \frac{d\boldsymbol{v}_i}{dt} &= \boldsymbol{J}_{T_i}\ddot{\boldsymbol{y}} + \frac{d\boldsymbol{J}_{T_i}}{dt}\dot{\boldsymbol{y}} + \frac{d\bar{\boldsymbol{v}}_i}{dt} \\ &=: \boldsymbol{J}_{T_i}(t,\boldsymbol{y},\boldsymbol{y}^b,\hat{\boldsymbol{Y}}^b)\,\ddot{\boldsymbol{y}} + \bar{\boldsymbol{a}}_i(t,\boldsymbol{y},\dot{\boldsymbol{y}},\boldsymbol{y}^b,\hat{\boldsymbol{Y}}^b,\hat{\boldsymbol{y}}^b,\hat{\boldsymbol{Z}}^b,\hat{\boldsymbol{z}}^b), \\ \boldsymbol{\alpha}_i = \frac{d\boldsymbol{\omega}_i}{dt} &=: \boldsymbol{J}_{R_i}(t,\boldsymbol{y},\boldsymbol{y}^b,\hat{\boldsymbol{Y}}^b)\,\ddot{\boldsymbol{y}} + \bar{\boldsymbol{\alpha}}_i(t,\boldsymbol{y},\dot{\boldsymbol{y}},\boldsymbol{y}^b,\hat{\boldsymbol{Y}}^b,\hat{\boldsymbol{y}}^b,\hat{\boldsymbol{Z}}^b,\hat{\boldsymbol{z}}^b) \end{aligned} \qquad (3.2.27)$$

mit

$$\hat{\boldsymbol{Z}}^b := \frac{d}{dt}\hat{\boldsymbol{Y}}^b = \frac{d}{dt}\frac{\partial \boldsymbol{y}^b}{\partial \boldsymbol{y}} \quad \text{und} \quad \hat{\boldsymbol{z}}^b := \frac{d}{dt}\hat{\boldsymbol{y}}^b = \frac{d}{dt}\frac{\partial \boldsymbol{y}^b}{\partial t}. \qquad (3.2.28)$$

Durch Variation von (3.2.24) lassen sich die abhängigen Lagevariationen auf die unabhängigen Variationen der Minimalkoordinaten zurückführen:

$$\delta \boldsymbol{r}_i = \boldsymbol{J}_{T_i}\,\delta\boldsymbol{y}, \qquad \delta\boldsymbol{s}_i = \boldsymbol{J}_{R_i}\,\delta\boldsymbol{y}. \qquad (3.2.29)$$

Eingesetzt in das Variationsprinzip (3.1.5) erhält man den Gleichungen (3.1.11) entsprechende Bewegungsgleichungen,

$$\boldsymbol{M}(t,\boldsymbol{y},\boldsymbol{y}^b,\hat{\boldsymbol{Y}}^b)\,\ddot{\boldsymbol{y}} + \boldsymbol{k}(t,\boldsymbol{y},\dot{\boldsymbol{y}},\boldsymbol{y}^b,\hat{\boldsymbol{Y}}^b,\hat{\boldsymbol{y}}^b,\hat{\boldsymbol{Z}}^b,\hat{\boldsymbol{z}}^b) = \boldsymbol{q}(t,\boldsymbol{y},\dot{\boldsymbol{y}},\boldsymbol{y}^b,\hat{\boldsymbol{Y}}^b,\hat{\boldsymbol{y}}^b), \qquad (3.2.30)$$

wobei sich die Größen $\boldsymbol{M}$, $\boldsymbol{k}$ und $\boldsymbol{q}$ von (3.1.12)–(3.1.14) nur durch die zusätzlichen Abhängigkeiten von den verallgemeinerten Koordinaten $\boldsymbol{y}^b$ und deren Ableitungen unterscheiden. Wegen dieser zusätzlichen Abhängigkeiten sind die Bewegungsgleichungen (3.2.30) allein nicht ausreichend, um für einen gegebenen Zustand $\boldsymbol{y}$, $\dot{\boldsymbol{y}}$ die zugehörigen Beschleunigungen zu ermitteln. Dafür werden zusätzliche Gleichungen benötigt, welche einen Zusammenhang zwischen den baumbeschreibenden Koordinaten $\boldsymbol{y}^b$ und den Minimalkoordinaten $\boldsymbol{y}$ herstellen. Die Festlegung dieses Zusammenhangs ist bei der symbolischen und der symbolisch-numerischen Vorgehensweise unterschiedlich.

Beim *symbolischen* Vorgehen ist schon in der Modellbildungsphase eine Wahl für die Minimalkoordinaten zu treffen, KREUZER (1979). In der Regel wird ein Teil der baumbeschreibenden verallgemeinerten Koordinaten $\boldsymbol{y}^b$ als Minimalkoordinaten herangezogen, der restliche Teil wird als Hilfsvariablen deklariert. Setzt man voraus, daß man die funktionelle Abhängigkeit dieser Hilfsvariablen von den Minimalkoordinaten kennt, dann lassen sich auch die benötigten Ableitungen bestimmen. Damit können die Bewegungsgleichungen (3.2.30) direkt ausgewertet und numerisch integriert werden.

Beispiel 3.2.3: Symbolisches Vorgehen beim Schubkurbeltrieb

Für den in Bild 3.2.2 dargestellten Schubkurbeltrieb lassen sich die Bewegungsgleichungen in Minimalform noch von Hand erstellen. Analog zum Vorgehen in Beispiel 3.2.1 wird zur Beschreibung der Kinematik das Schubgelenk geschnitten. Der entstehende aufspannende Baum entspricht dem in Beispiel 3.1.1 untersuchten Doppelpendel mit dem Freiheitsgrad $f^b = 2$, das durch die verallgemeinerten Koordinaten $\boldsymbol{y}^b = [\alpha, \beta]^T$ beschrieben werden kann. Beim geschlossenen System genügen diese Koordinaten der Schleifenschließbedingung

$$c(\alpha, \beta) = l_1 \sin\alpha - l_2 \sin\beta = 0.$$

Der Schubkurbeltrieb hat damit den Freiheitsgrad $f = 1$ und kann durch eine einzelne Minimalkoordinate beschrieben werden. Wählt man den Kurbelwinkel α als Minimalkoordinate, ergibt sich die Hilfsvariable β aus der Schleifenschließbedingung:

$$\beta = \text{arc sin}\left(\frac{l_1}{l_2}\sin\alpha\right).$$

Aus der Kinematik des Doppelpendels entsprechend Beispiel 3.1.1 folgen unter Beachtung dieses Zusammenhangs die Jacobimatrizen der Translation durch Differentiation der Ortsvektoren:

$$\boldsymbol{J}_{T_1} = \frac{d\boldsymbol{r}_1}{d\alpha} = \begin{bmatrix} -l_1 \sin\alpha \\ l_1 \cos\alpha \\ 0 \end{bmatrix}, \quad \boldsymbol{J}_{T_2} = \frac{d\boldsymbol{r}_2}{d\alpha} = \begin{bmatrix} -l_1 \sin\alpha - l_2\beta' \sin\beta \\ l_1 \cos\alpha - l_2\beta' \cos\beta \\ 0 \end{bmatrix}$$

mit $\beta' := d\beta/d\alpha$. Da das betrachtete System skleronom ist, erhält man vereinfachte Beziehungen für die Geschwindigkeiten und Beschleunigungen,

$$\boldsymbol{v}_i = \boldsymbol{J}_{T_i}\dot{\alpha}, \quad \boldsymbol{a}_i = \boldsymbol{J}_{T_i}\ddot{\alpha} + \dot{\boldsymbol{J}}_{T_i}\dot{\alpha}, \quad i = 1, 2,$$

und daraus für die Restbeschleunigungen:

$$\bar{\boldsymbol{a}}_1 = \dot{\boldsymbol{J}}_{T_1}\dot{\alpha} = \begin{bmatrix} -l_1\dot{\alpha}^2 \cos\alpha \\ -l_1\dot{\alpha}^2 \sin\alpha \\ 0 \end{bmatrix},$$

$$\bar{\boldsymbol{a}}_2 = \dot{\boldsymbol{J}}_{T_2}\dot{\alpha} = \begin{bmatrix} -l_1\dot{\alpha}^2 \cos\alpha - l_2\dot{\beta}'\dot{\alpha}\sin\beta - l_2\beta'^2\dot{\alpha}^2\cos\beta \\ -l_1\dot{\alpha}^2 \sin\alpha - l_2\dot{\beta}'\dot{\alpha}\cos\beta + l_2\beta'^2\dot{\alpha}^2\sin\beta \\ 0 \end{bmatrix}.$$

Dabei steht die neu eingeführte Abkürzung $\dot{\beta}'$ für die Zeitableitung von β', d.h. $\dot{\beta}' := d\beta'/dt$. Die eingeprägten Kräfte sind Gewichtskräfte:

$$\boldsymbol{f}_1^e = \begin{bmatrix} 0 \\ -m_1 g \\ 0 \end{bmatrix}, \quad \boldsymbol{f}_2^e = \begin{bmatrix} 0 \\ -m_2 g \\ 0 \end{bmatrix}.$$

Damit lautet die nichtlineare Bewegungsgleichung des Schubkurbeltriebs

$$M(\alpha,\beta,\beta')\,\ddot{\alpha} + k(\alpha,\dot{\alpha},\beta,\beta',\dot{\beta}') = q(\alpha,\beta,\beta')$$

mit

$$\begin{aligned}
M = \sum_{i=1}^{2} \boldsymbol{J}_{T_i}{}^T m_i \boldsymbol{J}_{T_i} &= (m_1+m_2)l_1^2 + m_2 l_2^2 {\beta'}^2 \\
&\quad -2m_2 l_1 l_2 \beta' \cos(\alpha+\beta), \\
k = \sum_{i=1}^{2} \boldsymbol{J}_{T_i}{}^T m_i \bar{\boldsymbol{a}}_i &= m_2 l_2^2 \beta' \dot{\beta}' \dot{\alpha} - m_2 l_1 l_2 \dot{\alpha} \dot{\beta}' \cos(\alpha+\beta) \\
&\quad + m_2 l_1 l_2 \dot{\alpha}^2 \beta'(1+\beta') \sin(\alpha+\beta), \\
q = \sum_{i=1}^{2} \boldsymbol{J}_{T_i}{}^T \boldsymbol{f}_i^e &= -m_1 g l_1 \cos\alpha - m_2 g (l_1 \cos\alpha - l_2 \beta' \cos\beta) \\
&\equiv -m_1 g l_1 \cos\alpha.
\end{aligned}$$

Für die beiden Abkürzungen β' und $\dot{\beta}'$ lassen sich aus der Schleifenschließbedingung ebenfalls analytische Beziehungen ableiten. Zunächst erhält man aus dem totalen Differential der Schleifenschließbedingung, d.h.

$$l_1 \cos\alpha\, d\alpha - l_2 \cos\beta\, d\beta = 0,$$

eine Bedingung für β':

$$\beta' = \frac{d\beta}{d\alpha} = \frac{l_1 \cos\alpha}{l_2 \cos\beta}.$$

Die Zeitdifferentiation liefert

$$\dot{\beta}' = \frac{-l_1 l_2 \sin\alpha \cos\beta + l_1 l_2 \beta' \cos\alpha \sin\beta}{l_2^2 \cos^2\beta}\, \dot{\alpha}$$

oder unter Berücksichtigung der Beziehung für β' und der Schleifenschließbedingung

$$\begin{aligned}\dot{\beta}' &= \frac{-l_2^2 \sin\beta\cos\beta + l_1^2\cos^2\alpha\sin\beta/\cos\beta}{l_2^2\cos^2\beta}\dot{\alpha} \\ &= -\frac{\dot{\alpha}\sin\beta}{\cos^3\beta}\left(\cos^2\beta - \frac{l_1^2}{l_2^2}\cos^2\alpha\right) \\ &= -\frac{\dot{\alpha}\sin\beta}{\cos^3\beta}\left(1 - \frac{l_1^2}{l_2^2}\right).\end{aligned}$$

Für einen gegebenen Systemzustand α, $\dot{\alpha}$ können mit diesen Beziehungen zunächst die Werte der Hilfsvariablen β, β' und $\dot{\beta}'$ berechnet und anschließend M, k und q ausgewertet werden. Damit ist für $\cos\beta \neq 0$ eine Integration der Bewegungsgleichungen mit den Methoden aus Abschnitt 3.1 möglich.

Eine frühe Festlegung der Minimalkoordinaten kann im Verlauf der Simulation zu Singularitäten führen. Um dies zu vermeiden, kann man die Minimalkoordinaten $\boldsymbol{y}$ auch als zusätzliche, zunächst abstrakte Variablen einführen, die erst während der Simulation festgelegt werden. In diesem Fall lassen sich die beschreibenden verallgemeinerten Koordinaten $\boldsymbol{y}^b$ und die entsprechenden Ableitungen nicht mehr analytisch in Abhängigkeit der Minimalkoordinaten darstellen, sondern nur numerisch berechnen. Deshalb wird die folgende Vorgehensweise als *symbolisch-numerisch* bezeichnet.

Zur Bestimmung der $f^b = f + n^c$ Koordinaten $\boldsymbol{y}^b$ für gegebene Minimalkoordinaten $\boldsymbol{y}$ werden die n^c Bindungsgleichungen (3.2.1) um f Gleichungen $\boldsymbol{\psi}(\boldsymbol{y}, \boldsymbol{y}^b) = \boldsymbol{0}$ ergänzt, d.h.

$$\boldsymbol{g}(t, \boldsymbol{y}, \boldsymbol{y}^b) := \begin{bmatrix} \boldsymbol{c}(t, \boldsymbol{y}^b) \\ \boldsymbol{\psi}(\boldsymbol{y}, \boldsymbol{y}^b) \end{bmatrix} = 0. \tag{3.2.31}$$

Dabei müssen die Funktionen $\boldsymbol{\psi}$ so gewählt werden, daß die Jacobimatrix $\boldsymbol{G} := \partial\boldsymbol{g}/\partial\boldsymbol{y}^b$ regulär ist, um zumindest lokal die eindeutige Lösbarkeit für $\boldsymbol{y}^b$ zu garantieren. Auch wenn diese Ergänzungsfunktionen der Berechnung der verallgemeinerten Koordinaten $\boldsymbol{y}^b$ dienen, werden durch eine bestimmte Wahl von $\boldsymbol{\psi}$ eigentlich die Minimalkoordinaten $\boldsymbol{y}$ festgelegt. Denn während die verallgemeinerten Koordinaten $\boldsymbol{y}^b$ als beschreibende Koordinaten des aufspannenden Baums bereits physikalische Bedeutung haben, wurden die Minimalkoordinaten bislang noch nicht näher spezifiziert. Bevor jedoch auf eine spezielle Wahl von $\boldsymbol{\psi}$ eingegangen wird, sollen die Bestimmungsgleichungen für die restlichen Abkürzungen zusammengestellt werden.

Die Beziehungen (3.2.31) gelten für alle $\boldsymbol{y}$ und t. Daher liefern partielle Differentiationen nach diesen Variablen unter Berücksichtigung der impliziten Abhängigkeiten $\boldsymbol{y}^b = \boldsymbol{y}^b(t, \boldsymbol{y})$:

$$\boldsymbol{G}\frac{\partial \boldsymbol{y}^b}{\partial \boldsymbol{y}} + \frac{\partial \boldsymbol{g}}{\partial \boldsymbol{y}} = \boldsymbol{0} \quad \text{und} \quad \boldsymbol{G}\frac{\partial \boldsymbol{y}^b}{\partial t} + \frac{\partial \boldsymbol{g}}{\partial t} = \boldsymbol{0}.$$

Beide Gleichungen lassen sich mit den Abkürzungen (3.2.26) zu einer linearen Matrizengleichung

$$\boldsymbol{G}\left[\hat{\boldsymbol{Y}}^b, \hat{\boldsymbol{y}}^b\right] = -\left[\frac{\partial \boldsymbol{g}}{\partial \boldsymbol{y}}, \frac{\partial \boldsymbol{g}}{\partial t}\right] \tag{3.2.32}$$

für die partiellen Ableitungen von $\boldsymbol{y}^b$ zusammenfassen. Die Lösbarkeit wird wiederum durch die Regularität der Jacobimatrix $\boldsymbol{G}$ garantiert. Durch totale Differentiation von (3.2.32) nach der Zeit erhält man ebenfalls lineare Matrizengleichungen für die restlichen Abkürzungen (3.2.28):

$$\boldsymbol{G}\left[\hat{\boldsymbol{Z}}^b, \hat{\boldsymbol{z}}^b\right] = -\left[\dot{\boldsymbol{G}}\hat{\boldsymbol{Y}}^b + \frac{d}{dt}\frac{\partial \boldsymbol{g}}{\partial \boldsymbol{y}}, \dot{\boldsymbol{G}}\hat{\boldsymbol{y}}^b + \frac{d}{dt}\frac{\partial \boldsymbol{g}}{\partial t}\right]. \tag{3.2.33}$$

In Verbindung mit diesen zusätzlichen algebraischen Gleichungssystemen sind die Bewegungsgleichungen (3.2.30) nach den Minimalbeschleunigungen auflösbar und lassen sich mit den in Abschnitt 3.1 beschriebenen Algorithmen numerisch integrieren. Die verallgemeinerten Koordinaten $\boldsymbol{y}^b$ und deren Ableitungen haben lediglich Hilfsfunktion und können mit Hilfe der Gleichungen (3.2.31)–(3.2.33) bestimmt werden.

Während die Gleichungen (3.2.32) und (3.2.33) linear sind und sich damit im Rahmen der Numerik mit endlich vielen Operationen exakt lösen lassen, können die nichtlinearen Gleichungen (3.2.31) nur näherungsweise iterativ gelöst werden. Hierfür bietet sich das Newton-Raphson Iterationsschema an,

$$\boldsymbol{G}(t, \boldsymbol{y}, \boldsymbol{y}^{b(\nu)})\left[\boldsymbol{y}^{b(\nu+1)} - \boldsymbol{y}^{b(\nu)}\right] = -\boldsymbol{g}(t, \boldsymbol{y}, \boldsymbol{y}^{b(\nu)}), \quad \nu = 0, 1, 2, \ldots, \tag{3.2.34}$$

das sich aus einer Taylorreihenentwicklung von (3.2.31) bis zu Gliedern 1. Ordnung ergibt:

$$\boldsymbol{g}(t, \boldsymbol{y}, \boldsymbol{y}^{b(\nu+1)}) \approx \boldsymbol{g}(t, \boldsymbol{y}, \boldsymbol{y}^{b(\nu)}) + \left.\frac{\partial \boldsymbol{g}}{\partial \boldsymbol{y}^b}\right|_{t, \boldsymbol{y}, \boldsymbol{y}^{b(\nu)}} \left[\boldsymbol{y}^{b(\nu+1)} - \boldsymbol{y}^{b(\nu)}\right] \stackrel{!}{=} \boldsymbol{0}.$$

Der Startwert $\boldsymbol{y}^{b(0)}$ laßt sich am günstigsten durch Integration der zusätzlichen Differentialgleichungen

$$\dot{\boldsymbol{y}}^b = \frac{\partial \boldsymbol{y}^b}{\partial \boldsymbol{y}} \dot{\boldsymbol{y}} + \frac{\partial \boldsymbol{y}^b}{\partial t} = \hat{\boldsymbol{Y}}^b \dot{\boldsymbol{y}} + \hat{\boldsymbol{y}}^b \tag{3.2.35}$$

finden, die sich durch Differentiation der impliziten Abhängigkeiten $\boldsymbol{y}^b = \boldsymbol{y}^b(t, \boldsymbol{y})$ ergeben und sich mit den bekannten Lösungen von (3.2.32) ohne großen zusätzlichen Aufwand mitintegrieren lassen.

Es verbleibt die Aufgabe, die Ergänzungsfunktionen $\boldsymbol{\psi}$ in Gleichung (3.2.31) näher zu spezifizieren. Wie sich gezeigt hat, spielt die Regularität der Jacobimatrix

$$\boldsymbol{G} = \frac{\partial \boldsymbol{g}}{\partial \boldsymbol{y}^b} = \begin{bmatrix} \boldsymbol{C} \\ \dfrac{\partial \boldsymbol{\psi}}{\partial \boldsymbol{y}^b} \end{bmatrix} \tag{3.2.36}$$

für die Lösbarkeit von (3.2.32)–(3.2.34) eine zentrale Rolle. Dazu sind die Zeilen von $\partial \boldsymbol{\psi} / \partial \boldsymbol{y}^b$ linear unabhängig von den Zeilen von $\boldsymbol{C}$ zu wählen. Ausgehend von $\partial \boldsymbol{\psi} / \partial \boldsymbol{y}^b$ müßten die Funktionen $\boldsymbol{\psi}$ jedoch durch Integration gefunden werden, was i. allg. nicht praktikabel ist. Deshalb werden zur Vereinfachung die Minimalkoordinaten als Linearkombinationen der verallgemeinerten Baumkoordinaten gewählt:

$$\boldsymbol{\psi} := \boldsymbol{K}\boldsymbol{y}^b - \boldsymbol{y} = \boldsymbol{0}, \tag{3.2.37}$$

wobei $\boldsymbol{K}$ eine zeitinvariante $f \times f^b$–Koeffizientenmatrix ist. Unter der Voraussetzung, daß die Jacobimatrix (3.2.36) regulär ist, läßt sich Gl. (3.2.37) als ein-eindeutige Abbildung der Bindungsmannigfaltigkeit $\mathcal{M} = \{ \boldsymbol{y}^b \in I\!R^{f^b} | \, \boldsymbol{c}(t, \boldsymbol{y}^b) = \boldsymbol{0} \}$ auf den f-dimensionalen Konfigurationsraum $\{ \boldsymbol{y} \in I\!R^f \}$ der Minimalkoordinaten interpretieren, Bild 3.2.5. Für allgemeine Punkte $\boldsymbol{y}^b \in I\!R^{f^b}$ ist die Abbildung (3.2.37) eine Projektion auf den Zeilenraum $\mathcal{R}(\boldsymbol{K}^T)$ von $\boldsymbol{K}$, bei der alle Punkte des Nullraums $\mathcal{N}(\boldsymbol{K})$ durch $\boldsymbol{y}_0^b$ auf dieselben Minimalkoordinaten $\boldsymbol{y}_0 = \boldsymbol{K}\boldsymbol{y}_0^b$ abgebildet werden.

Um eine möglichst gute Kondition der zu lösenden linearen Gleichungssysteme zu erhalten, ist es zweckmäßig, die Matrix $\boldsymbol{K}$ so zu wählen, daß ihr Zeilenraum $\mathcal{R}(\boldsymbol{K}^T)$ orthogonal auf dem Zeilenraum von $\boldsymbol{C}$ liegt. Dies läßt sich lokal für eine gegebene Konfiguration $\boldsymbol{y}_0^b \in \mathcal{M}$ und Zeit t beispielsweise durch eine Singuläre-Werte-Zerlegung von $\boldsymbol{C}(t, \boldsymbol{y}_0^b)$ erreichen, GOLUB und VAN LOAN (1986). Wegen der Krümmung der Bindungsmannigfaltigkeit $\mathcal{M}$ geht

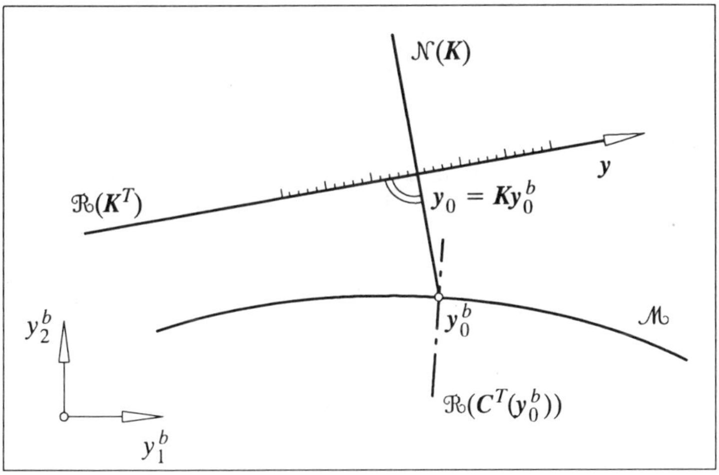

Bild 3.2.5: Bindungsmannigfaltigkeit

diese Eigenschaft im Verlauf der Simulation verloren und die Zeitabhängigkeit der Bindungs-Jacobimatrix $\boldsymbol{C}$ kann sogar zur Singularität der Jacobimatrix (3.2.36) führen. Daher muß die Kondition von $\boldsymbol{G}$ im Verlauf der Simulation beobachtet und rechtzeitig eine Neuwahl der Minimalkoordinaten getroffen werden, LEISTER (1992). Durch geeignete Anpassungen des in Abschnitt 3.1 beschriebenen Mehrschritt-Integrationsalgorithmus ist dieses Umschalten auf neue Integrationsvariablen ohne Ordnungs- und Genauigkeitsverlust möglich, LEISTER und BESTLE (1992).

Beispiel 3.2.4: Symbolisch-numerisches Vorgehen beim Schubkurbeltrieb

Im Unterschied zum symbolischen Vorgehen in Beispiel 3.2.3 wird hier die Minimalkoordinate $y \in I\!R$ zur Beschreibung des Schubkurbeltriebs in Bild 3.2.2 nicht schon zu Beginn der Modellbildung festgelegt. Stattdessen wählt man eine Kombination der baumbeschreibenden Koordinaten α und β, d.h.

$$y = \boldsymbol{K}\boldsymbol{y}^b = [k_1, k_2] \begin{bmatrix} \alpha \\ \beta \end{bmatrix} = k_1\alpha + k_2\beta,$$

wobei die Koeffizienten k_1 und k_2 noch offen sind. Für einen gegebenen Wert der Minimalkoordinate y ergeben sich die Werte der verallgemeinerten Koordinaten $\boldsymbol{y}^b$ aus der Schleifenschließbedingung und der

Definitionsgleichung für die Minimalkoordinate:

$$\boldsymbol{g} := \begin{bmatrix} c(\boldsymbol{y}^b) \\ \boldsymbol{K}\boldsymbol{y}^b - y \end{bmatrix} = \begin{bmatrix} l_1 \sin\alpha - l_2 \sin\beta \\ k_1\alpha + k_2\beta - y \end{bmatrix} = \mathbf{0}. \tag{3.2.38}$$

Damit diese Bestimmungsgleichungen die Koordinaten α und β zumindest lokal eindeutig festlegen, muß die Jacobimatrix

$$\boldsymbol{G} = \frac{\partial \boldsymbol{g}}{\partial \boldsymbol{y}^b} = \begin{bmatrix} \boldsymbol{C} \\ \boldsymbol{K} \end{bmatrix} = \begin{bmatrix} l_1 \cos\alpha & -l_2 \cos\beta \\ k_1 & k_2 \end{bmatrix} \tag{3.2.39}$$

regulär sein, d.h. die Determinante

$$\det \boldsymbol{G} = k_2 l_1 \cos\alpha + k_1 l_2 \cos\beta \tag{3.2.40}$$

darf nicht verschwinden.

Unabhängig von der Wahl der Koeffizientenmatrix $\boldsymbol{K}$ lassen sich die Bewegungsgleichungen in Minimalform symbolisch generieren. Da die Bestimmungsfunktionen $\boldsymbol{g}$ für die verallgemeinerten Koordinaten nicht explizit von der Zeit abhängen, d.h. $\partial\boldsymbol{g}/\partial t = \mathbf{0}$, ist entsprechend Gleichung (3.2.32) auch $\hat{\boldsymbol{y}}^b = \partial\boldsymbol{y}^b/\partial t = \mathbf{0}$. Dies bedeutet, daß die verallgemeinerten Koordinaten nicht explizit von der Zeit abhängen:

$$\alpha = \alpha(y), \qquad \beta = \beta(y).$$

Als weitere Hilfsvariablen treten im folgenden die Ableitungen (3.2.26) und (3.2.28) auf:

$$\hat{\boldsymbol{Y}}^b = \frac{\partial \boldsymbol{y}^b}{\partial \boldsymbol{y}} = \begin{bmatrix} \alpha' \\ \beta' \end{bmatrix} = \begin{bmatrix} \dfrac{\partial\alpha}{\partial y} \\ \dfrac{\partial\beta}{\partial y} \end{bmatrix},$$

$$\hat{\boldsymbol{Z}}^b = \frac{d}{dt}\hat{\boldsymbol{Y}}^b = \begin{bmatrix} \dot{\alpha}' \\ \dot{\beta}' \end{bmatrix} = \begin{bmatrix} \dfrac{d}{dt}\dfrac{\partial\alpha}{\partial y} \\ \dfrac{d}{dt}\dfrac{\partial\beta}{\partial y} \end{bmatrix}.$$

Aus der Geometrie folgt für die Ortsvektoren entsprechend Beispiel 3.1.1

$$\boldsymbol{r}_1 = \begin{bmatrix} l_1 \cos\alpha \\ l_1 \sin\alpha \\ 0 \end{bmatrix}, \qquad \boldsymbol{r}_2 = \begin{bmatrix} l_1 \cos\alpha + l_2 \cos\beta \\ l_1 \sin\alpha - l_2 \sin\beta \\ 0 \end{bmatrix}.$$

Die Jacobimatrizen der Translation erhält man durch Differentiation nach der Minimalkoordinate y:

$$\boldsymbol{J}_{T_1} = \frac{d\boldsymbol{r}_1}{dy} = \begin{bmatrix} -l_1\alpha' \sin\alpha \\ l_1\alpha' \cos\alpha \\ 0 \end{bmatrix},$$

$$\boldsymbol{J}_{T_2} = \frac{d\boldsymbol{r}_2}{dy} = \begin{bmatrix} -l_1\alpha' \sin\alpha - l_2\beta' \sin\beta \\ l_1\alpha' \cos\alpha - l_2\beta' \cos\beta \\ 0 \end{bmatrix}.$$

Da die Ortsvektoren nicht explizit von der Zeit abhängen, ergeben sich vereinfachte Ausdrücke für die Geschwindigkeiten und Beschleunigungen,

$$\boldsymbol{v}_i = \boldsymbol{J}_{T_i}\dot{y}, \qquad \boldsymbol{a}_i = \boldsymbol{J}_{T_i}\ddot{y} + \dot{\boldsymbol{J}}_{T_i}\dot{y}, \qquad i = 1, 2,$$

woraus für die Restbeschleunigungen

$$\bar{\boldsymbol{a}}_1 = \dot{\boldsymbol{J}}_{T_1}\dot{y} = \begin{bmatrix} -l_1\dot{\alpha}' \sin\alpha - l_1\alpha'^2\dot{y}\cos\alpha \\ l_1\dot{\alpha}' \cos\alpha - l_1\alpha'^2\dot{y}\sin\alpha \\ 0 \end{bmatrix}\dot{y},$$

$$\bar{\boldsymbol{a}}_2 = \dot{\boldsymbol{J}}_{T_2}\dot{y} = \begin{bmatrix} -l_1\dot{\alpha}' \sin\alpha - l_1\alpha'^2\dot{y}\cos\alpha - l_2\dot{\beta}'\sin\beta - l_2\beta'^2\dot{y}\cos\beta \\ l_1\dot{\alpha}' \cos\alpha - l_1\alpha'^2\dot{y}\sin\alpha - l_2\dot{\beta}'\cos\beta + l_2\beta'^2\dot{y}\sin\beta \\ 0 \end{bmatrix}\dot{y}$$

folgt. Als eingeprägte Kräfte wirken nur die Gewichtskräfte:

$$\boldsymbol{f}_1^e = \begin{bmatrix} 0 \\ -m_1 g \\ 0 \end{bmatrix}, \qquad \boldsymbol{f}_2^e = \begin{bmatrix} 0 \\ m_2 g \\ 0 \end{bmatrix}.$$

Aus diesen Angaben läßt sich die Bewegungsgleichung in Minimalform bestimmen:

$$M(\alpha, \beta, \alpha', \beta')\,\ddot{y} + k(\dot{y}, \alpha, \beta, \alpha', \beta', \dot{\alpha}', \dot{\beta}') = q(\alpha, \beta, \alpha', \beta')$$

mit

$$
\begin{aligned}
M = \sum_{i=1}^{2} \boldsymbol{J}_{T_i}{}^T m_i \boldsymbol{J}_{T_i} &= (m_1+m_2)l_1^2\alpha'^2 + m_2 l_2^2 \beta'^2 \\
&\quad -2m_2 l_1 l_2 \alpha'\beta' \cos(\alpha+\beta), \\
k = \sum_{i=1}^{2} \boldsymbol{J}_{T_i}{}^T m_i \,\bar{\boldsymbol{a}}_i &= (m_1+m_2)l_1^2\alpha'\dot{\alpha}'\dot{y} + m_2 l_2^2 \beta'\dot{\beta}'\dot{y} \\
&\quad -m_2 l_1 l_2 \dot{y}(\alpha'\dot{\beta}' + \dot{\alpha}'\beta')\cos(\alpha+\beta) \\
&\quad +m_2 l_1 l_2 \dot{y}^2 \alpha'\beta'(\alpha'+\beta')\sin(\alpha+\beta), \\
q = \sum_{i=1}^{2} \boldsymbol{J}_{T_i}{}^T \boldsymbol{f}_i^e &= -m_1 g l_1 \alpha' \cos\alpha \\
&\quad -m_2 g(l_1\alpha'\cos\alpha - l_2\beta'\cos\beta) \\
&\equiv -m_1 g l_1 \alpha' \cos\alpha.
\end{aligned}
$$

Die verwendeten Hilfsvariablen bestimmen sich aus den Gleichungen (3.2.38), aus dem linearen Gleichungssystem

$$
\begin{bmatrix} l_1\cos\alpha & -l_2\cos\beta \\ k_1 & k_2 \end{bmatrix}
\begin{bmatrix} \alpha' \\ \beta' \end{bmatrix} = -\begin{bmatrix} 0 \\ -1 \end{bmatrix},
$$

das sich gemäß (3.2.32) ergibt, und aus dem linearen Gleichungssystem

$$
\begin{bmatrix} l_1\cos\alpha & -l_2\cos\beta \\ k_1 & k_2 \end{bmatrix}
\begin{bmatrix} \dot{\alpha}' \\ \dot{\beta}' \end{bmatrix} = -\begin{bmatrix} -l_1\alpha'^2\sin\alpha + l_2\beta'^2\sin\beta \\ 0 \end{bmatrix}\dot{y}.
$$

entsprechend (3.2.33).

Für die numerische Integration der Bewegungsgleichungen muß die Koeffizientenmatrix $\boldsymbol{K}$ und damit die Minimalkoordinate y geeignet festgelegt werden. Ein Kriterium dafür ist die Regularität der Jacobimatrix (3.2.39) der nichtlinearen Bestimmungsfunktionen (3.2.38). Diese Bedingung läßt sich für $l_1 < l_2$ graphisch unter dem Aspekt der linearen Unabhängigkeit der Zeilen von $\boldsymbol{C}$ und $\boldsymbol{K}$ diskutieren, Bild 3.2.6. Wählt man $\boldsymbol{K} = \boldsymbol{K}_\alpha := [1, 0]$, d.h. den Kurbelwinkel als beschreibende Minimalkoordinate, so wird der Zeilenraum $\mathcal{R}(\boldsymbol{K}^T)$ von $\boldsymbol{K}$, der in diesem Fall durch die einzelne Zeile $\boldsymbol{K}$ aufgespannt wird, nie linear abhängig von der Zeile der Bindungs-Jacobimatrix $\boldsymbol{C}$, die den Zeilenraum $\mathcal{R}(\boldsymbol{C}^T)$ von $\boldsymbol{C}$ aufspannt. Eine Simulation mit der Minimalkoordinate α und den Anfangsbedingungen $\alpha(0) = 0$, $\dot{\alpha}(0) = 0$ läßt daher keine numerischen Schwierigkeiten erwarten, Bild 3.2.7a.

Wählt man dagegen $\boldsymbol{K} = \boldsymbol{K}_\beta := [0, 1]$, d.h. den Pleuelwinkel als Minimalkoordinate, erhält man beispielsweise für $\alpha = -\pi/2$ eine lineare

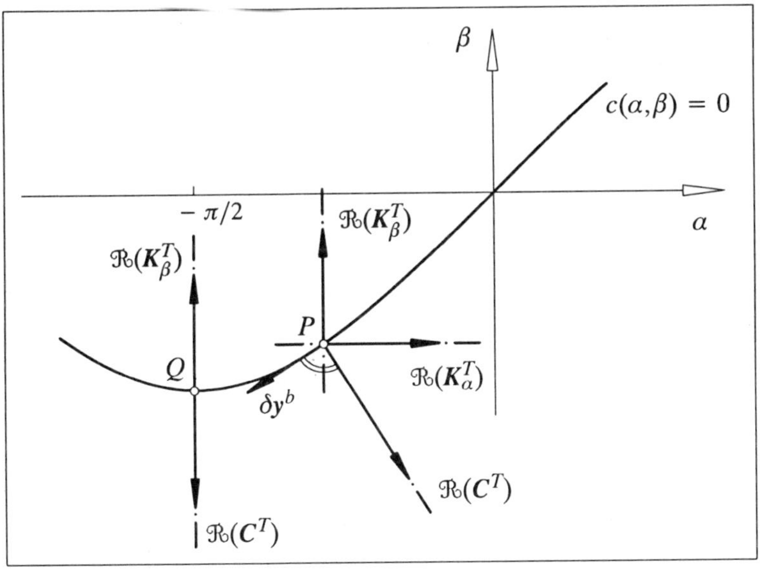

Bild 3.2.6: Bindungsmannigfaltigkeit des Schubkurbeltriebs

Abhängigkeit der Zeile von $\boldsymbol{K}$ und der Zeile von $\boldsymbol{C}$, Bild 3.2.6, was auch am Verschwinden der Determinante (3.2.40) zu erkennen ist. Diese Singularität kann zu fehlerhaften Ergebnissen der numerischen Integration führen, Bild 3.2.7b. Im (α, β)–Graph sind dafür einige Warnsignale zu erkennen. Die Verdichtung der Stützstellen der Integration im Bereich um $\alpha = -\pi/2$ deutet auf einen Ordnungsverlust des numerischen Integrators und damit auf Unstetigkeiten hin, die durch die Singularität verursacht werden. Weiterhin ist ein leichtes Überschwingen am Ende der Halbperiode feststellbar, $\beta > 0$. Deutlich wird der Fehler aber erst im Energieverlauf, der einen deutlichen Energiegewinn im Bereich der Singularität für das eigentlich konservative dynamische System zeigt. Die Wahl der verallgemeinerten Koordinaten sollte daher sehr sorgfältig erfolgen und im Verlauf der Simulation auf Singularitäten überprüft werden.

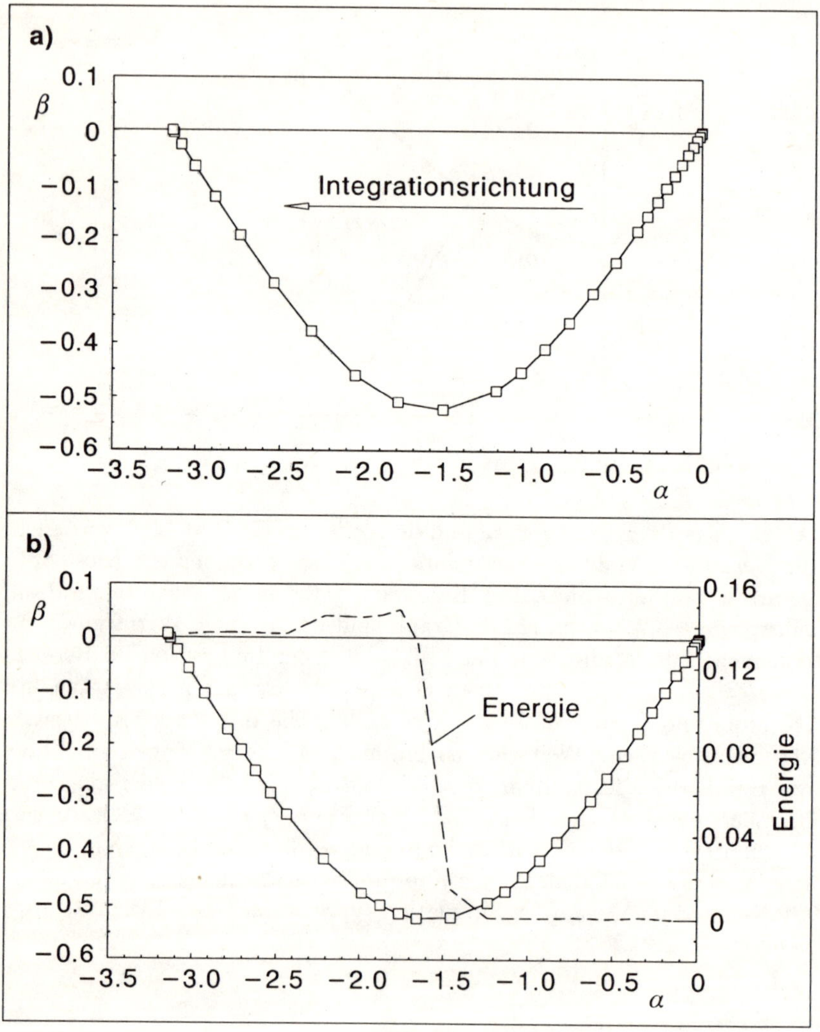

Bild 3.2.7: Simulation des Schubkurbeltriebs mit der Minimalkoordinate $y \equiv \alpha$ (a) und mit der Minimalkoordinate $y \equiv \beta$ (b)

3.3 Nichtholonome Mehrkörpersysteme und verallgemeinerte Geschwindigkeiten

Nichtholonome Mehrkörpersysteme unterliegen nicht nur Lagebindungen (2.3.24) sondern auch nichtintegrierbaren Geschwindigkeitsbindungen, die als nichtholonome Bindungen bezeichnet werden. Setzt man voraus, daß die Lagebindungen entsprechend Abschnitt 3.1 bereits in die Koordinatenwahl $\boldsymbol{y} \in \mathbb{R}^f$ eingearbeitet sind, dann lassen sich nichtholonome Bindungen als zusätzliche Beziehungen zwischen den Ableitungen dieser Koordinaten formulieren. In der Technischen Dynamik interessieren dabei vor allem Bindungen, die linear in den Geschwindigkeiten sind:

$$c^v(t, y_j, \dot{y}_i) = a_i^v(t, y_j)\, \dot{y}_i + a_0^v(t, y_j) = 0. \tag{3.3.1}$$

Mit $dy_i = \dot{y}_i\, dt$ läßt sich diese Bindung auch in differentieller Form schreiben:

$$c^v\, dt = a_i^v\, dy_i + a_0^v\, dt = 0. \tag{3.3.2}$$

Nichtintegrierbarkeit heißt dann, daß sich keine Funktion $c(t, \boldsymbol{y})$ finden läßt, deren totales Differential auf Gleichung (3.3.2) mit $a_i^v = \partial c/\partial y_i$, $a_0^v = \partial c/\partial t$ führt. Die Koeffizienten genügen dann nicht den Integrabilitätsbedingungen

$$\frac{\partial a_i^v}{\partial y_j} \stackrel{!}{=} \frac{\partial a_j^v}{\partial y_i}, \qquad \frac{\partial a_i^v}{\partial t} \stackrel{!}{=} \frac{\partial a_0^v}{\partial y_i}, \quad i, j = 1(1)f, \tag{3.3.3}$$

die der Vertauschbarkeit der Differentiationen entsprechen. Daher schränken nichtholonome Bindungen im Gegensatz zu holonomen Bindungen (3.2.1) den Lagefreiheitsgrad des Mehrkörpersystems nicht weiter ein, wohl aber den Geschwindigkeitsfreiheitsgrad. Ein Mehrkörpersystem mit dem Lagefreiheitsgrad f, das n^v unabhängigen, nichtholonomen Bindungen der Form (3.3.1) unterliegt, d.h.

$$\boldsymbol{c}^v = \boldsymbol{A}^v(t, \boldsymbol{y})\, \dot{\boldsymbol{y}} + \boldsymbol{a}^v(t, \boldsymbol{y}) = \boldsymbol{0}, \qquad \boldsymbol{c}^v, \boldsymbol{a}^v \in \mathbb{R}^{n^v}, \quad \boldsymbol{A}^v \in \mathbb{R}^{n^v \times f}, \tag{3.3.4}$$

hat den Geschwindigkeitsfreiheitsgrad $g = f - n^v$. Die nichtholonomen Bindungen definieren einen g-dimensionalen Unterraum zulässiger Geschwindigkeiten im Geschwindigkeitsraum $\left\{\dot{\boldsymbol{y}} \in \mathbb{R}^f\right\}$, der durch neue verallgemeinerte Geschwindigkeitsvariablen $\boldsymbol{z} \in \mathbb{R}^g$ beschrieben werden kann, z.B. durch eine Linearkombination

$$\boldsymbol{z} = \boldsymbol{A}^z(t, \boldsymbol{y})\, \dot{\boldsymbol{y}} + \boldsymbol{a}^z(t, \boldsymbol{y}), \qquad \boldsymbol{z}, \boldsymbol{a}^z \in \mathbb{R}^g, \quad \boldsymbol{A}^z \in \mathbb{R}^{g \times f}. \tag{3.3.5}$$

Die eindeutige Beschreibung des Geschwindigkeitszustands durch (3.3.5) erfordert, daß die Koeffizientenmatrix $[\boldsymbol{A}^{vT}, \boldsymbol{A}^{zT}]^T$ regulär ist. Dann erhält man aus (3.3.4) und (3.3.5)

$$\dot{\boldsymbol{y}} = \boldsymbol{v}(t, \boldsymbol{y}, \boldsymbol{z}) := \begin{bmatrix} \boldsymbol{A}^v \\ \boldsymbol{A}^z \end{bmatrix}^{-1} \begin{bmatrix} -\boldsymbol{a}^v \\ \boldsymbol{z} - \boldsymbol{a}^z \end{bmatrix}. \tag{3.3.6}$$

In der Praxis definiert man die verallgemeinerten Geschwindigkeiten nicht indirekt über Beziehungen der Form (3.3.5), sondern man wählt sie problemspezifisch wie auch die verallgemeinerten Koordinaten. Den i. allg. linearen Zusammenhang (3.3.6) zwischen Ableitungen der verallgemeinerten Koordinaten und den verallgemeinerten Geschwindigkeiten erhält man dann aus geometrischen Überlegungen.

Beispiel 3.3.1: Rollende Räder

Der in Bild 3.3.1 dargestellte Karren hat (bei Vernachlässigung der Nickbewegung) den Lagefreiheitsgrad $f = 3$. Die Lage läßt sich z.B. durch die Schwerpunktskoordinaten x, y und den Gierwinkel γ beschreiben, d.h. $\boldsymbol{y} = [x, y, \gamma]^T$. Der Rollkontakt ist eine nichtholonome Bindung, die keine Quergeschwindigkeit des Karrens erlaubt:

$$c^v = v_{y_1} = -\sin\gamma\ \dot{x} + \cos\gamma\ \dot{y} = 0.$$

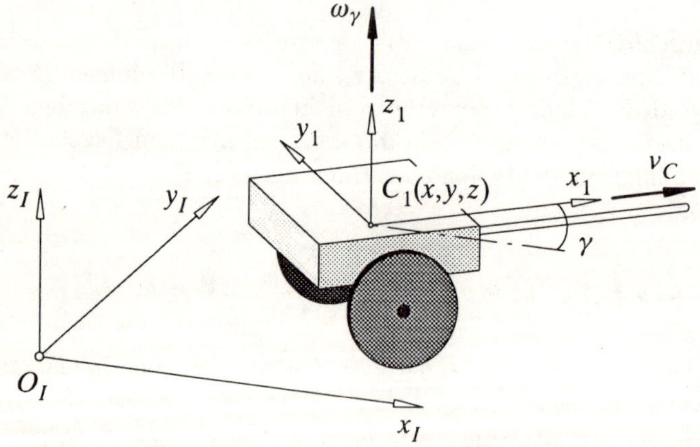

Bild 3.3.1: Karren mit rollenden Rädern

Der Karren hat damit den Geschwindigkeitsfreiheitsgrad $g = 2$, der Geschwindigkeitszustand kann beispielsweise durch die Längsgeschwindigkeit v_C und die Gierwinkelgeschwindigkeit ω_γ beschrieben werden, d.h. $\boldsymbol{z} = [v_C,\ \omega_\gamma]^T$. Aus der Geometrie folgt dann der lineare Zusammenhang

$$\underbrace{\begin{bmatrix} \dot{x} \\ \dot{y} \\ \dot{\gamma} \end{bmatrix}}_{\dot{\boldsymbol{y}}} = \underbrace{\begin{bmatrix} \cos\gamma & 0 \\ \sin\gamma & 0 \\ 0 & 1 \end{bmatrix} \begin{bmatrix} v_C \\ \omega_\gamma \end{bmatrix}}_{\boldsymbol{v}(\boldsymbol{y},\boldsymbol{z})}.$$

Obwohl dieses Beispiel ein wichtiges Maschinenelement, das rollende Rad, zeigt, haben nichtholonome Bindungen nur eine geringe praktische Bedeutung. In der Fahrzeugdynamik wird der Fahrbahnkontakt nämlich durch eingeprägte Reifenschlupfkräfte statt durch nichtholonome Reaktionskräfte modelliert, z.B. MITSCHKE (1990). Dennoch ist das Konzept der Einführung von verallgemeinerten Geschwindigkeiten auch bei der Behandlung holonomer Systeme sehr wertvoll. In der Fahrzeugdynamik beispielsweise sind Geschwindigkeiten und Winkelgeschwindigkeiten einzelner Körper im körpereigenen Koordinatensystem zur Beschreibung des Geschwindigkeitszustands sehr geeignet, sie reduzieren den Umfang der Bewegungsgleichungen erheblich, KESSLER (1989). Diese Erkenntnis ist nicht neu, ein klassisches Beispiel für den Vorteil der Verwendung von verallgemeinerten Geschwindigkeiten sind die Eulerschen Gleichungen des kräftefreien Kreisels. Bei holonomen Mehrkörpersystemen ist der Geschwindigkeitsfreiheitsgrad gleich dem Lagefreiheitsgrad, $g = f$.

Für die Herleitung der Bewegungsgleichungen wird das Jourdainsche Prinzip (2.3.40) herangezogen. Dazu muß der Geschwindigkeits- und Beschleunigungszustand sowohl für holonome als auch nichtholonome Mehrkörpersysteme in Abhängigkeit der verallgemeinerten Geschwindigkeiten und deren zeitlichen Ableitungen dargestellt werden. Für den Geschwindigkeitszustand (3.1.7) und (3.1.9) erhält man nach Substitution von $\dot{\boldsymbol{y}}$ mit (3.3.6) eine eindeutige Beschreibung für alle Körper K_i:

$$\boldsymbol{v}_i = \boldsymbol{v}_i(t, \boldsymbol{y}, \boldsymbol{z}), \qquad \boldsymbol{\omega}_i = \boldsymbol{\omega}_i(t, \boldsymbol{y}, \boldsymbol{z}). \tag{3.3.7}$$

Für den Beschleunigungszustand der einzelnen Körper ergibt sich durch Differentiation

$$\left.\begin{aligned} \boldsymbol{a}_i &= \frac{d\boldsymbol{v}_i}{dt} =: \boldsymbol{L}_{T_i}(t, \boldsymbol{y}, \boldsymbol{z})\, \dot{\boldsymbol{z}} + \bar{\boldsymbol{a}}_i(t, \boldsymbol{y}, \boldsymbol{z}), \\ \boldsymbol{\alpha}_i &= \frac{d\boldsymbol{\omega}_i}{dt} =: \boldsymbol{L}_{R_i}(t, \boldsymbol{y}, \boldsymbol{z})\, \dot{\boldsymbol{z}} + \bar{\bar{\boldsymbol{\alpha}}}_i(t, \boldsymbol{y}, \boldsymbol{z}). \end{aligned}\right\} \tag{3.3.8}$$

Die $3\times f$–*Jacobimatrizen der Translations- und Winkelgeschwindigkeiten* lassen sich unter Berücksichtigung des Substitutionszusammenhangs mit den Jacobimatrizen der Translation und Rotation in Verbindung bringen:

$$\left.\begin{aligned} \boldsymbol{L}_{T_i} &:= \frac{\partial \boldsymbol{v}_i(t,\boldsymbol{y},\boldsymbol{z})}{\partial \boldsymbol{z}} = \frac{\partial \boldsymbol{v}_i(t,\boldsymbol{y},\dot{\boldsymbol{y}}(t,\boldsymbol{y},\boldsymbol{z}))}{\partial \dot{\boldsymbol{y}}}\frac{\partial \dot{\boldsymbol{y}}}{\partial \boldsymbol{z}} = \boldsymbol{J}_{T_i}\frac{\partial \boldsymbol{v}}{\partial \boldsymbol{z}}, \\ \boldsymbol{L}_{R_i} &:= \frac{\partial \boldsymbol{\omega}_i(t,\boldsymbol{y},\boldsymbol{z})}{\partial \boldsymbol{z}} = \frac{\partial \boldsymbol{\omega}_i(t,\boldsymbol{y},\dot{\boldsymbol{y}}(t,\boldsymbol{y},\boldsymbol{z}))}{\partial \dot{\boldsymbol{y}}}\frac{\partial \dot{\boldsymbol{y}}}{\partial \boldsymbol{z}} = \boldsymbol{J}_{R_i}\frac{\partial \boldsymbol{v}}{\partial \boldsymbol{z}}, \end{aligned}\right\} \tag{3.3.9}$$

z.B. KREUZER (1979). Mit diesen Abkürzungen liefert eine Variation von (3.3.7) entsprechend (2.3.36) bei festgehaltener Lage und Zeit

$$\delta'\boldsymbol{v}_i = \boldsymbol{L}_{T_i}\,\delta'\boldsymbol{z}, \qquad \delta'\boldsymbol{\omega}_i = \boldsymbol{L}_{R_i}\,\delta'\boldsymbol{z} \tag{3.3.10}$$

mit voneinander unabhängigen Variationen der verallgemeinerten Geschwindigkeiten. Eingesetzt in das Variationsprinzip (2.3.40) erhält man

$$\begin{aligned} \delta'\boldsymbol{z}^T \sum_{k=1}^{p} \Big[& \boldsymbol{L}_{T_i}^T(m_i\boldsymbol{L}_{T_i}\dot{\boldsymbol{z}} + m_i\bar{\bar{\boldsymbol{a}}}_i - \boldsymbol{f}_i^e) \\ & + \boldsymbol{L}_{R_i}^T(\boldsymbol{I}_i\boldsymbol{L}_{R_i}\dot{\boldsymbol{z}} + \boldsymbol{I}_i\bar{\bar{\boldsymbol{\alpha}}}_i + \tilde{\boldsymbol{\omega}}_i\boldsymbol{I}_i\boldsymbol{\omega}_i - \boldsymbol{l}_i^e)\Big] = 0 \qquad \forall\ \delta'\boldsymbol{z}. \end{aligned} \tag{3.3.11}$$

Entsprechend Satz 2.1 folgen daraus die Bewegungsgleichungen als Differentialgleichungen 1. Ordnung für die verallgemeinerten Geschwindigkeiten:

$$\boldsymbol{M}(t,\boldsymbol{y},\boldsymbol{z})\,\dot{\boldsymbol{z}} + \boldsymbol{k}(t,\boldsymbol{y},\boldsymbol{z}) = \boldsymbol{q}(t,\boldsymbol{y},\boldsymbol{z}) \tag{3.3.12}$$

mit der i. allg. positiv-definiten $g\times g$–Massenmatrix

$$\boldsymbol{M}(t,\boldsymbol{y},\boldsymbol{z}) = \sum_{k=1}^{p}\left(\boldsymbol{L}_{T_i}^T m_i \boldsymbol{L}_{T_i} + \boldsymbol{L}_{R_i}^T\boldsymbol{I}_i\boldsymbol{L}_{R_i}\right), \tag{3.3.13}$$

dem $g\times 1$–Vektor der verallgemeinerten Kreisel-, Zentrifugal- und Corioliskräfte

$$\boldsymbol{k}(t,\boldsymbol{y},\boldsymbol{z}) = \sum_{k=1}^{p}\left(\boldsymbol{L}_{T_i}^T m_i\bar{\bar{\boldsymbol{a}}}_i + \boldsymbol{L}_{R_i}^T\boldsymbol{I}_i\bar{\bar{\boldsymbol{\alpha}}}_i + \boldsymbol{L}_{R_i}^T\tilde{\boldsymbol{\omega}}_i\boldsymbol{I}_i\boldsymbol{\omega}_i\right) \tag{3.3.14}$$

und dem $g\times 1$–Vektor der verallgemeinerten eingeprägten Kräfte

$$\boldsymbol{q}(t,\boldsymbol{y},\boldsymbol{z}) = \sum_{k=1}^{p}\left(\boldsymbol{L}_{T_i}^T\boldsymbol{f}_i^e + \boldsymbol{L}_{R_i}^T\boldsymbol{l}_i^e\right). \tag{3.3.15}$$

Für die numerische Integration müssen die g Kinetik-Differentialgleichungen (3.3.12) um die f Kinematik-Differentialgleichungen (3.3.6) ergänzt werden. Damit stehen $(f + g)$ gewöhnliche Differentialgleichungen 1. Ordnung für die Zustandsvariablen $[\boldsymbol{y}^T(t), \boldsymbol{z}^T(t)]^T$ zur Verfügung, die mit den in Abschnitt 3.1 dargestellten Methoden numerisch gelöst werden können.

4 Formulierung der Optimierungsaufgabe

Der Entwurf eines dynamischen Systems erfolgt mit dem Ziel, ein gewünschtes dynamisches Verhalten zu erreichen, soweit dies möglich ist. Im allgemeinen erfolgt der Entwurf in einem iterativen Prozeß, bei dem ausgehend von einem vernünftigen Anfangsentwurf durch Veränderung einiger Systemparameter die Dynamik des betrachteten Systems gezielt beeinflußt und verbessert wird. Um die Optimierungsaufgabe formalisieren zu können, muß das Optimierungsziel, nämlich das dynamische Verhalten des Systems, geeignet quantifiziert werden. Wie die Modellbildung ist auch die Auswahl und Quantifizierung von Anforderungen an die Dynamik des Systems eine Ingenieuraufgabe und anwendungsspezifisch. Durch die Beschränkung auf das Systemmodell Mehrkörpersystem ist aber allen betrachteten Problemen gemeinsam, daß die Bewegung eindeutig durch verallgemeinerte Lagekoordinaten und Geschwindigkeiten beschrieben wird. Daher läßt sich eine sehr allgemeine Form für mögliche Kriterien zur Bewertung des dynamischen Verhaltens angeben.

In der Praxis genügt es meist nicht, nur ein einzelnes Ziel zu verfolgen, sondern man muß verschiedenen, sich i. allg. widersprechenden Anforderungen gerecht werden. Dies kann beispielsweise dadurch geschehen, daß man eine einzelne Funktion als Optimierungs- oder Gütekriterium definiert und die übrigen Anforderungen als Nebenbedingungen formuliert. Bei einer interaktiven Optimierung können dann Gütekriterium und Nebenbedingungen als austauschbar behandelt werden, d.h. Nebenbedingungen können auf Kosten des Gütekriteriums weiter eingeschränkt oder das Gütekriterium für abgeschwächte Nebenbedingungen weiter maximiert bzw. minimiert werden. Dies ist jedoch nur eine gebräuchliche Möglichkeit, darüber hinaus liefert die Theorie der Mehrkriterien- oder Vektoroptimierung formale Konzepte, um einen Kompromiß zwischen sich widersprechenden Anforderungen zu definieren.

4.1 Optimierungskriterien und Nebenbedingungen

Da das Ziel der vorliegenden Arbeit weniger die problemspezifische Anwendung von Optimierungsverfahren als vielmehr die Methodenentwicklung ist, sollen im folgenden allgemeine Formen für Funktionen von Optimierungs- bzw. Gütekriterien und Nebenbedingungen vorgeschlagen werden. Dazu werden zunächst Kriterien zusammengestellt, die in der Regelungstechnik und der linearen Systemdynamik gebräuchlich sind, ZACH (1974), MÜLLER und SCHIEHLEN (1976). Bei der folgenden Darstellung wird zwischen Gütekriterien und Nebenbedingungen unterschieden, auch wenn diese Unterscheidung nicht immer sinnvoll und erforderlich ist. Denn sie können ja, wie schon erwähnt, in ihrer Bedeutung auch ausgetauscht werden. Zudem können Gütekriterien durch Einführung neuer Entwurfsvariablen und Umformulierung des Problems zu Nebenbedingungen gemacht werden. Auch eine Klassifizierung von Nebenbedingungen als Gleichungen oder Ungleichungen läßt sich durch geeignete Transformationen durchbrechen. Meist aber erhöhen solche Transformationen die Dimension des Entwurfsraums oder verschlechtern die Kondition des Problems, weshalb sie in der *nichtlinearen* Optimierung keine große Rolle spielen.

4.1.1 Gütekriterien

In der linearen Systemdynamik ist es üblich, zwischen Eigen- und Störverhalten eines dynamischen Systems zu unterscheiden. Zur Beurteilung der Eigendynamik wird das System mit einer Sprungfunktion oder Impulsfunktion beaufschlagt und das daraus resultierende Schwingungsverhalten untersucht. Speziell in der Regelungstechnik spielt beim Entwurf von Reglern das Abklingverhalten von Regelfehlern eine wesentliche Rolle, weshalb viele Begriffe aus diesem Bereich entlehnt sind. Besondere Bedeutung als Kriterien der Parameteroptimierung haben die Regelflächen. Bezeichnet $\boldsymbol{e}(t)$ die Abweichung einer Regelgröße von seinem Sollwert, so definiert man als quadratische Regelfläche (integral squared error)

$$\mathrm{IE}^2 := \int_{t^0}^{t^1} \boldsymbol{e}^T(t)\,\boldsymbol{W}\boldsymbol{e}(t)\,dt, \tag{4.1.1}$$

wobei $\boldsymbol{W}$ eine symmetrische, positiv definite Bewertungsmatrix und $[t^0, t^1]$ ein interessierendes Zeitintervall ist. Im allgemeinen ist t^0 der Regelungsbeginn und die Endzeit wird meist als $t^1 \to \infty$ gewählt. Die Bedeutung dieses Gütekriteriums erklärt sich teilweise auch aus einer einfachen, analytischen Berechnungsmöglichkeit für lineare Systeme mit Hilfe der Ljapunovschen Matrizengleichung. Um später auftretende Abweichungen stärker zu gewichten und ein schnelleres Abklingverhalten zu erreichen, verwendet man häufig auch zeitbeschwerte quadratische Regelflächen (integral of time multiplied by squared error)

$$\mathrm{IT}^k\mathrm{E}^2 := \int_{t^0}^{t^1} t^k \boldsymbol{e}^T(t)\, \boldsymbol{W} \boldsymbol{e}(t)\, dt. \tag{4.1.2}$$

In mechanischen Systemen kann $\boldsymbol{e}(t)$ die Abweichung der Lage, Geschwindigkeit oder Beschleunigung vom Gleichgewichtszustand oder einer gewünschten Sollbahn sein.

Eine weitere, häufige Problemstellung ist das Erreichen eines bestimmten Zustands in minimaler Zeit. Dann ist das zu minimierende Kriterium die Endzeit t^1, die durch eine implizite Nebenbedingung bezüglich des Endzustands $\boldsymbol{y}^1 := \boldsymbol{y}(t^1)$, $\boldsymbol{z}^1 := \boldsymbol{z}(t^1)$ festgelegt ist:

$$t^1 : \quad H^1(t^1, \boldsymbol{y}^1, \boldsymbol{z}^1) = 0. \tag{4.1.3}$$

In allgemeiner Form kann der Endzustand selbst ebenfalls in das Gütekriterium eingehen.

Manchmal ist es zweckmäßig, die Entwurfsvariablen explizit in das Gütekriterium aufzunehmen, z.B. wenn sie wie bei aktiven Regelungen ein Maß für den Energieaufwand des Steuervorgangs sind. Explizite Abhängigkeiten des Gütekriteriums von Entwurfsvariablen ergeben sich auch bei einer Transformation von Min-Max-Problemen in die Standardform: Zu minimieren ist das Maximum einer Fehlerfunktion in einem gegebenen Zeitintervall, d.h.

$$\min_{\boldsymbol{p} \in \mathbb{R}^h} \; \max_{t \in [t^0, t^1]} e(t). \tag{4.1.4}$$

Durch Einführen einer zusätzlichen Entwurfsvariablen p_{h+1} ist dies identisch mit der Minimierung

$$\min_{\boldsymbol{p} \in \mathbb{R}^{h+1}} p_{h+1} \tag{4.1.5}$$

unter der punktweisen Nebenbedingung

$$e(t) - p_{h+1} \leq 0 \quad \forall \quad t \in [t^0, t^1], \tag{4.1.6}$$

siehe Bild 4.1.1.

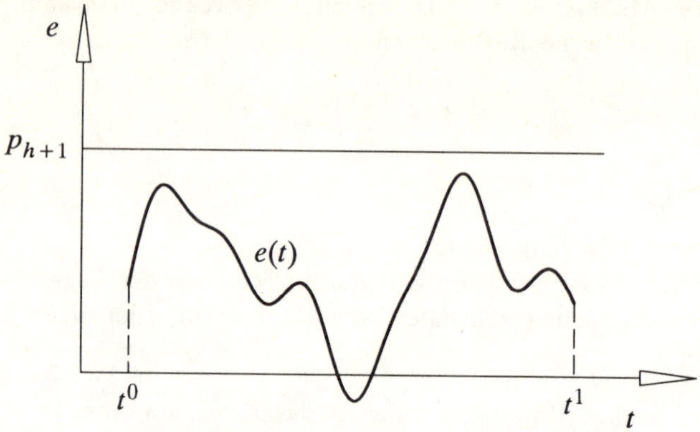

Bild 4.1.1: Min-Max-Problem

Diese Typen von Kriterien sind gleichermaßen auf das Störverhalten von linearen und nichtlinearen dynamischen Systemen anzuwenden, weshalb sich für Mehrkörpersysteme folgende allgemeine Form eines Gütekriteriums anbietet: Zu minimieren ist eine Gütefunktion

$$\psi(t^1, \boldsymbol{y}, \boldsymbol{z}, \dot{\boldsymbol{z}}, \boldsymbol{p}) := G^1(t^1, \boldsymbol{y}^1, \boldsymbol{z}^1, \boldsymbol{p}) + \int_{t^0}^{t^1} F(t, \boldsymbol{y}, \boldsymbol{z}, \dot{\boldsymbol{z}}, \boldsymbol{p})\, dt \tag{4.1.7}$$

mit

$$t^1: \quad H^1(t^1, \boldsymbol{y}^1, \boldsymbol{z}^1, \boldsymbol{p}) = 0. \tag{4.1.8}$$

Dabei bewertet die Funktion F das dynamische Verhalten des Mehrkörpersystems in einem interessierenden Zeitintervall $[t^0, t^1]$, die Funktion G^1 dagegen nur den Endzustand und die Endzeit. Damit die Endbedingung (4.1.8) die Endzeit t^1 eindeutig festlegt, ist nach dem Theorem über implizite Funktionen notwendig, daß für $H^1 = 0$ die totale Ableitung von H^1 nach der Endzeit nicht verschwindet, BARTLE (1976). Wegen der impliziten Abhängigkeit des Endzustandes von t^1, d.h. $\boldsymbol{y}^1 = \boldsymbol{y}(t^1)$, $\boldsymbol{z}^1 = \boldsymbol{z}(t^1)$ folgt daraus in Indexschreibweise

$$\dot{H}^1 := \frac{dH^1}{dt^1} = \frac{\partial H^1}{\partial t^1} + \frac{\partial H^1}{\partial y_i^1}\,\dot{y}_i^1 + \frac{\partial H^1}{\partial z_j^1}\,\dot{z}_j^1 \neq 0. \tag{4.1.9}$$

Bei Mehrkörpersystemen mit Schleifenstruktur sind in obigen Funktionen die Zustandsvariablen $\boldsymbol{y}$ und $\boldsymbol{z}$ jeweils durch die beschreibenden Variablen $\boldsymbol{y}^b$ und $\boldsymbol{z}^b$ zu ersetzen bzw. um diese zu ergänzen.

Eine ähnliche Form eines allgemeinen Kriteriums wird in Optimalsteuerproblemen benutzt und wurde von HAUG (1987) auf Mehrkörpersysteme übertragen.

In Ergänzung zu diesen Arbeiten werden im Gütekriterium (4.1.7) zusätzlich die verallgemeinerten Beschleunigungen explizit berücksichtigt, denn in der Fahrzeugdynamik spielen bei der Beurteilung des Fahrkomforts beispielsweise die Aufbaubeschleunigungen eine wesentliche Rolle. Diese lassen sich zwar theoretisch mit Hilfe der Bewegungsgleichungen durch Lagekoordinaten und Geschwindigkeiten ausdrücken, i. allg. ist eine explizite Formulierung jedoch nicht möglich oder praktikabel. Andererseits geben die von HAUG berücksichtigten Lagrange Multiplikatoren bei der hier gewählten Beschreibung von kinematischen Schleifen in Mehrkörpersystemen, wie in Abschnitt 3.2.1 gesehen, nur ein unvollständiges Bild von den Reaktionskräften in den aufgeschnittenen Lagern wieder und bleiben daher in den Kriterien unberücksichtigt.

4.1.2 Funktionale Nebenbedingungen

Wie schon erwähnt, können mehrere Ziele in einer Optimierung auch dadurch gleichzeitig verfolgt werden, daß man einzelne Ziele in einer Gütefunktion zusammenfaßt und die restlichen Anforderungen als Nebenbedingungen formuliert, für die man gewünschte zu erfüllende oder obere Schranken vorgibt. Es bietet sich daher an, die allgemeine Funktionsform (4.1.7) auch als Gleichungsnebenbedingung,

$$\psi = G^1(t^1, \boldsymbol{y}^1, \boldsymbol{z}^1, \boldsymbol{p}) + \int_{t^0}^{t^1} F(t, \boldsymbol{y}, \boldsymbol{z}, \dot{\boldsymbol{z}}, \boldsymbol{p})\, dt = 0, \tag{4.1.10}$$

oder als Ungleichungsnebenbedingung,

$$\psi = G^1(t^1, \boldsymbol{y}^1, \boldsymbol{z}^1, \boldsymbol{p}) + \int_{t^0}^{t^1} F(t, \boldsymbol{y}, \boldsymbol{z}, \dot{\boldsymbol{z}}, \boldsymbol{p})\, dt \leq 0, \tag{4.1.11}$$

zuzulassen.

4.1.3 Explizite Nebenbedingungen

Mit expliziten Nebenbedingungen sind Gleichungen und Ungleichungen gemeint, die nicht von den Zustandsgrößen, sondern nur von den Entwurfsvariablen abhängen und diese damit direkt einschränken. Dazu gehören insbesondere untere und obere Intervallgrenzen für den zulässigen Parameterbereich,

$$p_k^u \leq p_k \leq p_k^o, \quad k = 1(1)h. \tag{4.1.12}$$

Dies können konstruktiv vorgegebene Grenzen sein, aber auch Grenzen für eine physikalisch sinnvolle Interpretation der Systemparameter, wie z.B. positive Werte für Längen, Massen, Steifigkeiten und Dämpfungsparameter. In solchen Fällen ist dann wichtig, daß ein geeignetes Optimierungsverfahren gewählt wird, das diese Nebenbedingungen zuverlässig erfüllt. Sonst könnte der Fall eintreten, daß eine Systemanalyse mit physikalisch nicht sinnvollen Parametern durchgeführt wird, die dann zu Singularitäten oder Instabilitäten führt, oder daß technisch nicht realisierbare Lösungen erzeugt werden.

Weiterhin kann es erforderlich sein, daß Parameter in einem gewissen Verhältnis stehen oder bestimmte Verhältnisse nicht unter- oder überschreiten, was durch Gleichungen und Ungleichungen der Form

$$\varphi(\boldsymbol{p}) = 0 \tag{4.1.13}$$

und

$$\varphi(\boldsymbol{p}) \leq 0 \tag{4.1.14}$$

ausgedrückt werden kann. Die Parametergrenzen (4.1.12) lassen sich ebenfalls den Nebenbedingungen (4.1.14) zuordnen, in den meisten Optimierungsprogrammen werden sie aber aus Gründen der Effizienz getrennt in der Form (4.1.12) behandelt.

4.1.4 Punktweise Nebenbedingungen

In Abschnitt 4.1.1 wurde gezeigt, daß Min-Max-Probleme auf Nebenbedingungen führen, die Zeitfunktionen im gesamten betrachteten Zeitintervall beschränken. Solche Beschränkungen können sich aber auch direkt aus der Problemstellung ergeben, wenn Amplituden von Schwingungen beschränkt bleiben sollen. Eine allgemeine Form für solche punktweisen Nebenbedingungen ist

$$\bar{\psi}(t, \boldsymbol{y}, \boldsymbol{z}, \dot{\boldsymbol{z}}, \boldsymbol{p}) \leq 0 \quad \forall \quad t \in [t^0, t^1] \tag{4.1.15}$$

mit einer stetig differenzierbaren Funktion $\bar{\psi}$. Es gibt verschiedene Möglichkeiten, solche Nebenbedingungen in das im folgenden Kapitel 5 dargestellte Konzept der Empfindlichkeitsanalyse einzubeziehen, HSIEH (1984) und HSIEH und ARORA (1984, 1985). Eine sehr attraktive Methode ist, diese Nebenbedingungen zur Vereinheitlichung in die oben angegebene Integralform zu bringen.

Denn es läßt sich zeigen, daß die punktweise Nebenbedingung (4.1.15) äquivalent mit der folgenden funktionalen Nebenbedingung ist:

$$\psi := \int_{t^0}^{t^1} \hat{\psi}(t, \boldsymbol{y}, \boldsymbol{z}, \dot{\boldsymbol{z}}, \boldsymbol{p})\, dt \leq 0 \tag{4.1.16}$$

mit

$$\hat{\psi} = \max\{\bar{\psi},\ 0\} = \begin{cases} \bar{\psi} & \text{für } \bar{\psi} \geq 0, \\ 0 & \text{sonst.} \end{cases} \tag{4.1.17}$$

Bild 4.1.2 zeigt den Zusammenhang zwischen diesen Funktionen, wobei die Zeitfunktionen der verallgemeinerten Lagekoordinaten und ihrer Ableitungen als bekannt angenommen werden. Die Äquivalenz der beiden Nebenbedingungen verlangt, daß aus (4.1.15) die Bedingung (4.1.16) folgt und umgekehrt.

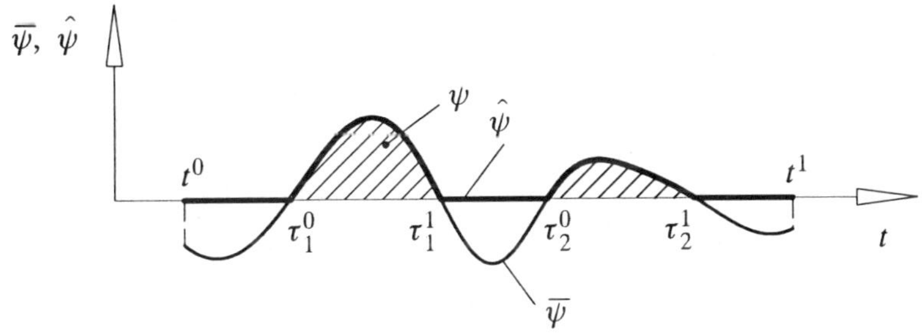

Bild 4.1.2: Zusammenhang von $\bar{\psi}, \hat{\psi}$ und ψ

Um dies zu zeigen, sei zunächst (4.1.15) als erfüllt vorausgesetzt. Daraus folgt dann sofort

$$\hat{\psi} = 0 \quad \forall \quad t \in [t^0, t^1] \tag{4.1.18}$$

und damit $\psi = 0$ oder (4.1.16).

Der Umkehrschluß soll durch Widerspruch gezeigt werden. Es sei $\psi < 0$ vorausgesetzt, aber angenommen, daß (4.1.15) nicht erfüllt ist. Dann existiert mindestens ein Zeitintervall $[\tau^0, \tau^1] \subset [t^0, t^1]$, so daß für alle $t \in (\tau^0, \tau^1)$ die Funktionswerte $\bar{\psi}(t) > 0$ sind. Daraus aber folgt

$$\psi = \int_{t^0}^{t^1} \hat{\psi}(t)\, dt \geq \int_{\tau^0}^{\tau^1} \bar{\psi}(t)\, dt > 0, \tag{4.1.19}$$

was ein Widerspruch zur Annahme $\psi \leq 0$ ist.

Trotz der theoretischen Äquivalenz der punktweisen Nebenbedingungen (4.1.15) mit den integralen Nebenbedingungen (4.1.16) bestehen Unterschiede im numerischen Verhalten. Probleme bereitet insbesondere das Verschwinden des Funktionals (4.1.16) und damit seines Gradienten, wenn die Bedingung (4.1.15) erfüllt ist, BESTLE (1989).

4.2 Skalares Optimierungsproblem

Das dynamische Verhalten von Mehrkörpersystemen wird im wesentlichen durch die im Modell enthaltenen geometrischen und massengeometrischen Daten, sowie durch Koeffizienten in den Kraftgesetzen der Koppelelemente bestimmt. In der Regel sind einige dieser Parameter konstruktiv vorgegeben und als Konstanten zu betrachten, andere lassen sich innerhalb gewisser Grenzen variieren, um das dynamische Verhalten gezielt zu beeinflussen. Die veränderbaren Größen können in einem Vektor der Optimierungsparameter bzw. Entwurfsvariablen $\boldsymbol{p} \in \mathbb{R}^h$ zusammengefaßt werden.

Die Auswahl der Entwurfsvariablen ist nicht immer so eindeutig, wie es hier zunächst scheint, und der Ausweg, im Zweifelsfall sehr viele Systemparameter als Entwurfsvariablen zu wählen, führt zu Ineffizienz bei der numerischen Lösung des Optimierungsproblems. Außerdem können Freiheiten in einzelnen Systemparametern bei der Optimierung zu konstruktiv nicht realisierbaren Lösungen führen, falls keine geeigneten oberen und unteren Schranken vorgegeben werden.

Zusätzlich zu den Entwurfsvariablen werden die Zustandsvariablen $\boldsymbol{y}$ und $\boldsymbol{z}$ zur Beschreibung des Mehrkörpersystems benötigt. Für vorgegebene Werte der Entwurfsvariablen sind diese jedoch durch die Bewegungsgleichungen und Anfangsbedingungen vollständig bestimmt, Bild 4.2.1. Ebenso wird die Endzeit t^1 eindeutig durch die Endbedingung festgelegt. Die Zustandsgrößen und die Endzeit haben damit nur Hilfsfunktion zur Berechnung des Wertes eines funktionalen Kriteriums (4.1.7). Der gesamte Prozeß der Berechnung von ψ kann daher als *black box* betrachtet werden, der auch als Funktion der Entwurfsvariablen allein beschreibbar ist, d.h. $\psi = \psi(\boldsymbol{p})$. Exakter wäre, diese Funktion mit einem neuen Variablennamen zu bezeichnen. Da aber keine Verwechslungen möglich sind und dies die Assoziation mit dem funktionalen Kriterium erschwert, wird darauf verzichtet.

Auch die anderen, in Abschnitt 4.1 dargestellten Kriteriums- und Nebenbedingungsfunktionen können in dieser Weise als Funktionen der Entwurfsvariablen betrachtet werden, so daß sich die Optimierung von Mehrkörpersystemen auf das in der Einleitung dargestellte nichtlineare Parameteroptimierungsproblem

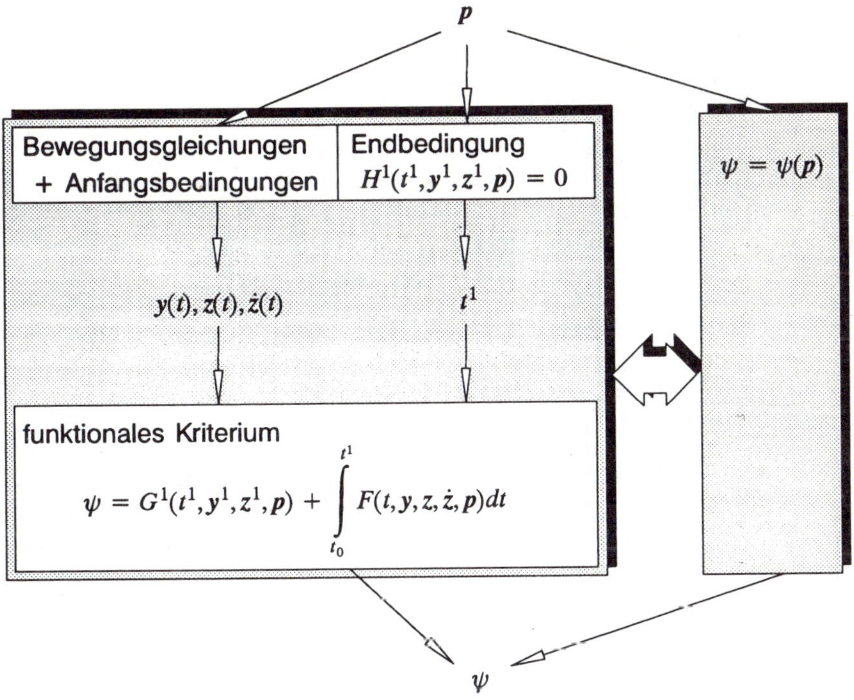

Bild 4.2.1: Auswertung eines funktionalen Kriteriums

reduziert:

> Gesucht ist ein Parametervektor $\boldsymbol{p} \in \mathcal{P} \subseteq \mathbb{R}^h$ derart, daß eine Gütefunktion
>
> $$f = f(\boldsymbol{p}) \tag{4.2.1}$$
>
> in der Menge der zulässigen Parameter,
>
> $$\mathcal{P} := \Big\{\boldsymbol{p} \in \mathbb{R}^h \mid \boldsymbol{g}(\boldsymbol{p}) = \boldsymbol{0},\ \boldsymbol{h}(\boldsymbol{p}) \leq \boldsymbol{0},\ \boldsymbol{p}^u \leq \boldsymbol{p} \leq \boldsymbol{p}^o, \\ \boldsymbol{g} : \mathbb{R}^h \to \mathbb{R}^l,\ \boldsymbol{h} : \mathbb{R}^h \to \mathbb{R}^m\Big\} \tag{4.2.2}$$
>
> minimiert wird.

Dabei kann die Gütefunktion $f(\boldsymbol{p})$ vom Typ (4.1.7) sein oder, wie beispielsweise in (4.1.5), direkt von den Entwurfsvariablen abhängen. Die Nebenbedingungsfunktionen $g_i(\boldsymbol{p})$ und $h_i(\boldsymbol{p})$ können ebenfalls wie (4.1.10) und (4.1.11) über die

Zustandsgrößen implizit oder wie (4.1.13) und (4.1.14) explizit von den Optimierungsparametern abhängen.

Obere und untere Schranken $\boldsymbol{p}^o$ und $\boldsymbol{p}^u$ werden in den meisten Optimierungsalgorithmen aus Gründen der Effizienz getrennt behandelt. Falls keine Schranken existieren, sollten diese Größen entsprechend groß bzw. klein gewählt werden, um keinen Einfluß auf die Optimierung zu nehmen. Man sollte allerdings darauf achten, daß einige Algorithmen diese Schranken zur Normierung der Entwurfsvariablen heranziehen. In diesem Fall sollten die Schranken zumindest in der Größenordnung der erwarteten Werte am Optimum liegen.

Die Formulierungen des Standardproblems sind in der Literatur nicht einheitlich. In der ingenieurorientierten Literatur werden die Ungleichungsnebenbedingungen wie in dieser Arbeit meist durch Beschränkungen nach oben formuliert, KIRSCH (1981), ARORA (1985, 1989), in der mathematisch orientierten Literatur dagegen werden in der Regel Beschränkungen nach unten bevorzugt, GILL, MURRAY, SAUNDERS und WRIGHT (1984), FLETCHER (1987) und SCHITTKOWSKI (1991). Im Zusammenhang mit der Mehrkriterienoptimierung bieten sich die hier gewählten Beschränkungen nach oben an, da zu minimierende Kriterien teilweise als Nebenbedingungen dieser Art formuliert werden.

Optimierungsprobleme, die nicht in Standardform vorliegen, lassen sich durch einfache Transformationen in diese überführen. Ist beispielsweise eine Gütefunktion $\bar{f}(\boldsymbol{p})$ zu maximieren, erhält man mit $f(\boldsymbol{p}) := -\bar{f}(\boldsymbol{p})$ ebenfalls obige Standardform. Entsprechend lassen sich Ungleichungsnebenbedingungen $\bar{h}_j(\boldsymbol{p}) \geq 0$ durch Multiplikation mit (-1) in Beschränkungen nach oben umformulieren, d.h. $h_j(\boldsymbol{p}) := -\bar{h}_j(\boldsymbol{p}) \leq 0$. Liegen keine Nebenbedingungen vor, hat man den Sonderfall der *unrestringierten Parameteroptimierung.*

Zum besseren Verständnis der Grundlagen der Optimierung veranschaulicht man das Optimierungsproblem in der Regel im zweidimensionalen Entwurfsraum, Bild 4.2.2. Ungleichungsnebenbedingungen werden durch den Graphen von $h_j(\boldsymbol{p}) = 0$ und eine Schraffur auf der unzulässigen Seite dargestellt, Bild 4.2.2a. Solche Ungleichungsnebenbedingungen schränken den Bereich der Werte für die Entwurfsvariablen auf den zulässigen Parameterraum $\mathcal{P} \subset I\!R^h$ ein, die Dimension des zulässigen Parameterraums bleibt dabei i. allg. erhalten. Gleichungsnebenbedingungen führen dagegen zu einer Reduktion der Dimension des zulässigen Parameterraums, Bild 4.2.2b. Parameterwerte, die alle Nebenbedingungen erfüllen, d.h. $\boldsymbol{p} \in \mathcal{P}$, heißen *zulässige Punkte.* Die Gütefunktion wird durch ihre Höhenlinien $f(\boldsymbol{p}) = const$ dargestellt, der Gradient ∇f weist in Richtung zunehmender Funktionswerte. Die Optimallösung $\boldsymbol{p}^*$ ist ein zulässiger Punkt mit minimalem Gütefunktionswert.

Zur Lösung des nichtlinearen Parameteroptimierungsproblems wurden in den letzten beiden Jahrzehnten eine Reihe von recht zuverlässigen Algorithmen entwickelt. Diese sind als Software meist in Programmpaketen erhältlich, in

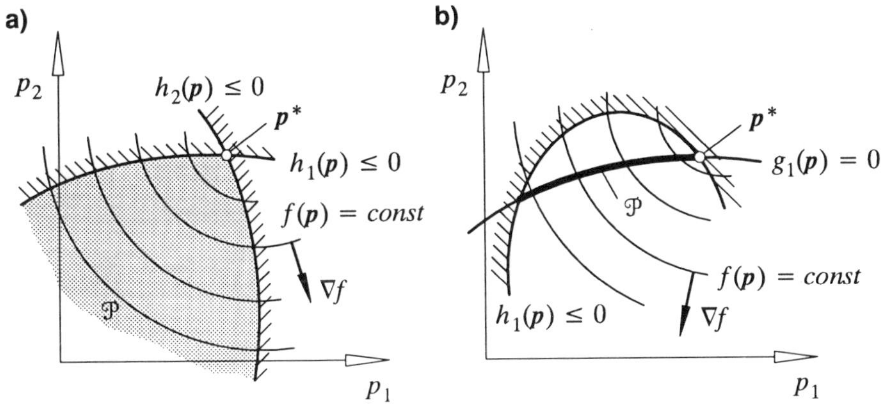

Bild 4.2.2: Parameteroptimierungsproblem ohne (a) und mit (b) Gleichungsnebenbedingungen

denen der Anwender zwischen verschiedenen Algorithmen wählen kann, z.B. IDESIGN von ARORA und TSENG (1986), ADS von VANDERPLAATS (1987) und EMP von SCHITTKOWSKI (1991). Auch Programmbibliotheken wie die Harwell-Subroutine Library, die NAG Library oder die IMSL-Math Library beinhalten Unterprogramme zur Optimierung.

In der Regel wird die Lösung des Optimierungsproblems in einem iterativen Prozeß gesucht, in dem sich Analyseschritte und Parameterschätzschritte abwechseln, Bild 4.2.3. Im Analyseschritt werden das Gütekriterium und eventuell die Nebenbedingungen für einen gegebenen Entwurf ausgewertet, um dann im folgenden Schritt aus dieser Information und eventuell Information über zurückliegende Schritte neue, verbesserte Werte für die Entwurfsvariablen zu schätzen. Dabei wird eine Folge von Parameterpunkten $\boldsymbol{p}^{(\nu)}$, $\nu = 0, 1, 2, \ldots$, erzeugt, die in möglichst wenigen Schritten in die Nähe des Optimums führt oder in speziellen Fällen das Optimum erreicht. Der Anfangsschätzwert $\boldsymbol{p}^{(0)}$ charakterisiert einen vom Anwender festzulegenden Entwurf, der i. allg. nicht optimal ist und bei den meisten Optimierungsalgorithmen nicht einmal zulässig sein muß, d.h. die Nebenbedingungen nicht erfüllen muß.

Bei deterministischen Optimierungsverfahren besteht ein einzelner Iterationsschritt meist aus:

1. Festlegung einer Suchrichtung $\boldsymbol{s}^{(\nu)}$,
2. Suche entlang der Linie

$$\boldsymbol{p}(\alpha) = \boldsymbol{p}^{(\nu)} + \alpha \boldsymbol{s}^{(\nu)} \tag{4.2.3}$$

   nach einem Minimum oder einer verbesserten Lösung, gegeben durch $\alpha = \alpha^{(\nu)}$, und

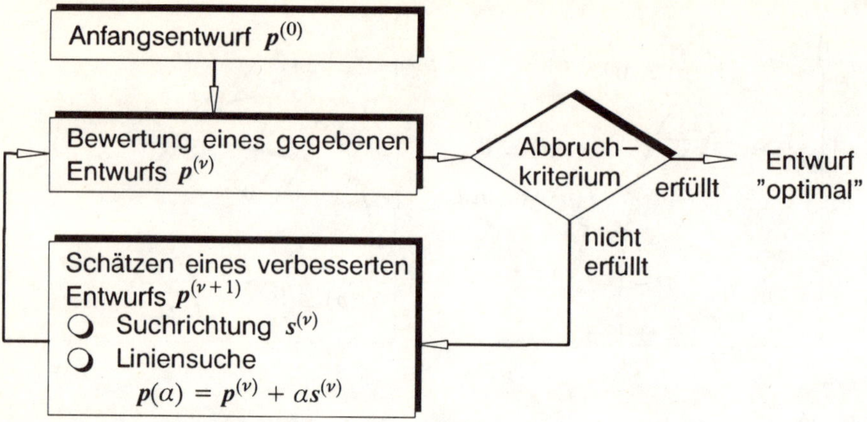

Bild 4.2.3: Iterative Parameteroptimierung

3. Wahl der verbesserten Lösung

$$\boldsymbol{p}^{(\nu+1)} := \boldsymbol{p}^{(\nu)} + \alpha^{(\nu)}\boldsymbol{s}^{(\nu)} \tag{4.2.4}$$

als Ausgangspunkt für den nächsten Iterationsschritt oder als akzeptierten Entwurf.

Die Festlegung der Suchrichtung richtet sich nach der am Iterationspunkt zur Verfügung stehenden Information und der gewählten Approximation des nichtlinearen Optimierungsproblems. Sie ist das wesentliche Unterscheidungsmerkmal zwischen den einzelnen Optimierungsalgorithmen.

Die Suche nach dem Minimum auf der Linie (4.2.3) wurde in frühen Algorithmen sehr exakt durchgeführt, es hat sich aber gezeigt, daß dies oft nicht effizient ist. Manche Algorithmen führen die Liniensuche deswegen mit willkürlich gewählter Ungenauigkeit aus. Da die Optimierung aber ein nichtlinearer, rekursiver Abbildungsprozess von $\boldsymbol{p}^{(\nu)}$ auf $\boldsymbol{p}^{(\nu+1)}$ ist, und aus der nichtlinearen Dynamik bekannt ist, welche Vielfalt von nicht-konvergenten Folgen existiert, sind Algorithmen mit geeignet gewählten Konvergenzbedingungen sehr viel vertrauenswürdiger als solche heuristischen Methoden.

Bei der Beurteilung der verschiedenen Optimierungsalgorithmen spielt die Konvergenz und die Konvergenzordnung eine wesentliche Rolle. Dies sind meist jedoch nur lokale Aussagen, die das Verhalten in der Nähe des Optimums charakterisieren. Gleichbedeutend ist das Verhalten für schlecht gewählte Startwerte, das i. allg. nur im Experiment an geeignet gewählten Testbeispielen beurteilt werden kann. Umfangreiche Untersuchungen verschiedener Algorithmen für das obige Standard-Optimierungsproblem wurden von SCHITTKOWSKI (1980a, b) durchgeführt. Die Ergebnisse sind jedoch unter dem Aspekt der Optimierung von Mehrkörpersystemen teilweise neu zu interpretieren, denn der überwiegende Rechenzeitbedarf ist hier mit der Auswertung der Kriterien zur Beurteilung des dynamischen Verhaltens verknüpft. Die damit verbundene, zeitintensive numerische Integration der Bewegungsgleichungen überwiegt in der Regel den Rechenzeitbedarf des Optimierungsalgorithmus. Gut konvergierende Algorithmen, die unter diesem Aspekt zu bevorzugen sind, benötigen neben den Funktionsauswertungen zusätzlich Gradientenberechnungen, weshalb in Kapitel 5 detailliert auf die Empfindlichkeitsanalyse von Mehrkörpersystemen eingegangen wird.

4.3 Mehrkriterienoptimierung

Das im vorherigen Abschnitt dargestellte skalare Optimierungsproblem erscheint in doppelter Weise unnatürlich. Zum einen wird die optimale Lösung durch eine künstlich eingeführte Kriterienfunktion definiert, deren Gestalt sich nicht unmittelbar aus der Modellbildung ableiten läßt. Bei der Lösung des Parameteroptimierungsproblems sollte man daher nicht aus den Augen verlieren, daß es um die Suche nach optimalen Parametern und weniger um eine mathematisch exakte Minimierung dieser künstlichen Bewertungsfunktion geht. Zum anderen erfordert ein Systementwurf in der Regel die Berücksichtigung mehrerer unterschiedlicher Anforderungen. Die schon erwähnte frühe Festlegung auf ein einzelnes Bewertungskriterium und Berücksichtigung der übrigen Kriterien als Nebenbedingungen ist dabei nicht immer zweckmäßig. Natürlicher erscheint da zunächst eine gleichwertige Behandlung aller Bewertungsfunktionen als Optimierungskriterien.

Die gleichzeitige Optimierung mehrerer Kriterien bezeichnet man als *Mehrkriterien-* oder *Vektoroptimierung.* Sie wurde Ende des letzten Jahrhunderts in der Ökonomie formuliert und erst in den 70er Jahren in der Technik, speziell in der Strukturmechanik, eingeführt, STADLER (1984). Die allgemeine Vektoroptimierungsaufgabe lautet:

Gesucht ist eine Lösung $\boldsymbol{p}^*$, die gegebene Gleichungs- und Ungleichungsnebenbedingungen erfüllt und eine Vektorfunktion $\boldsymbol{f}(\boldsymbol{p})$, $\boldsymbol{f} : \mathbb{R}^h \to \mathbb{R}^n$, optimiert:

$$\underset{\boldsymbol{p} \in \mathcal{P}}{opt} \;\; \boldsymbol{f}(\boldsymbol{p})$$

$$\text{mit } \mathcal{P} := \Big\{ \boldsymbol{p} \in \mathbb{R}^h \mid \boldsymbol{g}(\boldsymbol{p}) = \boldsymbol{0},\; \boldsymbol{h}(\boldsymbol{p}) \leq \boldsymbol{0},\; \boldsymbol{p}^u \leq \boldsymbol{p} \leq \boldsymbol{p}^o, \quad \boldsymbol{g} : \mathbb{R}^h \to \mathbb{R}^l,\; \boldsymbol{h} : \mathbb{R}^h \to \mathbb{R}^m \Big\}. \tag{4.3.1}$$

Die Gleichungen und Ungleichungen, sowie die unteren und oberen Schranken definieren einen Bereich $\mathcal{P}$ zulässiger Punkte, die Optimierung der Vektorfunktion ist als Minimierung der einzelnen Kriterien $f_i(\boldsymbol{p})$ zu verstehen.

In der gleichzeitigen Minimierung mehrerer Kriterien liegt ein wesentlicher Unterschied zum skalaren Optimierungsproblem, denn nur in Sonderfällen läßt sich ein zulässiger Punkt $\boldsymbol{p}^* \in \mathcal{P}$ finden, für den alle Funktionen $f_i(\boldsymbol{p})$ in $\mathcal{P}$ gleichzeitig ihr Minimum annehmen. Im allgemeinen sind die Kriterien nicht miteinander verträglich, d.h. die Suche nach besseren Parametern führt zu Widersprüchen in den einzelnen Kriterien: Beim Versuch, die Werte einiger Kriterien weiter zu verringern, vergrößern sich die Werte von anderen Kriterien. Ein Vektorkriterium definiert damit eine völlig andere Ordnungsstruktur auf dem zulässigen Parameterraum als ein skalares Gütekriterium.

Beim skalaren Optimierungsproblem definiert das Gütekriterium eine *strenge Ordnung* im Entwurfsraum, die einen Vergleich aller Punkte miteinander erlaubt: seien $\boldsymbol{p}^1 \in \mathcal{P}$ und $\boldsymbol{p}^2 \in \mathcal{P}$ beliebige zulässige Punkte, dann ist mit einer skalaren Gütefunktion durch $f(\boldsymbol{p}^1) < f(\boldsymbol{p}^2)$, $f(\boldsymbol{p}^1) = f(\boldsymbol{p}^2)$ und $f(\boldsymbol{p}^1) > f(\boldsymbol{p}^2)$ eine eindeutige Klassifikation als besser, gleich gut und schlechter möglich.

Durch das Vektorkriterium $\boldsymbol{f}(\boldsymbol{p})$ wird jedoch nur eine *Teilordnung* festgelegt, STADLER (1981, 1988). Um dies zu verstehen, ist es zweckmäßig, das Vektorkriterium als Abbildung des zulässigen Bereichs im Entwurfsraum auf den Kriterienraum zu betrachten, d.h. $\boldsymbol{f} : \mathcal{P} \rightarrow \mathcal{F} \subset \mathbb{R}^n$, Bild 4.3.1. Die Menge $\mathcal{F} = \{\boldsymbol{f}(\boldsymbol{p}),\ \boldsymbol{p} \in \mathcal{P}\}$ bezeichnet den Wertebereich des Vektorkriteriums und ist damit die Menge möglicher Punkte im Kriterienraum. Die Abbildung ist i. allg. nur eindeutig, d.h. zu jedem Entwurf $\boldsymbol{p} \in \mathcal{P}$ existiert genau ein Punkt $\boldsymbol{f}(\boldsymbol{p}) \in \mathcal{F}$, jedoch können mehrere Parameterpunkte $\boldsymbol{p}$ auf denselben Punkt $\boldsymbol{f}(\boldsymbol{p})$ abgebildet werden.

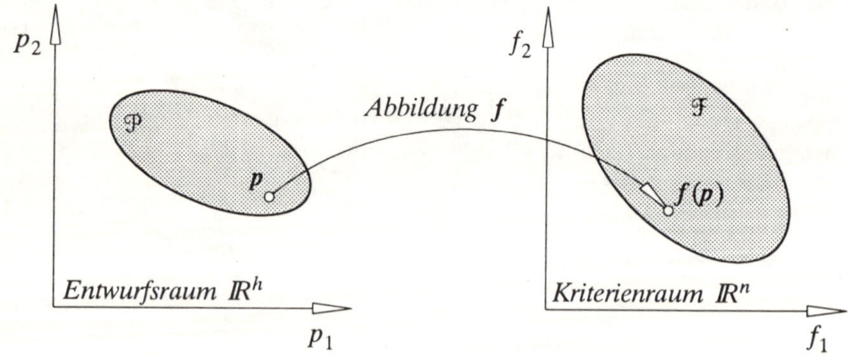

Bild 4.3.1: Abbildung des Entwurfsraums $\mathcal{P} \subset \mathbb{R}^2$ auf den Kriterienraum $\mathcal{F} \subset \mathbb{R}^2$

Ein Entwurf $\boldsymbol{p}^1 \in \mathcal{P}$ ist dann besser als ein Entwurf $\boldsymbol{p}^2 \in \mathcal{P}$, wenn für deren Bildpunkte $\boldsymbol{f}^1 := \boldsymbol{f}(\boldsymbol{p}^1)$ und $\boldsymbol{f}^2 := \boldsymbol{f}(\boldsymbol{p}^2)$ gilt:

$$\boldsymbol{f}^1 < \boldsymbol{f}^2, \quad \text{d.h.} \ \left(f_i^1 \leq f_i^2 \quad \forall \ \ i \in \mathcal{I}_n\right) \wedge \left(\boldsymbol{f}^1 \neq \boldsymbol{f}^2\right) \qquad (4.3.2)$$

mit der Indexmenge $\mathcal{I}_n := \{1, 2, \ldots, n\}$. Definiert man im Kriterienraum einen Kegel

$$\mathcal{K}(\boldsymbol{p}^1) := \left\{\boldsymbol{f} \in I\!R^n | \ \boldsymbol{f} \geq \boldsymbol{f}(\boldsymbol{p}^1)\right\}, \qquad (4.3.3)$$

Bild 4.3.2, dann ist ein solcher direkter Vergleich von $\boldsymbol{p}^1$ nur mit Entwürfen $\boldsymbol{p}$ möglich, deren Bildpunkte im Kegel von $\boldsymbol{p}^1$ liegen, d.h. $\boldsymbol{f}(\boldsymbol{p}) \in \mathcal{K}(\boldsymbol{p}^1)$, oder mit Entwürfen, in deren Kegel $\boldsymbol{f}(\boldsymbol{p}^1)$ liegt. Im vorliegenden Fall ist beispielsweise der Entwurf $\boldsymbol{p}^1$ dem Entwurf $\boldsymbol{p}^2$ vorzuziehen.

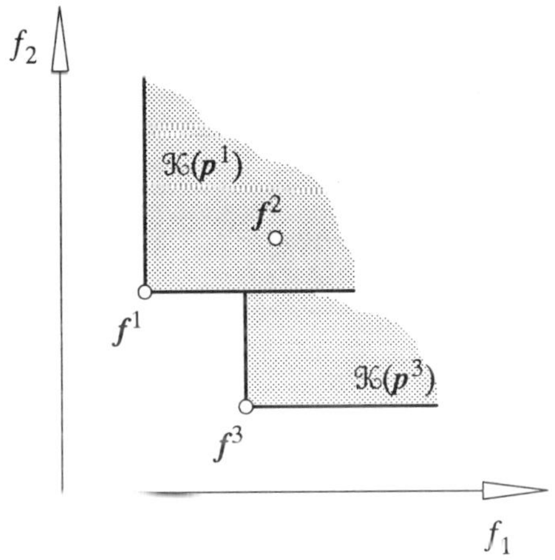

Bild 4.3.2: Teilordnung im Kriterienraum

In Bild 4.3.2 ist jedoch kein Vergleich von $\boldsymbol{p}^1$ mit einem Punkt $\boldsymbol{p}^3$ möglich, dessen Bildpunkt nicht in $\mathcal{K}(\boldsymbol{p}^1)$ liegt und dessen Kegel $\mathcal{K}(\boldsymbol{p}^3)$ den Bildpunkt $\boldsymbol{f}^1$ nicht enthält. Hier ist der Entwurf $\boldsymbol{p}^1$ dem Entwurf $\boldsymbol{p}^3$ wegen $f_1^1 < f_1^3$ bezüglich des ersten Kriteriums vorzuziehen, bezüglich des zweiten Kriteriums wegen $f_2^1 > f_2^3$ jedoch zu verwerfen. Dieser Widerspruch läßt sich mit Hilfe des Vektorkriteriums nicht auflösen, die beiden Punkte sind nicht miteinander vergleichbar. Es wäre beispielsweise nicht richtig, die Punkte $\boldsymbol{p}^1$ und $\boldsymbol{p}^3$ mangels Vergleichbarkeit als gleich gut zu bezeichnen, denn dies verlangt, daß die beiden Entwürfe auf denselben Bildpunkt im Kriterienraum abgebildet werden. Das Vektorkriterium legt daher nur eine teilweise Ordnung bzw. eine Teilordnung der zulässigen Punkte im Entwurfsraum fest.

Die Eigenschaft der Teilordnung erlaubt i. allg. keine eindeutige Festlegung eines optimalen Entwurfs, sie gestattet aber zumindest den Ausschluß nicht-optimaler Punkte. Denn alle Punkte, deren Bildpunkte im Kegel $\mathcal{K}(\boldsymbol{p}^1)$ eines zulässigen Punkts $\boldsymbol{p}^1$ liegen und für die $\boldsymbol{f} \neq \boldsymbol{f}^1$ gilt, sind schlechter als die Urpunkte der Kegelspitze $\boldsymbol{f}^1$. Für solche Entwürfe läßt sich der Wert von zumindest einem Kriterium $f_i(\boldsymbol{p})$ verringern, ohne die Werte der übrigen Kriterien zu erhöhen. Punkte, bei denen dies nicht möglich ist, werden nach dem Wirtschaftswissenschaftler V. Pareto als Pareto-optimal bezeichnet:

> Ein Entwurf $\boldsymbol{p}^P \in \mathcal{P}$ heißt *Pareto-optimal* für das Vektoroptimierungsproblem (4.3.1), wenn kein zulässiger Punkt $\boldsymbol{p} \in \mathcal{P}$ existiert, für dessen Bildpunkt $\boldsymbol{f}(\boldsymbol{p}) < \boldsymbol{f}(\boldsymbol{p}^P)$ gilt. Alle Punkte mit dieser Eigenschaft werden in der Menge der Pareto-optimalen Entwürfe zusammengefaßt:
>
> $$\mathcal{P}^P := \left\{ \boldsymbol{p}^P \in \mathcal{P} \,\middle|\, \nexists\; \boldsymbol{p} \in \mathcal{P} : \boldsymbol{f}(\boldsymbol{p}) < \boldsymbol{f}(\boldsymbol{p}^P) \right\}. \tag{4.3.4}$$

Das Bild $\mathcal{F}^P$ aller Pareto-optimalen Entwürfe liegt auf dem Rand von $\mathcal{F}$, Bild 4.3.3, die Pareto-optimalen Punkte selbst müssen jedoch nicht notwendig auf dem Rand des zulässigen Bereichs $\mathcal{P}$ im Entwurfsraum liegen.

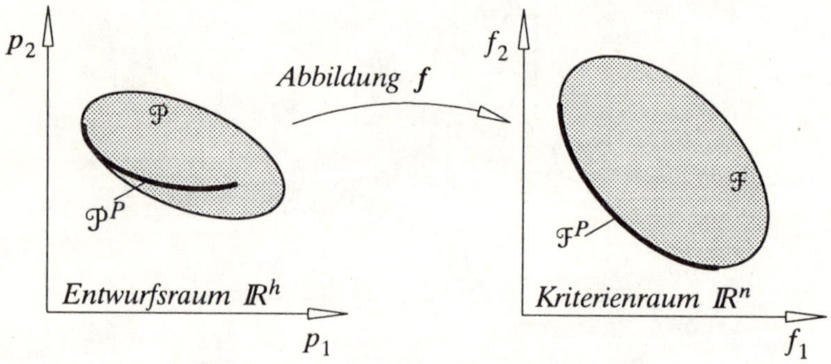

Bild 4.3.3: Pareto-optimale Entwürfe

Pareto-optimale Entwürfe mit unterschiedlichen Bildpunkten sind nicht miteinander vergleichbar. Daher muß sich der Ingenieur mit Hilfe seiner Intuition und Erfahrung oder zusätzlichen, nicht formalisierbaren Kriterien für eine einzelne Lösung aus $\mathcal{P}^P$ entscheiden. In der Regel stellt sich dabei das Problem, daß die Pareto-optimalen Punkte weder im Entwurfsraum noch im Kriterienraum geschlossen ermittelt werden können, denn die bisher benutzte graphische Darstellung ist nur bei wenigen Parametern bzw. Kriterien möglich. Man beschränkt sich daher auf die Ermittlung einzelner Punkte $\boldsymbol{p}^*$ oder einer repräsentativen Teilmenge der gesamten Menge $\mathcal{P}^P$, die man durch geeignete Skalarisierung des Vektoroptimierungsproblems und Lösung des entstehenden *skalaren Ersatzproblems* in Form von (4.2.1), (4.2.2) finden kann.

Die Formulierung des Ersatzproblems erfordert vom Ingenieur die Vorgabe einer Strategie, in der sich eine gewisse Präferenz in den Kriterien ausdrückt. Da diese a priori nicht festliegt, sollte die Lösung des Vektoroptimierungsproblems in einem iterativen und interaktiven Prozeß erfolgen, in dem sich Entscheidungsphasen und Berechnungsphasen abwechseln. In der Entscheidungsphase kann der Ingenieur einen bestimmte Entwurf akzeptieren oder er muß eine neue Strategie vorgeben, um in der anschließenden Berechnungsphase einen geeigneteren Pareto-optimalen Punkt zu bestimmen.

Zur Formulierung des skalaren Ersatzproblems haben sich eine Reihe von Methoden entwickelt, HWANG und MASUD (1979), OSYCZKA (1984) und ESCHENAUER (1988), von denen hier nur einige dargestellt werden können. Zur Vereinfachung wird vorausgesetzt, daß alle Kriterien nur positive Werte annehmen.

Ein charakterischer Punkt, der von einigen Verfahren als Bezugspunkt oder für die Normierung der Kriteriumsfunktionen herangezogen wird, ist die *ideale Lösung* $\boldsymbol{f}^0$, deren Komponenten die Minima der einzelnen Kriterien sind, Bild 4.3.4:

$$\boldsymbol{f}^0 : \quad f_i^0 := \min_{\boldsymbol{p} \in \mathcal{P}} f_i(\boldsymbol{p}), \quad i = 1(1)n. \tag{4.3.5}$$

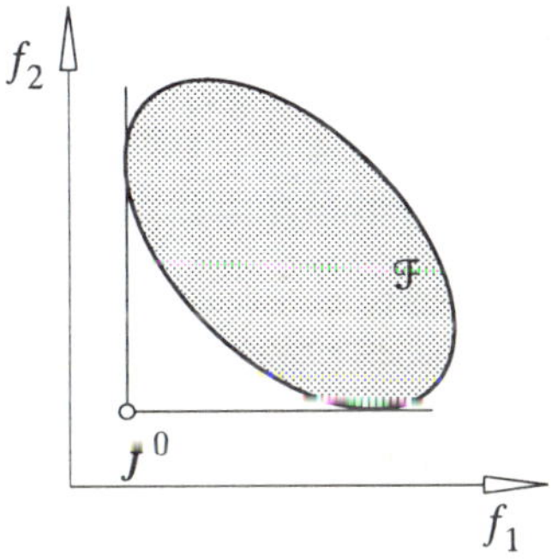

Bild 4.3.4: Ideale Lösung

Im allgemeinen ist dieser Punkt nicht zulässig, d.h. $\boldsymbol{f}^0 \notin \mathcal{F}$, und damit keine Lösung des Vektoroptimierungsproblems. Er zeigt aber das maximal Erreichbare bei einer unabhängigen Minimierung der einzelnen Kriterien und ist damit auch eine gute Referenz für die Beurteilung der Lösungen folgender Verfahren zur Skalarisierung des Vektoroptimierungsproblems:

- *Gewichtete Kriterien*

  Anstatt des Vektorkriteriums $\boldsymbol{f}(\boldsymbol{p})$ wird ein skalares Ersatzkriterium $f(\boldsymbol{p})$ minimiert, das als gewichtete Summe der einzelnen Komponenten $f_i(\boldsymbol{p})$

des Vektorkriteriums definiert ist:

$$f(\boldsymbol{p}) := \boldsymbol{w}^T \boldsymbol{f}(\boldsymbol{p}), \quad \boldsymbol{w} > \boldsymbol{0}. \tag{4.3.6}$$

Üblicherweise werden die Gewichtsfaktoren zu $\sum_{i=1}^{n} w_i = 1$ normiert.

Im zweidimensionalen Kriterienraum sind die Höhenlinien $f(\boldsymbol{p}) = const$ Geraden mit der Steigung $(-w_1/w_2)$, die Lösung $\boldsymbol{f}(\boldsymbol{p}^*)$ ergibt sich als Berührpunkt der Höhenlinien mit dem Pareto-optimalen Rand $\mathcal{F}^P$, Bild 4.3.5a. Durch Variation der Gewichtungskoeffizienten, d.h. durch Variation der Steigung der Höhenlinien, kann die Lösung beeinflußt werden. Damit sich bei gleichmäßiger Variation der Gewichtungsfaktoren auch eine repräsentative Teilmenge von $\mathcal{F}^P$ ergibt, sollten die einzelnen Kriterien $f_i(\boldsymbol{p})$ geeignet normiert sein. Trotzdem bleibt eine prinzipielle Schwierigkeit, daß man i. allg. kein vollständiges Bild von $\mathcal{F}^P$ erhält, Bild 4.3.5b. In diesem Fall ist die Teilmenge von $\mathcal{F}^P$ zwischen den Punkten A und B unzugänglich, die auf einer gemeinsamen Berührgeraden an $\mathcal{F}^P$ liegen. Denn für jeden Punkt dieser Teilmenge gibt es einen Pareto-optimalen Punkt außerhalb der Teilmenge, für den der Funktionswert des Ersatzkriteriums geringer ist. Beim gewählten Verhältnis der Gewichtungsfaktoren erhält man beispielsweise nicht den Punkt $\boldsymbol{f}^1 \in \mathcal{F}^P$, sondern die Lösung des Ersatzproblems ist der Punkt $\boldsymbol{f}^2$.

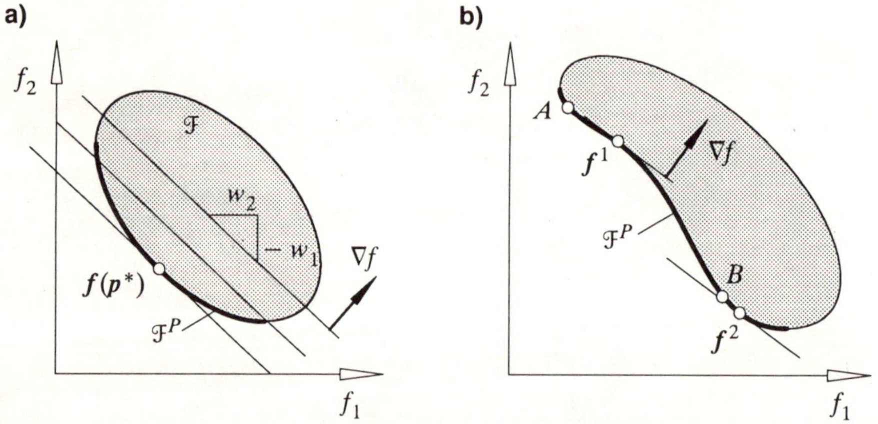

Bild 4.3.5: Gewichtete Kriterien: optimale Lösung (a) und nicht zugängliche Punkte (b)

- *Hierarchische Optimierung*

  Läßt sich eine Priorität für die einzelnen Kriterien festlegen, dann bietet sich eine sukzessive Optimierung der Kriterien in der Reihenfolge ihrer Bedeutung an. Falls die Reihenfolge der Komponenten des Vektorkriteriums bereits die Bedeutung der Einzelkriterien widerspiegelt, ergibt sich folgender rekursiver Minimierungsprozeß:

$$\begin{aligned} \bar{f}_i &:= \min_{\boldsymbol{p} \in \mathcal{P}^{i-1}} f_i(\boldsymbol{p}), \quad i = 1(1)n, \\ &\text{mit} \quad \mathcal{P}^i := \left\{ \boldsymbol{p} \in \mathcal{P}^{i-1} \,\middle|\, f_i(\boldsymbol{p}) \le (1+\varepsilon_i)\bar{f}_i \right\}, \\ &\phantom{\text{mit}} \quad \mathcal{P}^0 := \mathcal{P}. \end{aligned} \tag{4.3.7}$$

Im ersten Schritt wird zunächst das wichtigste Kriterium ohne Berücksichtigung der übrigen Kriterien minimiert. Der Minimalwert $\bar{f}_1 = \min f_1(\boldsymbol{p})$, $\boldsymbol{p} \in \mathcal{P}$, dient als Referenz zur Festlegung einer Nebenbedingung, die den zulässigen Bereich der Entwurfsvariablen für die anschließenden Minimierungen einschränkt. Dazu muß vom Entscheidungsträger ein relativer Zuwachs ε_1 gegenüber dem Optimum erlaubt werden. Diese sukzessive Einschränkung des zulässigen Parameterbereichs und Minimierung des nächstwichtigen Einzelkriteriums wird für alle Komponenten von $\boldsymbol{f}(\boldsymbol{p})$ durchgeführt, der Minimierer von $f_n(\boldsymbol{p})$ in $\mathcal{P}^{n-1}$ ist dann die Lösung der Mehrkriterienoptimierung. Falls das Verfahren nicht zu einer akzeptablen Lösung führt, müssen die Schritte mit neuen Vorgaben für die relativen Zuwächse ε_i wiederholt werden.

- *Kompromiß-Methode*

  Hierbei minimiert man eine einzelne Komponente $f_r(\boldsymbol{p})$ des Vektorkriteriums und betrachtet die übrigen als Nebenbedingungen, für die man obere Schranken $\hat{f}_i$ vorgibt:

$$\min_{\boldsymbol{p} \in \mathcal{P}^r} f_r(\boldsymbol{p}) \quad \text{mit} \quad \mathcal{P}^r := \left\{ \boldsymbol{p} \in \mathcal{P} \,\middle|\, f_i(\boldsymbol{p}) \le \hat{f}_i, \quad i \in \mathcal{I}_n \backslash \{r\} \right\}. \tag{4.3.8}$$

  Durch Erhöhen und Erniedrigen der Schranken $\hat{f}_i$ kann man unterschiedliche Lösungen $\boldsymbol{p}^*$ erhalten und so einen Einblick in die Menge der Pareto-optimalen Lösungen erhalten. Indem man die Schranken erhöht, vergrößert man den zulässigen Parameterbereich, das Kriterium $f_r(\boldsymbol{p})$ läßt sich dann i. allg. stärker minimieren. Umgekehrt wird durch stärkere Einschränkungen des zulässigen Parameterbereichs der Minimalwert von $f_r(\boldsymbol{p})$ erhöht. In einem interaktiven Prozeß ist hier ein geeigneter Kompromiß zwischen den verschiedenen Kriterien zu suchen, wobei Kriterien und Nebenbedingungen gegeneinander ausgetauscht werden können.

- *Distanz-Methoden*

  Betrachtet man die ideale Lösung $\boldsymbol{f}^0$ als maximal erreichbares Ziel, dann ist der Abstand einer zulässigen Lösung zu $\boldsymbol{f}^0$ ein geeignetes globales Kriterium:

$$\min_{\boldsymbol{p} \in \mathcal{P}} \left(\sum_{i=1}^{n} \left| f_i(\boldsymbol{p}) - f_i^0 \right|^r \right)^{1/r}, \quad 1 \le r < \infty. \tag{4.3.9}$$

Häufig verwendete Metriken sind $r=1$, die Euklidsche Metrik ($r=2$) und die Chebyshev Metrik oder Maximumsnorm ($r \to \infty$). Statt des absoluten Abstands bietet sich auch der relative Abstand an, Bild 4.3.6:

$$\min_{\boldsymbol{p} \in \mathcal{P}} \left(\sum_{i=1}^{n} \left| \frac{f_i(\boldsymbol{p}) - f_i^0}{f_i^0} \right|^r \right)^{1/r}, \quad 1 \leq r < \infty. \tag{4.3.10}$$

Zum Teil werden statt dieser Metriken auch allgemeinere Funktionen zur Charakterisierung der Distanz zur idealen Lösung verwendet, KREISSELMEIER und STEINHAUSER (1979).

Da die Bestimmung der idealen Lösung $\boldsymbol{f}^0$ zeitintensiv ist und bei nichtlinearen Optimierungsproblemen Schwierigkeiten bereitet, verwendet man stattdessen auch einen vom Benutzer vorzugebenden Referenzpunkt oder Zielpunkt im Kriterienraum.

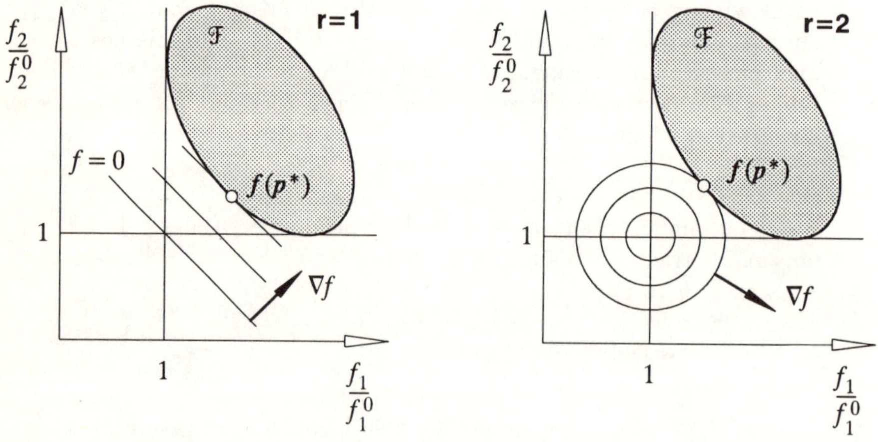

Bild 4.3.6: Distanz-Methode für unterschiedliche Metriken

- *Min-Max-Methoden*

Definiert man die relative Abweichung von der idealen Lösung $\boldsymbol{f}^0$ durch

$$z_i(\boldsymbol{p}) := \frac{f_i(\boldsymbol{p}) - f_i^0}{f_i^0} \quad \text{für} \quad f_i^0 > 0, \tag{4.3.11}$$

dann lautet ein mögliches skalares Ersatzproblem

$$\min_{\boldsymbol{p} \in \mathcal{P}} \max_{i \in \mathcal{I}_n} \{z_i(\boldsymbol{p})\}. \tag{4.3.12}$$

Diese Formulierung ist mit $r \to \infty$ in den Distanzmethoden enthalten. Bild 4.3.7 zeigt eine graphische Darstellung im zweidimensionalen Kriterienraum. Oberhalb der Geraden $f_2/f_2^0 = f_1/f_1^0$ ist z_2 und damit f_2 für die Minimierung maßgebend, unterhalb dieser Geraden ist es z_1 bzw. f_1. Die Lösung $\boldsymbol{f}(\boldsymbol{p}^*)$ ergibt sich daher als Schnitt der Geraden mit der Menge der Pareto-optimalen Lösungen $\mathcal{F}^P$.

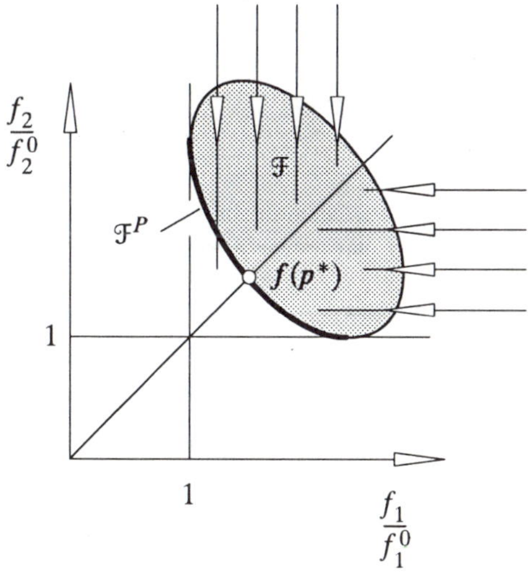

Bild 4.3.7: Min-Max-Methode

Für die numerische Lösung kann das Min-Max-Problem (4.3.12) durch Erweiterung des Vektors der Entwurfsvariablen um eine zusätzliche Komponente p_{h+1} in ein Standardproblem der Parameteroptimierung umgeformt werden:

$$\min_{\bar{\boldsymbol{p}} \in \bar{\mathcal{P}}} p_{h+1} \quad \text{mit}$$

$$\bar{\mathcal{P}} := \left\{ \boldsymbol{p} = \begin{bmatrix} \boldsymbol{p} \\ p_{h+1} \end{bmatrix} \in \mathcal{P} \wedge I\!R \;\middle|\; z_i(\boldsymbol{p}) \quad p_{h+1} \leq 0, \; i = 1(1)n \right\}. \tag{4.3.13}$$

Das in (4.3.12) formulierte Min-Max-Ersatzproblem führt nicht immer zu einer eindeutigen Pareto-optimalen Lösung. Unter Umständen ist die Lösung eine Teilmenge $\mathcal{P}^1 \subset \mathcal{P}$ von Parameterpunkten, die nicht alle Pareto-optimal sind. In diesem Fall sind die erhaltenen Lösungen rekursiv durch (4.3.12) entsprechende Vorschriften weiter einzuschränken:

$$\min_{\boldsymbol{p} \in \mathcal{P}^{r-1}} \; \max_{i \in \mathcal{I}_n \setminus \mathcal{I}^{r-1}} \{z_i(\boldsymbol{p})\}, \quad r = 2(1)n. \tag{4.3.14}$$

Die Rekursion bricht ab, wenn die im r–ten Iterationsschritt erhaltene Menge $\mathcal{P}^r$ nur Pareto-optimale Lösungspunkte enthält. Ansonsten wird die Indexmenge der bereits berücksichtigten Kriterien um den Index i_r der für die Maximierung maßgeblichen relativen Abweichung erweitert, d.h. $\mathcal{I}^r := \mathcal{I}^{r-1} \cup \{i_r\}$, und die Rekursion fortgesetzt. Speziell bezeichnet $\mathcal{I}^1 = \{i_1\}$ den bei der Maximierung in (4.3.12) erhaltenen Index.

Um auch bei den Min-Max-Problemen verschiedene Lösungen der Pareto-optimalen Lösungsmenge erhalten zu können, werden häufig modifizierte Formulierungen mit gewichteten Abweichungen oder Referenzpunkten statt der idealen Lösung verwendet, z.B. OSYCZKA (1984).

Die Methoden sind hier nur in ihrer einfachsten Form dargestellt, um einen Eindruck von den möglichen Lösungsverfahren zu vermitteln. Um sie robuster zu machen und Pareto-Optimalität der Lösung gewährleisten zu können, sind oftmals Erweiterungen und Modifikationen nötig. Die Abgrenzung der einzelnen Methoden ist fließend, denn einige Problemformulierungen lassen sich durch geeignete Transformationen ineinander überführen, z.B. ESCHENAUER (1988).

Die Skalarisierung des Vektoroptimierungsproblems führt in der Regel auf das in Abschnitt 4.2 dargestellte Standardproblem der Parameteroptimierung, weshalb dessen Lösung meist im Vordergrund steht. Dabei sollte aber nicht vergessen werden, daß die Lösung des Ersatzproblems sehr wesentlich von der Strategie und den Benutzervorgaben abhängt, und deswegen nur als ein einzelner Vorschlag für das Optimum betrachtet werden kann. Die entgültige Entscheidung für den einen oder anderen Vorschlag muß letztendlich in dem schon erwähnten iterativen und eventuell graphisch unterstützten Entscheidungsprozeß fallen, in dem der Ingenieur ein Gefühl für das zu untersuchende System entwickeln kann, SILVERMAN, STEUER und WHISMAN (1985).

Beispiel 4.3.1: Tilgerauslegung

Eine unterkritisch laufende, durch Unwucht erregte Maschine soll mit Hilfe eines Tilgers im stationären Betrieb schwingungsfrei gemacht werden, Bild 4.3.8. Dazu können die Massen des Tilgers und der Maschine im Bereich von $[m, \mu m]$, $\mu > 1$, verändert werden. Zu minimieren ist die Schwingungsamplitude des Tilgers und die Belastung des Fundaments.

Die Bewegungsgleichungen der Schwingerkette mit dem Freiheitsgrad $f = 2$ lauten

$$\begin{bmatrix} m_1 & 0 \\ 0 & m_2 \end{bmatrix} \begin{bmatrix} \ddot{y}_1 \\ \ddot{y}_2 \end{bmatrix} + \begin{bmatrix} 0 & 0 \\ 0 & d_2 \end{bmatrix} \begin{bmatrix} \dot{y}_1 \\ \dot{y}_2 \end{bmatrix} + \begin{bmatrix} k_1 & -k_1 \\ -k_1 & k_1 + k_2 \end{bmatrix} \begin{bmatrix} y_1 \\ y_2 \end{bmatrix} = \begin{bmatrix} 0 \\ F_0 \cos \Omega t \end{bmatrix},$$

wobei die verallgemeinerten Koordinaten y_1 und y_2 die Auslenkungen der beiden Massen aus der jeweiligen Gleichgewichtslage bezeichnen,

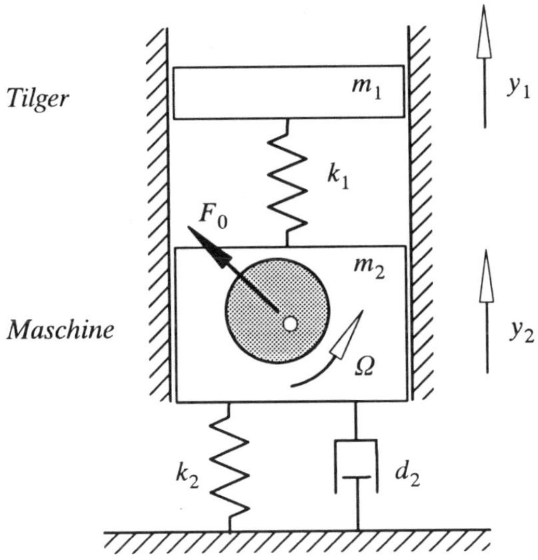

Bild 4.3.8: Unwuchterregte Maschine mit Tilger

KRÄMER (1984). Für den stationären Betrieb mit schwingungsfreier Maschine, d.h. $y_2(t) \equiv 0$, vereinfachen sich die Bewegungsgleichungen zu

$$\begin{aligned} m_1 \ddot{y}_1 + k_1 y_1 &= 0, \\ -k_1 y_1 &= F_0 \cos \Omega t. \end{aligned}$$

Aus der zweiten Gleichung folgt für den Tilger eine harmonische Bewegung, d.h.

$$y_1 = -\frac{F_0}{k_1} \cos \Omega t.$$

Damit diese auch Lösung der ersten Gleichung ist, muß der Tilger entsprechend

$$\frac{k_1}{m_1} = \Omega^2$$

abgestimmt sein, d.h. die Teileigenfrequenz des Tilgers muß der Anregungsfrequenz der Maschine entsprechen. Die Schwingungsamplitude des Tilgers ist dann

$$\hat{y}_1 = \frac{F_0}{k_1} = \frac{F_0}{m_1 \Omega^2} . \tag{4.3.15}$$

Im stationären Betrieb, $y_2 \equiv 0$, überträgt die Maschinenaufhängung lediglich die statische Belastung auf das Fundament, d.h. das Gewicht von Tilger und Maschine:

$$N = (m_1 + m_2)\, g. \tag{4.3.16}$$

Bezieht man die Massen des Tilgers und der Maschine auf die untere Schranke m, erhält man dimensionslose Entwurfsvariablen:

$$p_1 := \frac{m_1}{m}\,, \qquad p_2 := \frac{m_2}{m}\,.$$

Durch geeignete Normierung ergeben sich aus der Schwingungsamplitude (4.3.15) und der Fundamentbelastung (4.3.16) ebenfalls dimensionslose Gütekriterien:

$$\begin{aligned} f_1 &:= \hat{y}_1 \Big/ \left(\frac{F_0}{m\Omega^2}\right) = \frac{1}{p_1}\,, \\ f_2 &:= N \Big/ (mg) = p_1 + p_2\,. \end{aligned} \tag{4.3.17}$$

Damit lautet das Vektoroptimierungsproblem

$$\underset{\boldsymbol{p} \in \mathcal{P}}{opt} \begin{bmatrix} 1/p_1 \\ p_1 + p_2 \end{bmatrix}$$

$$\text{mit } \mathcal{P} := \left\{ \boldsymbol{p} \in I\!R^2 \mid 1 \le p_1 \le \mu,\ 1 \le p_2 \le \mu \right\}.$$

Die Ränder des zulässigen Parameterraums $\mathcal{P}$ transformieren sich wie folgt in den Kriterienraum:

$$\begin{aligned} p_1 \ge 1 &\;\rightarrow\; f_1 = \frac{1}{p_1} \le 1\,, \\ p_1 \le \mu &\;\rightarrow\; f_1 = \frac{1}{p_1} \ge \frac{1}{\mu}\,, \\ p_2 \ge 1 &\;\rightarrow\; f_2 = \frac{1}{f_1} + p_2 \ge 1 + \frac{1}{f_1}\,, \\ p_2 \le \mu &\;\rightarrow\; f_2 = \frac{1}{f_1} + p_2 \le \mu + \frac{1}{f_1}\,. \end{aligned} \tag{4.3.18}$$

Die zulässigen Bereiche im Entwurfsraum und im Kriterienraum sind für $\mu = 4$ in Bild 4.3.9 dargestellt. Die Pareto-optimalen Lösungen des Optimierungsproblems liegen im Kriterienraum am linken unteren

Rand von $\mathcal{F}$, d.h. $\mathcal{F}^P = \left\{ \boldsymbol{f} \in I\!R^2 \middle| \, f_2 = 1 + 1/f_1, \; 1/\mu \leq f_1 \leq 1 \right\}$, deren Urbilder $\mathcal{P}^P$ ergeben sich durch Inversion der Gütekriterien (4.3.17). Pareto-optimale Lösungen sind damit Lösungen mit minimaler Maschinenmasse, da diese nur zur statischen Belastung beiträgt, jedoch keinen Einfluß auf die Tilgeramplitude hat. Eine genauere Festlegung der Tilgermasse ist wegen der Widersprüchlichkeit der beiden Kriterien dagegen nicht möglich. Verringert man die Tilgermasse zur Verminderung der statischen Belastung, erhöht sich die Schwingungsamplitude. Umgekehrt verringert sich bei Erhöhung der Tilgermasse zwar die Amplitude, die statische Belastung wird jedoch größer.

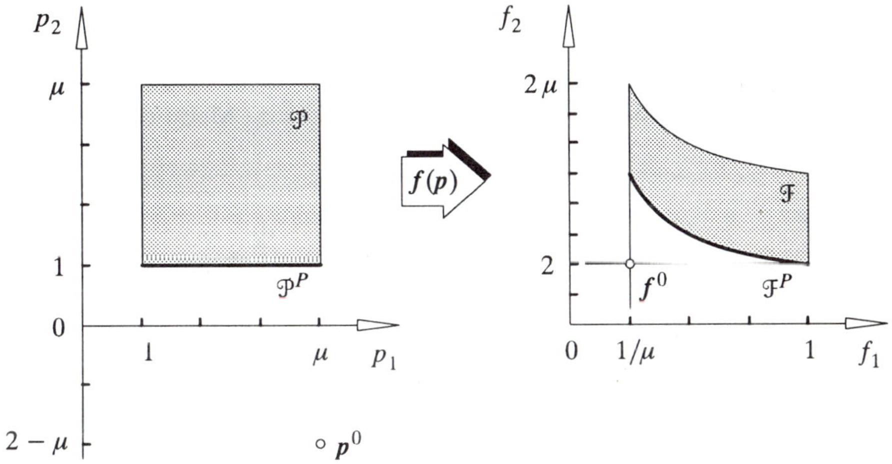

Bild 4.3.9: Zulässige Bereiche der Tilgeroptimierung im Entwurfsraum und im Kriterienraum, Pareto-optimale Lösungen und ideale Lösung ($\mu = 4$)

Für die ideale Lösung (4.3.5) erhält man mit (4.3.18)

$$\boldsymbol{f}^0 = \begin{bmatrix} 1/\mu \\ 2 \end{bmatrix}, \quad \boldsymbol{p}^0 = \begin{bmatrix} 1/f_1^0 \\ f_2^0 - 1/f_1^0 \end{bmatrix} = \begin{bmatrix} \mu \\ 2-\mu \end{bmatrix}, \tag{4.3.19}$$

d.h. eine unzulässige Lösung. Zur Bestimmung zulässiger Pareto-optimaler Lösungen formuliert man geeignete skalare Ersatzprobleme:

1. *Gewichtete Kriterien*

   Bei Gleichgewichtung beider Kriterien, d.h. $w_1 = w_2 = 1/2$, erhält man das skalare Optimierungsproblem

   $$\min_{\boldsymbol{p} \in \mathcal{P}} \; \frac{1}{2}(f_1 + f_2)$$

   mit der Lösung $\boldsymbol{f}_1^*$, Bild 4.3.10a.

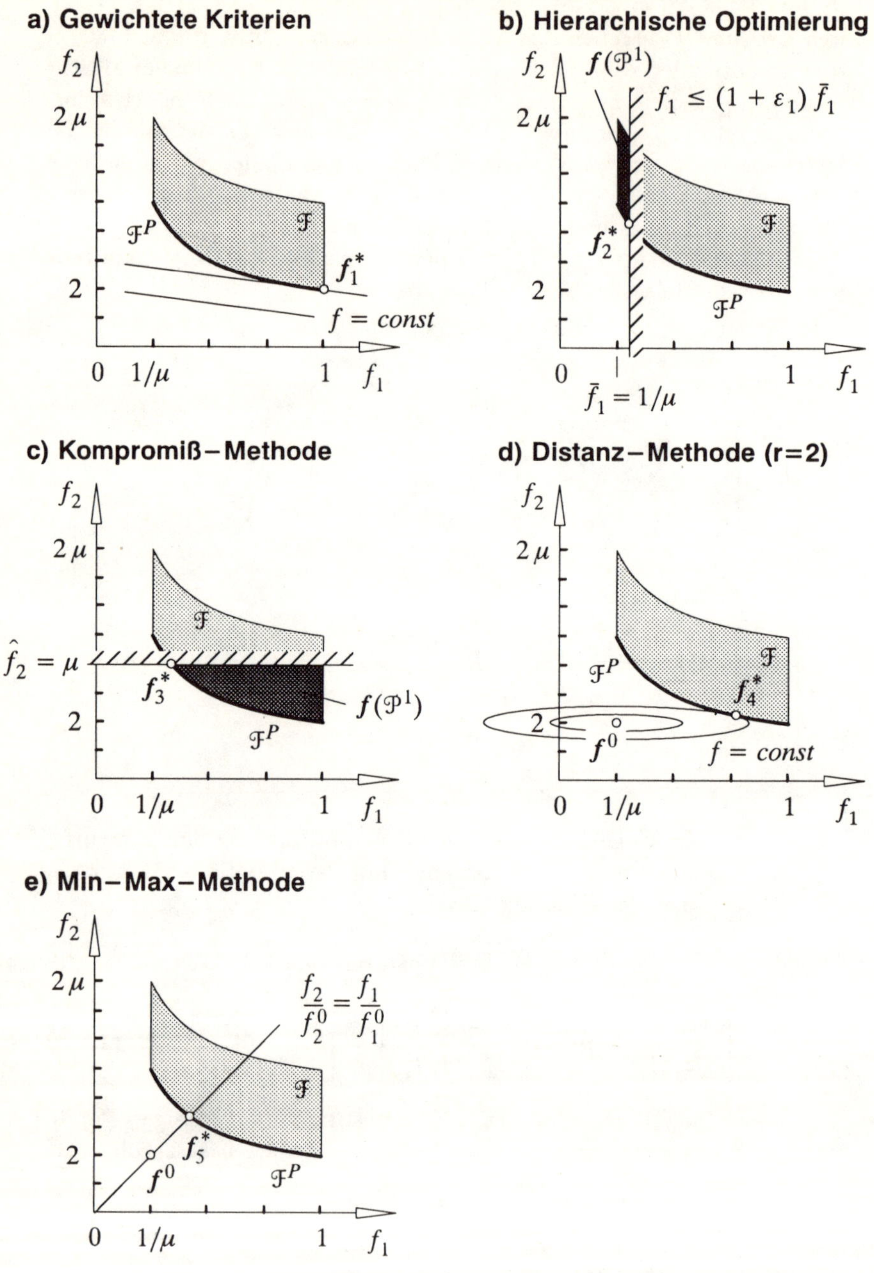

Bild 4.3.10: Optimale Tilgerauslegungen der verschiedenen skalaren Ersatzprobleme im Kriterienraum ($\mu = 4$)

2. *Hierarchische Optimierung*

   Legt man mehr Gewicht auf geringe Schwingungsamplituden, sollte zunächst das erste Kriterium minimiert werden. Das Minimum ist

   $$\bar{f}_1 = \min_{\boldsymbol{p} \in \mathcal{P}} f_1(\boldsymbol{p}) = \frac{1}{\mu}.$$

   Um auch dem Kriterium minimaler Masse gerecht zu werden, muß man die Anforderungen an die Amplituden lockern. Erlaubt man für die Minimierung des zweiten Kriteriums beispielsweise einen relativen Zuwachs des ersten Kriterienwertes von $\varepsilon_1 = 20\%$, ergibt sich durch Minimierung des zweiten Kriteriums in diesem eingeschränkten Bereich, d.h.

   $$\min_{\boldsymbol{p} \in \mathcal{P}^1} f_2(\boldsymbol{p}) \quad \text{mit} \quad \mathcal{P}^1 = \{\boldsymbol{p} \in \mathcal{P} \mid f_1(\boldsymbol{p}) \leq (1 + \varepsilon_1)/\mu\},$$

   die optimale Lösung $\boldsymbol{f}_2^*$, Bild 4.3.10b.

3. *Kompromiß-Methode*

   Eine andere Möglichkeit, den Schwerpunkt auf die Minimierung der Schwingungsamplituden zu legen, besteht in der Behandlung des zweiten Kriteriums als Nebenbedingung und Minimierung des ersten Kriteriums. Erlaubt man beispielsweise für die Gesamtmasse die Hälfte der zulässigen Gesamtmasse, d.h. $\hat{f}_2 = \mu$, dann lautet das skalare Ersatzproblem

   $$\min_{\boldsymbol{p} \in \mathcal{P}^1} f_1(\boldsymbol{p}) \quad \text{mit} \quad \mathcal{P}^1 = \{\boldsymbol{p} \in \mathcal{P} \mid f_2(\boldsymbol{p}) \leq \mu\}.$$

   Als Lösung findet man $\boldsymbol{f}_3^*$, Bild 4.3.10c.

4. *Distanz-Methode*

   Die Minimierung des Abstands (Euklidsche Norm) von der Ideallösung führt mit (4.3.9) und (4.3.19) auf das Optimierungsproblem

   $$\min_{\boldsymbol{p} \in \mathcal{P}} \sqrt{\left(f_1 - \frac{1}{\mu}\right)^2 + (f_2 - 2)^2}$$

   mit der Lösung $\boldsymbol{f}_4^*$, Bild 4.3.10d.

5. *Min-Max-Methode*

   Das Ersatzproblem lautet entsprechend den Gleichungen (4.3.11) und (4.3.12)

   $$\min_{\boldsymbol{p} \in \mathcal{P}} \max\left\{\mu f_1 - 1,\ \frac{f_2}{2} - 1\right\}. \tag{4.3.20}$$

   Die Lösung $\boldsymbol{f}_5^*$ findet man im Kriterienraum als Schnitt der Geraden $f_2/f_2^0 = f_1/f_1^0$ mit dem Pareto-optimalen Rand, Bild 4.3.10e. Wegen der Eindeutigkeit der Lösung entfällt der zweite Iterationsschritt.

Die zu diesen Lösungen gehörenden Urpunkte im Entwurfsraum ergeben sich durch Umkehrung des Vektorkriteriums (4.3.17), Bild 4.3.11. Die unterschiedlichen Verfahren erzeugen hier unterschiedliche Optimallösungen, wobei man jedoch beachten sollte, daß man zumindest für die ersten drei Verfahren Vorgaben zu machen hat, welche die Lösung steuern. Auch die Normierung (4.3.17) hat entscheidenden Einfluß auf die optimalen Lösungen. Die Lösungen aller Ersatzprobleme sind daher nur als Vorschläge für Pareto-optimale Lösungen zu interpretieren, zwischen denen man sich zu entscheiden hat.

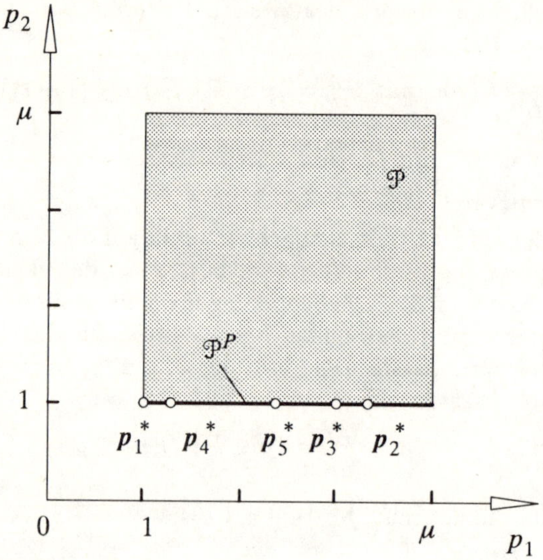

Bild 4.3.11: Optimale Tilgerauslegungen der verschiedenen skalaren Ersatzprobleme im Entwurfsraum ($\mu = 4$)

5 Empfindlichkeitsanalyse

Die in Kapitel 4 dargestellte Reduktion der Optimierung von Mehrkörpersystemen auf ein Standardproblem der Parameteroptimierung ermöglicht die Verwendung allgemein verfügbarer Optimierungsalgorithmen zur Bestimmung eines optimalen Systementwurfs. Bei der Anwendung auf Mehrkörpersysteme erfordert die Auswertung der Gütefunktion und der Nebenbedingungen allerdings eine rechenzeitintensive numerische Integration der Bewegungsgleichungen, weshalb die Zahl der Iterationen zur Bestimmung des optimalen Entwurfs gering gehalten werden sollte. Numerische Untersuchungen haben gezeigt, daß Optimierungsverfahren, welche neben den Funktionswerten auch Gradienteninformation benutzen, wesentlich besser konvergieren als ableitungsfreie Verfahren, die lediglich Funktionsauswertungen benötigen. Eine effiziente Berechnung von Gradienten der Gütefunktion und der Nebenbedingungen ist daher das fehlende Bindeglied zwischen bestehenden Mehrkörperformalismen zur Analyse des dynamischen Verhaltens und verfügbaren Optimierungsalgorithmen mit guten Konvergenzeigenschaften.

Bei expliziten Gütefunktionen und Nebenbedingungen ist eine Berechnung der Gradienten durch direkte Differentiation bezüglich der Entwurfsvariablen prinzipiell immer möglich. Die Differentiation sollte möglichst computergestützt durch Formelmanipulationsprogramme wie MAPLE, Char et al. (1990), MACSYMA, Rand (1984), oder REDUCE, Hearn (1983), erfolgen, um die nötige Zuverlässigkeit zu erreichen. Probleme bereiten funktionale Kriterien und Nebenbedingungen, da diese nicht nur explizit von den Entwurfsvariablen abhängen, sondern auch implizit über die Zustandsgrößen, deren funktionale Abhängigkeit von den Entwurfsvariablen i. allg. nicht analytisch bekannt ist. Deshalb werden im folgenden Methoden zur Berechnung von Gradienten für diesen Funktionentyp entwickelt und in Bezug auf Genauigkeit und Rechenzeitbedarf einander gegenübergestellt.

5.1 Numerische Differentiation

Optimierungsverfahren, die auf Gradienten zurückgreifen, sind auch dann einsetzbar, wenn Gradienten nicht explizit berechnet werden können. Die numerische Differentiation bietet hier nämlich eine einfache Möglichkeit, Gradienten durch mehrfache Funktionsauswertungen zu approximieren. Die Approximation kann mit Hilfe von expliziten Differenzenformeln oder rekursiven Algorithmen erfolgen.

5.1.1 Differenzenformeln

Funktionale Kriterien (4.1.7) und Nebenbedingungen (4.1.10), (4.1.11) können, wie in Kapitel 4 gesehen, im Prinzip auch als Funktionen betrachtet werden, die nur von den Entwurfsvariablen abhängen:

$$\psi = \psi(\boldsymbol{p}), \qquad \psi : \mathbb{R}^h \to \mathbb{R}. \tag{5.1.1}$$

Bei der numerischen Differentiation wird die Funktion zusätzlich zum Referenzpunkt $\boldsymbol{p}_0$, an dem der Gradient zu bestimmen ist, auch für benachbarte Punkte $(\boldsymbol{p}_0 + \Delta\boldsymbol{p})$ ausgewertet. Eine Taylor-Reihenentwicklung von (5.1.1) bis zum ersten Glied liefert

$$\psi(\boldsymbol{p}_0 + \Delta\boldsymbol{p}) \approx \psi(\boldsymbol{p}_0) + \left.\frac{d\psi}{d\boldsymbol{p}}^T\right|_{\boldsymbol{p}_0} \Delta\boldsymbol{p} = \psi(\boldsymbol{p}_0) + \nabla\psi_0^T\,\Delta\boldsymbol{p} \tag{5.1.2}$$

mit der Definition

$$\nabla\psi := \frac{d\psi}{d\boldsymbol{p}} \quad \text{bzw.} \quad \nabla\psi_0 := \left.\frac{d\psi}{d\boldsymbol{p}}\right|_{\boldsymbol{p}_0} \tag{5.1.3}$$

für den gesuchten Gradienten (s. a. Kapitel 6).

Verändert man nur die k-te Komponente des Parametervektors um $\Delta p \ll 1$, und ist $\boldsymbol{e}_k \in \mathbb{R}^h$ der k-te Einheitsvektor, dann ergibt sich

$$\begin{aligned} \psi(\boldsymbol{p}_0 + \Delta p\,\boldsymbol{e}_k) &\approx \psi(\boldsymbol{p}_0) + \sum_{l=1}^{h}\left(\left.\frac{d\psi}{dp_l}\right|_{\boldsymbol{p}_0} \Delta p\,\delta_{kl}\right) \\ &= \psi(\boldsymbol{p}_0) + \left.\frac{d\psi}{dp_k}\right|_{\boldsymbol{p}_0} \Delta p \end{aligned} \tag{5.1.4}$$

oder nach Division mit Δp gerade die k-te Komponente des Gradientenvektors:

$$\left.\frac{d\psi}{dp_k}\right|_{\boldsymbol{p}_0} = \nabla\psi_{0k} \approx \frac{\psi(\boldsymbol{p}_0 + \Delta p\,\boldsymbol{e}_k) - \psi(\boldsymbol{p}_0)}{\Delta p}, \quad k = 1(1)h. \tag{5.1.5}$$

Um die vollständige Gradienteninformation aus diesen Vorwärtsdifferenzen zu bestimmen, müssen, neben dem Referenzpunkt, h weitere, dicht benachbarte Punkte betrachtet werden. Angewandt auf die Mehrkörperdynamik erfordert die Approximation eines Gradienten h zusätzliche, rechenzeitintensive numerische Integrationen der Bewegungsgleichungen. Trotz dieses erheblichen zusätzlichen Aufwands ist es in der Regel günstiger, Optimierungsalgorithmen mit numerischen Differenzen zu verwenden, als auf ableitungsfreie Verfahren zurückzugreifen. Allerdings sollte dann der Optimierungsalgorithmus geeignet modifiziert sein, GILL, MURRAY und WRIGHT (1981).

Kritisch ist die Wahl der Parameterstörungen Δp, die bei nicht normierten Parametern komponentenspezifisch erfolgen muß. Für große Parameterstörungen wächst der Approximationsfehler in Gleichung (5.1.2) quadratisch und damit der Fehler im Gradienten linear mit Δp. Dies kann durchaus zu Problemen führen, wie ein Demonstrationsbeispiel von ZIELINSKI und NEUMANN (1983) zeigt:

Beispiel 5.1.1: Approximationsfehler bei Vorwärtsdifferenzen

Die Funktion

$$\psi(p_1, p_2) = p_1 + p_2 + \alpha(p_1^2 + p_2^2), \quad \alpha = -2000,$$

hat an der Stelle $\boldsymbol{p}_0 = \boldsymbol{0}$ den Gradienten

$$\left.\frac{d\psi}{d\boldsymbol{p}}\right|_{\boldsymbol{p}=\boldsymbol{0}} = \left[\begin{array}{c} 1 + 2\alpha\, p_1 \\ 1 + 2\alpha\, p_2 \end{array}\right]_{\boldsymbol{p}=\boldsymbol{0}} = \left[\begin{array}{c} 1 \\ 1 \end{array}\right]. \tag{5.1.6}$$

Aus den Vorwärtsdifferenzen erhält man

$$\left.\frac{d\psi}{dp_1}\right|_{\boldsymbol{p}=\boldsymbol{0}} \approx \frac{\psi(\Delta p, 0) - \psi(0,0)}{\Delta p} = 1 + \alpha\,\Delta p,$$

$$\left.\frac{d\psi}{dp_2}\right|_{\boldsymbol{p}=\boldsymbol{0}} \approx \frac{\psi(0, \Delta p) - \psi(0,0)}{\Delta p} = 1 + \alpha\,\Delta p,$$

oder für die nicht sehr große Parametervariation $\Delta p = 10^{-3}$ sogar die zu (5.1.6) entgegengesetze Richtung

$$\left.\frac{d\psi}{d\boldsymbol{p}}\right|_{\boldsymbol{p}=\boldsymbol{0}} \approx \left[\begin{array}{c} -1 \\ -1 \end{array}\right].$$

Die Parameterstörung Δp darf andererseits auch nicht zu klein gewählt werden. Denn aufgrund von Rundungsfehlern läßt sich die Funktion ψ nicht exakt auswerten, sondern ist mit einem zufälligen Fehler ε behaftet, der sich auf die Differenz im Zähler von (5.1.5) fortpflanzt. Daraus resultiert ein Gradientenfehler, der umgekehrt proportional zu Δp ist. Bei analytisch gegebenen Funktionen liegt der Fehler ε in der Größenordnung der Maschinengenauigkeit, in Anwendungen auf die Mehrkörperdynamik ist dieser Fehler durch die numerische Integration bei vernünftigem Aufwand jedoch erheblich größer. Besonders in der Nähe von Optima, in denen der Gradient verschwindet, führt die unzureichende Genauigkeit zu verstärkten relativen Fehlern bei der Gradientenberechnung, was zu Konvergenzschwierigkeiten und einem vorzeitigen Abbruch des Optimierungsalgorithmus führen kann.

Beispiel 5.1.2: Einmassenschwinger

Der in Bild 5.1.1 dargestellte Einmassenschwinger wird durch lineare Differentialgleichungen

$$\begin{aligned} \dot{y} &= z\,, \\ m\dot{z} &= -cy \end{aligned}$$

beschrieben. Für die Anfangsbedingungen

$$y(0) = 0, \qquad z(0) = v_0$$

erhält man die analytische Lösung

$$y(t) = v_0\sqrt{\frac{m}{c}}\sin\sqrt{\frac{c}{m}}t\,. \tag{5.1.7}$$

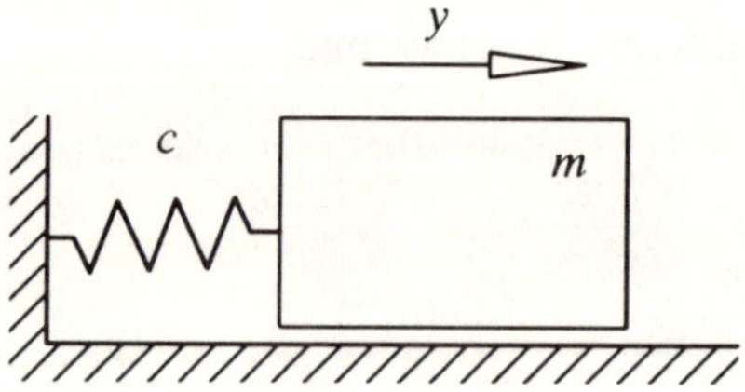

Bild 5.1.1: Einmassenschwinger

Wählt man als funktionales Kriterium die Endposition des Schwingers für $t^1 = \pi/2$, d.h.

$$\psi := y^1, \tag{5.1.8}$$

dann ist mit (5.1.7) auch hier eine analytische Lösung möglich. Durch Differentiation erhält man beispielsweise für die Entwurfsvariablen $\boldsymbol{p} := [c,\ v_0]^T$

$$\nabla\psi = \begin{bmatrix} \dfrac{d\psi}{dc} \\ \dfrac{d\psi}{dv_0} \end{bmatrix} = \begin{bmatrix} \dfrac{v_0}{2c}\left\{\dfrac{\pi}{2}\cos\left(\sqrt{\dfrac{c}{m}}\dfrac{\pi}{2}\right) - \sqrt{\dfrac{m}{c}}\sin\left(\sqrt{\dfrac{c}{m}}\dfrac{\pi}{2}\right)\right\} \\ \sqrt{\dfrac{m}{c}}\sin\left(\sqrt{\dfrac{c}{m}}\dfrac{\pi}{2}\right) \end{bmatrix}. \tag{5.1.9}$$

Für numerische Untersuchungen wird der konstante Systemparameter $m = 1$, für die Entwurfsvariablen der Referenzpunkt $\boldsymbol{p}_0 = [1,\ 0.5]^T$ gewählt. Daraus folgt für den exakten Gradienten $\nabla\psi_0 = [-0.25,\ 1]^T$.

Die Vorwärtsdifferenzen werden aufbauend auf eine numerische Integration mit dem in Abschnitt 3.1 beschriebenen Mehrschrittverfahren und den Integrationstoleranzen $ABSERR = RELERR = 10^{-9}$ berechnet. Bild 5.1.2 zeigt das typische Verhalten der absoluten Fehler von Vorwärtsdifferenzen in Abhängigkeit der Vorgaben für die Parameterstörungen Δc. Für große Parameterstörungen ergibt sich ein zu Δc proportionaler Approximationsfehler, für kleine Parameterstörungen eine umgekehrt proportionale Abhängigkeit. Der Fehler wird für die Parameterstörung $\Delta c \approx \sqrt{\varepsilon}$ minimal, einem Wert, der üblicherweise für finite Differenzen gewählt wird, z.B. IMSL-MATH LIBRARY (1989). Mit erhöhtem numerischen Aufwand sind auch bessere Abschätzungen für optimale Parameterstörungen möglich, GILL, MURRAY und WRIGHT (1981), aber selbst für den optimalen Wert liegt die erzielbare Genauigkeit für den Gradienten i. allg. deutlich unter den vorgegebenen Integrationstoleranzen.

Die gezeigten Schwierigkeiten bezüglich Rechenzeit und Genauigkeit bei der Berechnung von Vorwärtsdifferenzen machen deutlich, daß zusätzliche analytische Informationen über die Parameterempfindlichkeit von funktionalen Kriterien wünschenswert sind. Zusätzliche Berechnungsvorschriften bergen andererseits die Gefahr von Fehlern in sich, so daß es immer ratsam ist, vor dem Start eines Optimierungslaufs die Gradientenberechnung stichprobenweise zu überprüfen. Denn systematische Fehler im Gradienten verhindern die Konvergenz von Optimierungsalgorithmen, was oft erst nach längerer Iteration zum Abbruch führt. Für die Überprüfung dieser Gradienten bieten sich neben den Vorwärtsdifferenzen (5.1.5) auch Rückwärtsdifferenzen,

$$\left.\frac{d\psi}{dp_k}\right|_{\boldsymbol{p}_0} \approx \frac{\psi(\boldsymbol{p}_0) - \psi(\boldsymbol{p}_0 - \Delta p\, \boldsymbol{e}_k)}{\Delta p}, \quad k = 1(1)h, \tag{5.1.10}$$

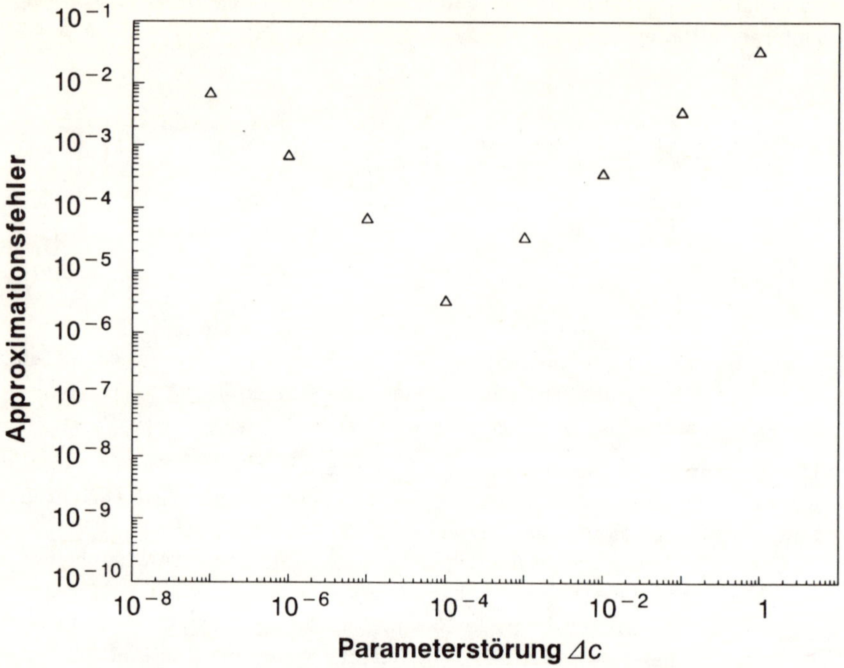

Bild 5.1.2: Fehlerverhalten von Vorwärtsdifferenzen

und für höhere Genauigkeit zentrale Differenzen an,

$$\left.\frac{d\psi}{dp_k}\right|_{\boldsymbol{p}_0} \approx \frac{\psi(\boldsymbol{p}_0 + \Delta p\, \boldsymbol{e}_k) - \psi(\boldsymbol{p}_0 - \Delta p\, \boldsymbol{e}_k)}{2\,\Delta p}, \quad k = 1(1)h. \tag{5.1.11}$$

5.1.2 Approximationen höherer Ordnung

Ein Ziel der vorliegenden Arbeit ist u.a. die Entwicklung von Methoden für die Empfindlichkeitsanalyse von Mehrkörpersystemen. Um die Methoden anhand von Beispielen überprüfen zu können, wird ein zuverlässiger Referenzgradient benötigt. Analytische und damit exakte Lösungen sind nur in Sonderfällen berechenbar und auch die dargestellten Differenzenformeln sind dafür, wie gesehen, zu ungenau. Deshalb werden im folgenden Approximationen höherer Ordnung entwickelt, die eine Berechnung von Gradienten mit höherer Genauigkeit ermöglichen.

Aus der Taylor-Reihe

$$\begin{aligned}\psi(\boldsymbol{p}_0+\Delta p\,\boldsymbol{e}_k) &= \psi(\boldsymbol{p}_0)+\left.\frac{d\psi}{dp_k}\right|_{\boldsymbol{p}_0}\Delta p+\frac{1}{2!}\left.\frac{d^2\psi}{dp_k^2}\right|_{\boldsymbol{p}_0}\Delta p^2\\ &\quad+\frac{1}{3!}\left.\frac{d^3\psi}{dp_k^3}\right|_{\boldsymbol{p}_0}\Delta p^3+\ldots \end{aligned} \tag{5.1.12}$$

findet man für die finiten Differenzen

$$D_k(\Delta p) := \frac{\psi(\boldsymbol{p}_0+\Delta p\,\boldsymbol{e}_k)-\psi(\boldsymbol{p}_0)}{\Delta p} = \nabla\psi_k + D_{k1}\,\Delta p + D_{k2}\,\Delta p^2+\ldots \tag{5.1.13}$$

mit

$$D_{ki} := \frac{1}{(i+1)!}\left.\frac{d^{i+1}\psi}{dp_k^{i+1}}\right|_{\boldsymbol{p}_0},\quad i=1,2,\ldots \tag{5.1.14}$$

Man erkennt, daß die finiten Differenzen selbst eine Funktion der Parameterstörung Δp sind und sich der Gradient als $\nabla\psi_k = D_k(0)$ ergibt. Ziel ist daher, die Funktionen (5.1.13) möglichst gut zu approximieren und die Approximationsfunktionen an der Stelle $\Delta p=0$ auszuwerten.

Ein Vergleich der Vorwärts- und Rückwärtsdifferenzen mit der Taylor-Reihe (5.1.13) zeigt, daß sie lediglich Approximationen nullter Ordnung sind. Die zentralen Differenzen (5.1.11) sind dagegen Approximationen erster Ordnung, denn wegen

$$\begin{aligned}\frac{\psi(\boldsymbol{p}_0+\Delta p\,\boldsymbol{e}_k)-\psi(\boldsymbol{p}_0-\Delta p\,\boldsymbol{e}_k)}{2\,\Delta p} &\equiv \frac{1}{2}\left[D_k(\Delta p)+D_k(-\Delta p)\right]\\ &= \nabla\psi_k + D_{k2}\,\Delta p^2+\ldots\end{aligned} \tag{5.1.15}$$

ist der Fehler bereits quadratisch klein. Auch für Approximationen höherer Ordnung stehen Differenzenformeln zur Verfügung, z.B. SCHITTKOWSKI (1991), flexibler ist jedoch ein Approximationsschema mit variabler Ordnung. Der rekursive Algorithmus von Aitken und Neville ist für diese Aufgabe gut geeignet, BULIRSCH und RUTISHAUSER (1968). Da der Algorithmus auch für die später benötigte Interpolation von Trajektorien eingesetzt wird, soll er zunächst in allgemeiner Form beschrieben werden.

Die allgemeine Interpolationsaufgabe besteht darin, eine Funktion $f(t)$, deren Werte für die Stützstellen t_i, $i=0(1)n$, bekannt sind, an einer Zwischenstelle

$t = \tau$ zu approximieren. Beim Aitken-Neville Algorithmus erfolgt die Interpolation durch Polynome, wobei das Interpolationspolynom n-ter Ordnung rekursiv aus Zwischenpolynomen niederer Ordnung aufgebaut wird.

Ein Interpolationspolynom der Ordnung l mit den Stützstellen $t_j,\ t_{j-1},\ \ldots,\ t_{j-l}$ wird mit $P_{j,l}(t)$ bezeichnet. Die Basispolynome, die sich sofort aus den Funktionswerten an den Stützstellen ergeben, sind die $(n+1)$ Polynome 0-ter Ordnung bzw. Konstanten

$$P_{i,0} \equiv f(t_i), \quad i = 0(1)n. \tag{5.1.16}$$

Darauf aufbauend ist das Interpolationspolynom n-ter Ordnung, d.h. $P_{n,n}$, zu bilden.

Definitionsgemäß stimmen zwei Polynome l-ter Ordnung, $P_{j,l}(t)$ und $P_{j-1,l}(t)$, an den l Stützstellen $t_{j-1},\ t_{j-2},\ \ldots,\ t_{j-l}$ untereinander und mit der Funktion $f(t)$ überein. Dies gilt auch für jede Linearkombination

$$P_\eta(t) := \eta P_{j,l}(t) + (1-\eta)P_{j-1,l}(t), \quad \eta \in I\!R, \tag{5.1.17}$$

denn an den Stützstellen $t_{j-i},\ i = 1(1)l$, ist

$$\begin{aligned} P_\eta(t_{j-i}) &= \eta P_{j,l}(t_{j-i}) + (1-\eta)P_{j-1,l}(t_{j-i}) \\ &\equiv \eta f(t_{j-i}) + (1-\eta) f(t_{j-i}) = f(t_{j-i}). \end{aligned} \tag{5.1.18}$$

Wählt man speziell

$$\eta := \frac{t - t_{j-l-1}}{t_j - t_{j-l-1}}, \tag{5.1.19}$$

dann entsteht durch die Linearkombination ein Polynom $(l+1)$-ter Ordnung, das auch an den Stützstellen t_j und t_{j-l-1} mit $f(t)$ übereinstimmt:

$$P_{j,l+1}(t) = \frac{(t - t_{j-l-1})P_{j,l}(t) + (t_j - t)P_{j-1,l}(t)}{t_j - t_{j-l-1}} \tag{5.1.20}$$

oder nach Erweitern des Zählers um $(t_j - t_j)P_{j,l}$

$$P_{j,l+1}(t) = P_{j,l}(t) + \frac{t_j - t}{t_{j-l-1} - t_j}\left(P_{j,l}(t) - P_{j-1,l}(t)\right). \tag{5.1.21}$$

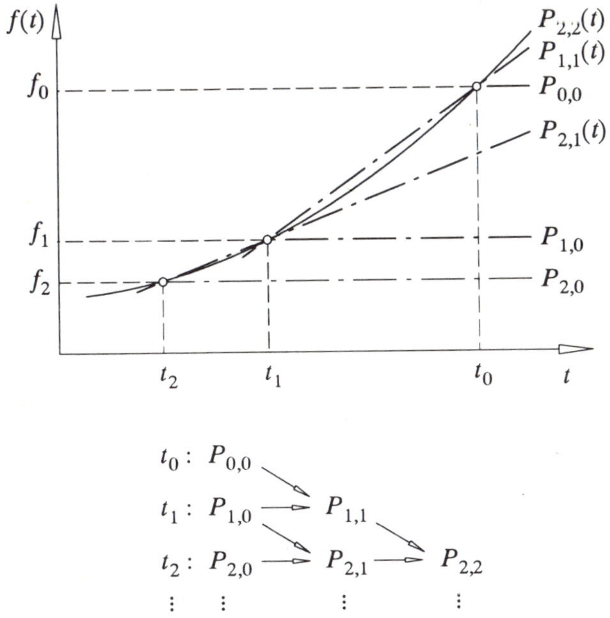

Bild 5.1.3: Interpolationsschema

Ausgehend von den Basispolynomen (5.1.16) läßt sich mit dieser Rekursionsformel das Interpolationspolynom $P_{n,n}(t)$ nach dem Schema in Bild 5.1.3 erzeugen.

Da man lediglich an dem Funktionswert des Interpolationspolynoms an einer einzelnen Zwischenstelle $t = \tau$ interessiert ist, reduziert sich Gleichung (5.1.21) mit der Abkürzung $P_{j,l} := P_{j,l}(\tau)$ auf folgende Rekursionsformel:

$$\begin{aligned} P_{i,l} &= P_{i,l-1} + \frac{t_i - \tau}{t_{i-l} - t_i}\,(P_{i,l-1} - P_{i-1,l-1}), \quad i = 0(1)n, \quad l = 1(1)i, \\ P_{i,0} &:= f(t_i). \end{aligned} \tag{5.1.22}$$

Das Ergebnis $P_{n,n}$ ist dann der gesuchte Näherungswert n-ter Ordnung für $f(\tau)$. Um Auslöschungsfehler bei der Subtraktion der etwa gleich großen Werte $P_{i,l-1}$ und $P_{i-1,l-1}$ zu vermeiden, sollte die Rekursionsformel in einer numerisch günstigeren Form implementiert werden, BULIRSCH und RUTISHAUSER (1968).

Für die Anwendung auf die Approximation der einzelnen Gradientenkomponenten $\nabla\psi_k$ muß zunächst ein Gitter von Parameterstörungen $\Delta p^{(i)}$ der Entwurfsvariablen p_k festgelegt werden, für welche die finiten Differenzen $D_k(\Delta p^{(i)})$ ausgewertet werden. Mit dem dargestellten Schema kann dann ein Approximationspolynom bestimmt werden, um die finite Differenzenfunktion $D_k(\Delta p)$ auf $\Delta p = 0$ zu extrapolieren. Ist $\Delta p^{(0)}$ eine vorgegebene Parameterstörung der

Entwurfsvariablen p_k, dann ergibt sich z.B. für das Gitter

$$\Delta p^{(i)} := \frac{\Delta p^{(0)}}{i+1}, \quad i = 1(1)n, \tag{5.1.23}$$

aus (5.1.22) mit $\tau = 0$ folgendes Extrapolationsschema:

$$\begin{aligned} P_{i,l} &= P_{i,l-1} + \frac{1+i-l}{l}\left(P_{i,l-1} - P_{i-1,l-1}\right), \quad i = 0(1)n, \quad l = 1(1)i, \\ P_{i,0} &:= D_k(\Delta p^{(i)}). \end{aligned} \tag{5.1.24}$$

Der Wert $P_{n,n}$ ist die gesuchte Approximation n-ter Ordnung für die k-te Komponente des Gradienten, d.h. $\nabla\psi_k \approx P_{n,n}$. Die Approximationsordnung n kann vorgegeben oder mit eins beginnend erhöht werden, bis ein Abbruchkriterium

$$|P_{n,n} - P_{n,n-1}| \leq \varepsilon^* \tag{5.1.25}$$

mit einer vorgegebenen Schranke ε^* erfüllt ist. Dabei sollte die maximal mögliche Approximationsordnung beschränkt werden, um bei Konvergenzschwierigkeiten aufgrund von numerischen Fehlern oder ungeeigneter Parameterstörung $\Delta p^{(0)}$ die Iteration abzubrechen.

Beispiel 5.1.3: Gradientenapproximation beim Einmassenschwinger

Zunächst sei vorausgesetzt, daß für den in Beispiel 5.1.2 beschriebenen Einmassenschwinger die Lösung in Abhängigkeit der Entwurfsvariablen c bekannt ist, d.h.

$$\psi(c) = \frac{0.5}{\sqrt{c}} \sin\left(\sqrt{c}\,\frac{\pi}{2}\right).$$

Dann ergibt sich am Referenzpunkt $c = 1$ für die finiten Differenzen (5.1.13) in Abhängigkeit von Parameterstörungen Δc

$$D(\Delta c) = \left[\frac{0.5}{\sqrt{1+\Delta c}} \sin\left(\sqrt{1+\Delta c}\,\frac{\pi}{2}\right) - 0.5\right] \Big/ \Delta c.$$

Das Extrapolationsschema liefert für das Gitter (5.1.23) mit $\Delta c^{(0)} := 0.1$ die in Tabelle 5.1.1 dargestellten Approximationen für die erste Komponente des Gradienten. Ein Vergleich mit der Referenzlösung in Beispiel 5.1.2 zeigt bereits für eine Approximation 2. Ordnung ein auf sieben Stellen genaues Ergebnis.

i	Δc	$D(\Delta c)$	Approximation der Ordnung 1	2
0	0.1	−0.2466916		
1	0.05	−0.2483407	−0.2499899	
2	$0.0\bar{3}$	−0.2488927	−0.2499966	−0.2500000

Tabelle 5.1.1: Approximation des Gradienten für den Einmassenschwinger

Fehler in den finiten Differenzen, die durch die numerische Integration bei der Auswertung eines funktionalen Kriteriums entstehen, stören natürlich auch die Konvergenz des Extrapolationsschemas. Außerdem ist zu erwarten, daß die Vorgabe $\Delta c^{(0)}$ einen Einfluß auf das Ergebnis hat. Zur Beurteilung des Verfahrens in Bezug auf diese Einflüsse sind in Bild 5.1.4 die Approximationsfehler in Abhängigkeit der Parameterstörung $\Delta c^{(0)}$ aufgetragen. Die Funktionsauswertungen zur Bestimmung der finiten Differenzen erfolgen wie in Beispiel 5.1.2 durch numerische Integration. Die Ziffern in Klammern bezeichnen die Approximationsordnung, wobei für das Abbruchkriterium (5.1.25) die Schranke $\varepsilon^* = 10^{-8}$ vorgegeben wird. Im Vergleich zu den Vorwärtsdifferenzen in Bild 5.1.2 erkennt man deutlich verbesserte Approximationen für den Gradienten. Außerdem sind die Lösungen wesentlich weniger empfindlich gegen die vorzugebende Parameterstörung $\Delta c^{(0)}$ und damit sehr viel zuverlässiger als Vorwärtsdifferenzen. Das dargestellte Approximationsschema liefert somit geeignete Referenzlösungen für den Gradienten, falls dieser nicht analytisch bestimmt werden kann.

5.2 Grundlagen zu semi-analytischen Verfahren

Die Betrachtungen zur numerischen Differentiation machen deutlich, daß für eine zuverlässige und effiziente Gradientenberechnung von funktionalen Kriterien zusätzliche analytische Informationen benötigt werden. Es ist Aufgabe der Empfindlichkeitsanalyse, Beziehungen zwischen Änderungen der Entwurfsvariablen und Änderungen der Kriterienwerte herzustellen, die man als Empfindlichkeitsfunktionen bezeichnet. Probleme bereitet dabei die Abhängigkeit der funktionalen Kriterien von den Zustandsgrößen des dynamischen Systems, die zwar für vorgegebene Werte der Entwurfsvariablen eindeutig durch die Bewegungsgleichungen und Anfangsbedingungen bestimmt sind, deren Zusammenhang sich aber nicht analytisch beschreiben läßt. Daher ist auch nicht zu erwarten, daß die Gradienten bzw. Empfindlichkeitsfunktionen als explizite analyti-

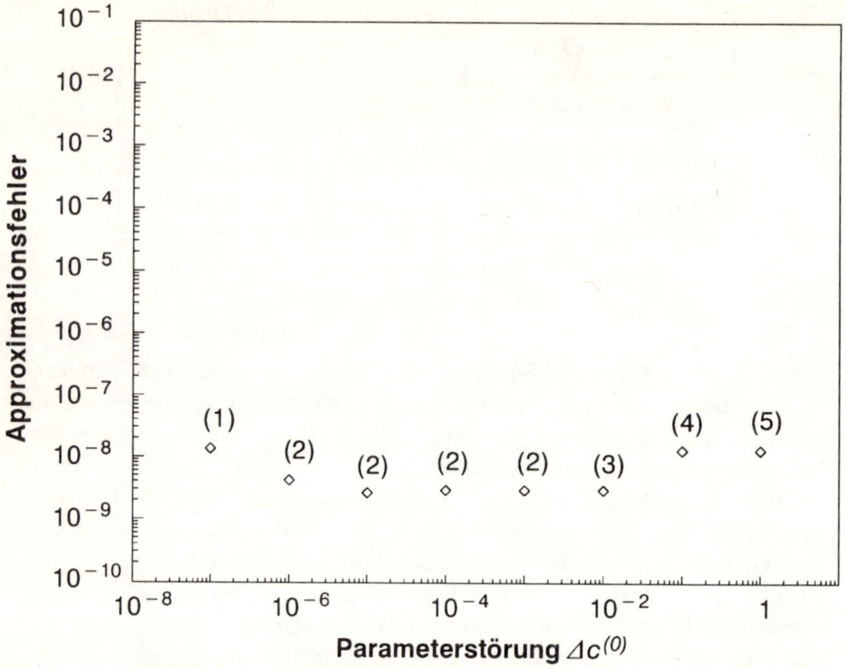

Bild 5.1.4: Approximationen höherer Ordnung für den Gradienten des Einmassenschwingers (in Klammern: Approximationsordnung)

sche Funktionen darstellbar sind. Es lassen sich jedoch zusätzliche Differentialgleichungen zur Berechnung von Gradienten formulieren, die dann numerisch gelöst werden können. Dabei unterscheidet man die *Direkte Methode* und die *Adjungierte Variablen Methode*, HAUG (1987).

Ein geeignetes mathematische Hilfsmittel der Empfindlichkeitsanalyse ist die Variationsrechnung. Die Entwurfsvariablen $\boldsymbol{p} \in \mathbb{R}^h$ bestimmen allein und eindeutig den Wert des betrachteten funktionalen Kriteriums. Infinitesimal kleine Veränderungen oder Variationen $\delta\boldsymbol{p} \in \mathbb{R}^h$ dieser Parameter verändern den Wert des funktionalen Kriteriums. Die Entwurfsvariablen und damit auch ihre Variationen werden dabei als voneinander unabhängig betrachtet. Die Gleichungsnebenbedingungen beim Standardoptimierungsproblem (4.2.1), (4.2.2) führen zwar zu Abhängigkeiten, diese Abhängigkeiten betreffen jedoch nur den Optimierungsalgorithmus. Für die Ermittlung des Gradienten können sie vernachlässigt werden.

In Abschnitt 4.2, Bild 4.2.1, wurde gezeigt, daß man die Berechnungsvorschriften einerseits als *black box*, andererseits im Detail betrachten kann. Behandelt man sie zunächst wie schon bei der numerischen Differentiation als *black box*, und beschreibt sie formal durch

$$\psi = \psi(\boldsymbol{p}), \qquad \psi : \mathbb{R}^h \to \mathbb{R}, \tag{5.2.1}$$

dann liefert die erste Variation in Indexschreibweise

$$\delta\psi = \frac{d\psi}{dp_k}\,\delta p_k = \nabla\psi_k\,\delta p_k\,. \tag{5.2.2}$$

Diese Beziehung enthält den gesuchten Gradienten, dessen Komponenten die Empfindlichkeiten des Kriterienwertes gegen Variation der Entwurfsvariablen ausdrücken.

Eine detaillierte Betrachtung von Bild 4.2.1 zeigt, daß zunächst durch die Bewegungsgleichungen und Anfangsbedingungen eine implizite Abhängigkeit des dynamischen Verhaltens von der Zeit und den Entwurfsvariablen festgelegt wird:

$$y_i = y_i(t, p_k), \quad z_j = z_j(t, p_k), \quad \dot{z}_j = \dot{z}_j(t, p_k). \tag{5.2.3}$$

Veränderungen in den Entwurfsvariablen führen daher auch zu Veränderungen im dynamischen Verhalten:

$$\delta y_i(t) = \frac{dy_i}{dp_k}\,\delta p_k\,, \quad \delta z_j(t) = \frac{dz_j}{dp_k}\,\delta p_k\,, \quad \delta \dot{z}_j(t) = \frac{d\dot{z}_j}{dp_k}\,\delta p_k\,. \tag{5.2.4}$$

Dabei wird entsprechend der Notation in Abschnitt 1.4 das totale Differentiationssymbol benützt, da die Abhängigkeiten (5.2.3) i. allg. nicht explizit bekannt sind. Man beachte, daß diese Beziehungen eine Abhängigkeit der Zustandsvariationen von den unabhängigen Parametervariationen δp_k definieren. Die Endzeit t^1 hängt über die Endbedingung ebenfalls von den Entwurfsvariablen ab, d.h. $t^1 = t^1(p_k)$. Deshalb verändern Parametervariationen auch die Endzeit:

$$\delta t^1 = \frac{dt^1}{dp_k}\,\delta p_k\,. \tag{5.2.5}$$

Dagegen wird die Anfangszeit t^0 als entwurfsunabhängig vorausgesetzt, d.h. $\delta t^0 \equiv 0$.

Das funktionale Kriterium (4.1.7),

$$\psi = G^1(t^1, y_i^1, z_j^1, p_k) + \int_{t^0}^{t^1} F(t, y_i, z_j, \dot{z}_j, p_k)\,dt, \tag{5.2.6}$$

hängt damit mehrfach explizit und implizit von den Entwurfsvariablen ab. Die erste Variation führt auf

$$\delta\psi = \delta G^1 + F^1 \delta t^1 + \int_{t^0}^{t^1} \delta F \, dt. \tag{5.2.7}$$

Der mittlere Term entsteht durch die Parameterabhängigkeit der oberen Integrationsgrenze. Nimmt man nämlich zur Vereinfachung an, daß der Integrand lediglich eine Funktion der Zeit, d.h. $F = F(t)$, und $\hat{F}$ eine zugehörige Stammfunktion ist, d.h. $d\hat{F}/dt = F$, dann gilt

$$\delta \int_{t^0}^{t^1} F(t)\, dt = \delta \left(\hat{F}(t^1) - \hat{F}(t^0) \right) = \frac{d\hat{F}(t^1)}{dt^1} \delta t^1 = F(t^1)\, \delta t^1 =: F^1 \, \delta t^1. \tag{5.2.8}$$

Führt man die Variationen in Gleichung (5.2.7) im einzelnen aus, ergibt sich

$$\begin{aligned} \delta\psi \; = \; & \left(\frac{\partial G^1}{\partial t^1} + F^1 \right) \delta t^1 + \frac{\partial G^1}{\partial y_i^1} \delta y_i^1 + \frac{\partial G^1}{\partial z_j^1} \delta z_j^1 + \frac{\partial G^1}{\partial p_k} \delta p_k \\ & + \int_{t^0}^{t^1} \left(\frac{\partial F}{\partial y_i} \delta y_i + \frac{\partial F}{\partial z_j} \delta z_j + \frac{\partial F}{\partial \dot{z}_j} \delta \dot{z}_j + \frac{\partial F}{\partial p_k} \delta p_k \right) dt. \end{aligned} \tag{5.2.9}$$

Neben den unabhängigen Parametervariationen δp_k entstehen dabei eine Reihe von abhängigen Variationen, u.a. auch die Variationen des Endzustands δy_i^1 und δz_j^1, welche sich unmittelbar auf die Variationen des Zustands und der Endzeit zurückführen lassen. Die Endposition ist definitionsgemäß die Position für $t = t^1$, d.h. $y_i^1 = y_i(t^1, p_k)$. Die erste Variation liefert daher

$$\delta y_i^1 = \left. \frac{dy_i}{dt} \right|_{t^1} \delta t^1 + \left. \frac{dy_i}{dp_k} \right|_{t^1} \delta p_k = \dot{y}_i(t^1)\, \delta t^1 + \delta y_i(t^1). \tag{5.2.10}$$

Mit den Abkürzungen $\dot{y}_i^1 := \dot{y}_i(t^1)$ und $\delta^1 y_i := \delta y_i(t^1)$ erhält man

$$\delta y_i^1 = \dot{y}_i^1 \, \delta t^1 + \delta^1 y_i \,. \tag{5.2.11}$$

Man beachte den Unterschied zwischen den Bezeichnungen δy_i^1 und $\delta^1 y_i$. Das erste Symbol bezeichnet die Variation des Endzustands y_i^1, das zweite jedoch nur die Variation der Bewegung $y_i(t)$ zum Zeitpunkt $t = t^1$. Der Unterschied besteht in der Veränderung der Endzeit, die über die Änderungsgeschwindigkeit von $y_i(t)$ ebenfalls einen Beitrag zur Veränderung des Endzustands liefert,

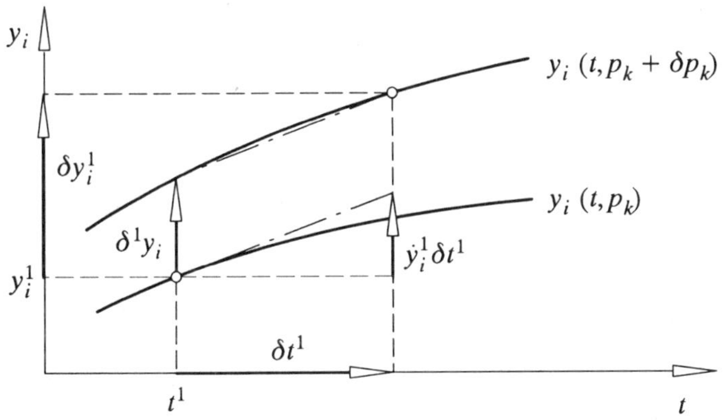

Bild 5.2.1: Variation der Endposition

Bild 5.2.1. Wegen der Betrachtung infinitesimal kleiner Änderungen werden dabei quadratisch kleine Terme vernachlässigt.

Entsprechend erhält man für die Variation der Endgeschwindigkeit $z_j^1 = z_j(t^1, p_k)$

$$\delta z_j^1 = \left.\frac{dz_j}{dt}\right|_{t^1} \delta t^1 + \left.\frac{dz_j}{dp_k}\right|_{t^1} \delta p_k = \dot z_j^1\, \delta t^1 + \delta^1 z_j\,. \tag{5.2.12}$$

Setzt man die Beziehungen (5.2.11) und (5.2.12) in Gleichung (5.2.9) ein, ergibt sich mit der Abkürzung

$$\dot G^1 := \frac{dG^1}{dt^1} = \frac{\partial G^1}{\partial t^1} + \frac{\partial G^1}{\partial y_i^1}\, \dot y_i^1 + \frac{\partial G^1}{\partial z_j^1}\, \dot z_j^1 \tag{5.2.13}$$

für die Variation des funktionalen Kriteriums schließlich

$$\begin{aligned} \delta\psi \;=\; & \left(\dot G^1 + F^1\right) \delta t^1 + \frac{\partial G^1}{\partial y_i^1}\, \delta^1 y_i + \int_{t^0}^{t^1} \frac{\partial F}{\partial y_i}\, \delta y_i\, dt \\ & + \frac{\partial G^1}{\partial z_j^1}\, \delta^1 z_j + \int_{t^0}^{t^1} \frac{\partial F}{\partial z_j}\, \delta z_j\, dt + \int_{t^0}^{t^1} \frac{\partial F}{\partial \dot z_j}\, \delta \dot z_j\, dt \\ & + \left(\frac{\partial G^1}{\partial p_k} + \int_{t^0}^{t^1} \frac{\partial F}{\partial p_k}\, dt\right) \delta p_k\,. \end{aligned} \tag{5.2.14}$$

Ziel des weiteren Vorgehens ist die Ermittlung des Gradienten durch Vergleich der beiden Formulierungen (5.2.2) und (5.2.14) für die Variation des Kriterienwertes. Wegen der Unabhängigkeit der Parametervariationen δp_k stimmen nämlich nach Satz 2.1 die entsprechenden Koeffizienten überein, falls die Terme mit den abhängigen Variationen δt^1, $\delta y_i(t)$, $\delta z_j(t)$ und $\delta \dot{z}_j(t)$ eliminiert werden können. Die Elimination ist auf zwei Arten möglich: bei der Direkten Methode werden die abhängigen Variationen durch die unabhängigen Variationen ersetzt, bei der Adjungierte Variablen Methode werden die Koeffizienten der abhängigen Variationen null gesetzt. Beide Verfahren werden im folgenden für Mehrkörpersysteme mit Baumstruktur und kinematischen Schleifen entwickelt.

5.3 Mehrkörpersysteme mit Baumstruktur

Holonome und nichtholonome Mehrkörpersysteme mit Baumstruktur lassen sich einheitlich durch die Bewegungsgleichungen (3.3.6) und (3.3.12) beschreiben. Diese Gleichungen sind in Bezug auf die Abhängigkeiten der einzelnen Terme um die Entwurfsvariablen zu ergänzen. Mögliche Systemparameter, die für Optimierungszwecke als variabel betrachtet werden können, treten sowohl in der Massenmatrix als auch in den Kreiseltermen und der rechten Seite auf. Die Bewegungsgleichungen lauten dann in impliziter Form

$$\dot{y}_i - v_i(t, y_l, z_j, p_k) = 0, \qquad (5.3.1)$$

$$M_{mn}(t, y_i, z_j, p_k)\, \dot{z}_n + k_m(t, y_i, z_j, p_k) - q_m(t, y_i, z_j, p_k) = 0. \qquad (5.3.2)$$

Für die Kinetikgleichungen (5.3.2) bietet sich folgende Abkürzung an:

$$DGL_m(t, y_i, z_j, \dot{z}_n, p_k) := M_{mn}\dot{z}_n + k_m - q_m \qquad (5.3.3)$$

Wegen der Unabhängigkeit der verallgemeinerten Lage- und Geschwindigkeitskoordinaten können ihre Anfangswerte zu einem Anfangszeitpunkt t^0 beliebig vorgegeben werden. Einzelne Anfangswerte können dabei selbst Entwurfsvariablen sein, möglicherweise ergeben sich die Anfangswerte aber auch aus der Geometrie einer gewünschten, parametrisierten Anfangsstellung, die sich nur durch implizite Beziehungen beschreiben läßt. Daher werden als allgemeinste Form implizite Anfangsbedingungen gewählt:

$$y_i^0 : \ \Phi_l^0(t^0, y_i^0, p_k) = 0, \qquad \boldsymbol{\Phi}^0 : \ \mathbb{R} \times \mathbb{R}^f \times \mathbb{R}^h \to \mathbb{R}^f, \qquad \det \frac{\partial \boldsymbol{\Phi}^0}{\partial \boldsymbol{y}^0} \neq 0, \qquad (5.3.4)$$

$$z_j^0 : \ \dot{\Phi}_m^0(t^0, y_i^0, z_j^0, p_k) = 0, \qquad \dot{\boldsymbol{\Phi}}^0 : \ \mathbb{R} \times \mathbb{R}^f \times \mathbb{R}^g \times \mathbb{R}^h \to \mathbb{R}^g, \qquad \det \frac{\partial \dot{\boldsymbol{\Phi}}^0}{\partial \boldsymbol{z}^0} \neq 0. \qquad (5.3.5)$$

Damit diese Beziehungen den Anfangszustand y_i^0 und z_j^0 zumindest lokal eindeutig festlegen, müssen die entsprechenden Jacobimatrizen regulär sein.

Die Endzeit wird entsprechend der Endbedingung (4.1.8) ebenfalls implizit durch den Endzustand und eventuell die Entwurfsvariablen bestimmt:

$$t^1: \quad H^1(t^1, y_i^1, z_j^1, p_k) = 0, \quad \dot{H}^1 \neq 0. \tag{5.3.6}$$

Auch hier verlangt die lokale Eindeutigkeit das Nichtverschwinden der Ableitung von H^1 nach der Endzeit, vgl. (4.1.9).

Die zusammengestellten Beziehungen legen das dynamische Verhalten $y_i(t)$, $z_j(t)$ und die Endzeit t^1 eindeutig fest. Durch Ändern der Entwurfsvariablen p_k wird das dynamische Verhalten und die Endzeit ebenfalls verändert. Die entsprechenden Beziehungen zwischen den Parametervariationen δp_k und den Variationen des Zustands und der Endzeit ergeben sich durch Variation der obigen Gleichungen. Aus der Variation der Bewegungsgleichungen (5.3.1) und (5.3.2) folgt mit der Abkürzung (5.3.3)

$$\delta \dot{y}_i - \frac{\partial v_i}{\partial y_l}\delta y_l - \frac{\partial v_i}{\partial z_j}\delta z_j - \frac{\partial v_i}{\partial p_k}\delta p_k = 0, \tag{5.3.7}$$

$$M_{mn}\,\delta \dot{z}_n + \frac{\partial DGL_m}{\partial y_i}\delta y_i + \frac{\partial DGL_m}{\partial z_j}\delta z_j + \frac{\partial DGL_m}{\partial p_k}\delta p_k = 0. \tag{5.3.8}$$

Wegen der Unabhängigkeit der Anfangszeit t^0 von den Entwurfsvariablen gilt für den Anfangszustand $\delta y_i^0 \equiv \delta y_i(t^0) =: \delta^0 y_i$ und $\delta z_j^0 \equiv \delta z_j(t^0) =: \delta^0 z_j$. Damit erhält man durch Variation der Anfangsbedingungen (5.3.4) und (5.3.5)

$$\frac{\partial \Phi_l^0}{\partial y_i^0}\delta^0 y_i + \frac{\partial \Phi_l^0}{\partial p_k}\delta p_k = 0, \tag{5.3.9}$$

$$\frac{\partial \dot{\Phi}_m^0}{\partial y_i^0}\delta^0 y_i + \frac{\partial \dot{\Phi}_m^0}{\partial z_j^0}\delta^0 z_j + \frac{\partial \dot{\Phi}_m^0}{\partial p_k}\delta p_k = 0. \tag{5.3.10}$$

Schließlich liefert die erste Variation der Endbedingung (5.3.6)

$$\frac{\partial H^1}{\partial t^1}\delta t^1 + \frac{\partial H^1}{\partial y_i^1}\delta y_i^1 + \frac{\partial H^1}{\partial z_j^1}\delta z_j^1 + \frac{\partial H^1}{\partial p_k}\delta p_k = 0.$$

Auch hier läßt sich der variierte Endzustand mit Hilfe der Zusammenhänge (5.2.11) und (5.2.12) durch die Variation der Zustandstrajektorien und der Endzeit ersetzen. Mit der Abkürzung (4.1.9) folgt

$$\dot{H}^1\,\delta t^1 + \frac{\partial H^1}{\partial y_i^1}\delta^1 y_i + \frac{\partial H^1}{\partial z_j^1}\delta^1 z_j + \frac{\partial H^1}{\partial p_k}\delta p_k = 0. \tag{5.3.11}$$

Die impliziten Gleichungen (5.3.7)–(5.3.11) beschreiben den Zusammenhang zwischen den Variationen des Zustands bzw. der Endzeit und den Variationen δp_k ebenso eindeutig, wie die Gleichungen (5.3.1)–(5.3.6) das dynamische Verhalten und die Endzeit in Abhängigkeit der Entwurfsvariablen festlegen. Sie sind daher Grundlage der Empfindlichkeitsanalyse.

5.3.1 Direkte Methode

Bei der Direkten Methode werden die abhängigen Variationen in Gleichung (5.2.14) eliminiert, indem man sie auf die unabhängigen Parametervariationen zurückführt. Zunächst ergibt sich aus der variierten Endbedingung (5.3.11)

$$\delta t^1 = -\frac{1}{\dot{H}^1}\left(\frac{\partial H^1}{\partial y_i^1}\,\delta^1 y_i + \frac{\partial H^1}{\partial z_j^1}\,\delta^1 z_j + \frac{\partial H^1}{\partial p_k}\,\delta p_k\right). \tag{5.3.12}$$

Für die Variationen der verallgemeinerten Koordinaten erhält man entsprechend der Definition (5.2.4) und der in Gleichung (5.2.11) eingeführten Notation

$$\delta y_i = \frac{dy_i}{dp_k}\,\delta p_k\,, \quad \delta^0 y_i = \left.\frac{dy_i}{dp_k}\right|_{t^0}\delta p_k\,, \quad \delta^1 y_i = \left.\frac{dy_i}{dp_k}\right|_{t^1}\delta p_k\,. \tag{5.3.13}$$

Analog folgt für die Variationen der verallgemeinerten Geschwindigkeiten

$$\delta z_j = \frac{dz_j}{dp_k}\,\delta p_k\,, \quad \delta^0 z_j = \left.\frac{dz_j}{dp_k}\right|_{t^0}\delta p_k\,, \quad \delta^1 z_j = \left.\frac{dz_j}{dp_k}\right|_{t^1}\delta p_k\,. \tag{5.3.14}$$

Weiterhin gilt für die Ableitungen der Zustandsvariationen wegen der Vertauschbarkeit der Differentiationen bei stetig differenzierbaren Funktionen

$$\delta \dot{y}_i = \frac{d\dot{y}_i}{dp_k}\,\delta p_k = \frac{d^2 y_i}{dp_k\,dt}\,\delta p_k = \frac{d}{dt}\left(\frac{dy_i}{dp_k}\right)\delta p_k\,, \tag{5.3.15}$$

$$\delta \dot{z}_j = \frac{d\dot{z}_j}{dp_k}\,\delta p_k = \frac{d^2 z_j}{dp_k\,dt}\,\delta p_k = \frac{d}{dt}\left(\frac{dz_j}{dp_k}\right)\delta p_k\,. \tag{5.3.16}$$

Setzt man diese Beziehungen in Gleichung (5.2.14) ein, erhält man für die Variation des funktionalen Kriteriums

$$
\begin{aligned}
\delta\psi = \Bigg[& \left(\frac{\partial G^1}{\partial y_i^1} - \frac{\dot{G}^1 + F^1}{\dot{H}^1}\frac{\partial H^1}{\partial y_i^1}\right)\frac{dy_i}{dp_k}\bigg|_{t^1} + \int_{t^0}^{t^1}\frac{\partial F}{\partial y_i}\frac{dy_i}{dp_k}\,dt \\
+ & \left(\frac{\partial G^1}{\partial z_j^1} - \frac{\dot{G}^1 + F^1}{\dot{H}^1}\frac{\partial H^1}{\partial z_j^1}\right)\frac{dz_j}{dp_k}\bigg|_{t^1} + \int_{t^0}^{t^1}\frac{\partial F}{\partial z_j}\frac{dz_j}{dp_k}\,dt \\
+ & \int_{t^0}^{t^1}\frac{\partial F}{\partial \dot{z}_j}\frac{d}{dt}\left(\frac{dz_j}{dp_k}\right)dt \\
+ & \left(\frac{\partial G^1}{\partial p_k} - \frac{\dot{G}^1 + F^1}{\dot{H}^1}\frac{\partial H^1}{\partial p_k}\right) + \int_{t^0}^{t^1}\frac{\partial F}{\partial p_k}\,dt \Bigg]\,\delta p_k\,,
\end{aligned}
\tag{5.3.17}
$$

wobei die Parametervariationen δp_k als zeitinvariante Größen betrachtet werden. Da die Variation des Kriterienwertes nur noch von den unabhängigen Parametervariationen abhängt, ergeben sich durch Vergleich mit der Formulierung (5.2.2) nach Satz 2.1 h Beziehungen für die h Komponenten des Gradienten eines funktionalen Kriteriums:

$$
\begin{aligned}
\frac{d\psi}{dp_k} = \quad & \left(\frac{\partial G^1}{\partial y_i^1} - \frac{\dot{G}^1 + F^1}{\dot{H}^1}\frac{\partial H^1}{\partial y_i^1}\right)\frac{dy_i}{dp_k}\bigg|_{t^1} + \int_{t^0}^{t^1}\frac{\partial F}{\partial y_i}\frac{dy_i}{dp_k}\,dt \\
+ & \left(\frac{\partial G^1}{\partial z_j^1} - \frac{\dot{G}^1 + F^1}{\dot{H}^1}\frac{\partial H^1}{\partial z_j^1}\right)\frac{dz_j}{dp_k}\bigg|_{t^1} + \int_{t^0}^{t^1}\frac{\partial F}{\partial z_j}\frac{dz_j}{dp_k}\,dt \\
+ & \int_{t^0}^{t^1}\frac{\partial F}{\partial \dot{z}_j}\frac{d}{dt}\left(\frac{dz_j}{dp_k}\right)dt \\
+ & \left(\frac{\partial G^1}{\partial p_k} - \frac{\dot{G}^1 + F^1}{\dot{H}^1}\frac{\partial H^1}{\partial p_k}\right) + \int_{t^0}^{t^1}\frac{\partial F}{\partial p_k}\,dt.
\end{aligned}
\tag{5.3.18}
$$

Die Empfindlichkeitsmatrizen dy_i/dp_k und dz_j/dp_k können mit Hilfe der Variationsgleichungen (5.3.7)–(5.3.10) bestimmt werden. Zum Beispiel ergibt sich aus den variierten Kinematikgleichungen (5.3.7) mit (5.3.13)–(5.3.15)

$$
\left[\frac{d}{dt}\left(\frac{dy_i}{dp_k}\right) - \frac{\partial v_i}{\partial y_l}\frac{dy_l}{dp_k} - \frac{\partial v_i}{\partial z_j}\frac{dz_j}{dp_k} - \frac{\partial v_i}{\partial p_k}\right]\delta p_k = 0 \quad \forall \quad \delta p_k
\tag{5.3.19}
$$

oder mit Satz 2.1 die Matrizendifferentialgleichung

$$
\frac{d}{dt}\left(\frac{dy_i}{dp_k}\right) = \frac{\partial v_i}{\partial y_l}\frac{dy_l}{dp_k} + \frac{\partial v_i}{\partial z_j}\frac{dz_j}{dp_k} + \frac{\partial v_i}{\partial p_k}\,.
\tag{5.3.20}
$$

In entsprechender Weise folgt aus den variierten Kinetikgleichungen (5.3.8) die Matrizendifferentialgleichung

$$M_{mj}\,\frac{d}{dt}\left(\frac{dz_j}{dp_k}\right) = -\,\frac{\partial DGL_m}{\partial y_i}\,\frac{dy_i}{dp_k} - \frac{\partial DGL_m}{\partial z_j}\,\frac{dz_j}{dp_k} - \frac{\partial DGL_m}{\partial p_k}\,. \tag{5.3.21}$$

Die Anfangsbedingungen für die Matrizendifferentialgleichungen erhält man durch analoges Vorgehen aus den variierten Anfangsbedingungen (5.3.9) und (5.3.10):

$$\left.\frac{\partial \Phi_l^0}{\partial y_i^0}\,\frac{dy_i}{dp_k}\right|_{t^0} = -\,\frac{\partial \Phi_l^0}{\partial p_k}, \tag{5.3.22}$$

$$\left.\frac{\partial \dot{\Phi}_m^0}{\partial z_j^0}\,\frac{dz_j}{dp_k}\right|_{t^0} = -\left.\frac{\partial \dot{\Phi}_m^0}{\partial y_i^0}\,\frac{dy_i}{dp_k}\right|_{t^0} - \frac{\partial \dot{\Phi}_m^0}{\partial p_k}\,. \tag{5.3.23}$$

Wegen der Regularität der Jacobimatrizen $\partial\boldsymbol{\Phi}^0/\partial\boldsymbol{y}^0$ und $\partial\dot{\boldsymbol{\Phi}}^0/\partial\boldsymbol{z}^0$ entsprechend (5.3.4) und (5.3.5) sind diese Gleichungssysteme eindeutig nach den Anfangswerten der Empfindlichkeitsmatrizen auflösbar.

Die abgeleiteten Beziehungen lassen sich in der Matrizenschreibweise übersichtlich darstellen. Mit den $f\times h$– und $g\times h$–Empfindlichkeitsmatrizen

$$\boldsymbol{Y}_p := \frac{d\boldsymbol{y}}{d\boldsymbol{p}}, \quad \boldsymbol{Z}_p := \frac{d\boldsymbol{z}}{d\boldsymbol{p}} \tag{5.3.24}$$

erhält man für den Gradienten eines funktionalen Kriteriums entsprechend Gleichung (5.3.18)

$$\begin{aligned} \nabla\psi = \quad & \boldsymbol{Y}_p^{1T}\left(\frac{\partial G^1}{\partial \boldsymbol{y}^1} - \frac{\dot{G}^1 + F^1}{\dot{H}^1}\,\frac{\partial H^1}{\partial \boldsymbol{y}^1}\right) + \int_{t^0}^{t^1} \boldsymbol{Y}_p^T\,\frac{\partial F}{\partial \boldsymbol{y}}\,dt \\ + \; & \boldsymbol{Z}_p^{1T}\left(\frac{\partial G^1}{\partial \boldsymbol{z}^1} - \frac{\dot{G}^1 + F^1}{\dot{H}^1}\,\frac{\partial H^1}{\partial \boldsymbol{z}^1}\right) + \int_{t^0}^{t^1} \boldsymbol{Z}_p^T\,\frac{\partial F}{\partial \boldsymbol{z}}\,dt + \int_{t^0}^{t^1} \dot{\boldsymbol{Z}}_p^T\,\frac{\partial F}{\partial \dot{\boldsymbol{z}}}\,dt \\ + \; & \left(\frac{\partial G^1}{\partial \boldsymbol{p}} - \frac{\dot{G}^1 + F^1}{\dot{H}^1}\,\frac{\partial H^1}{\partial \boldsymbol{p}}\right) + \int_{t^0}^{t^1} \frac{\partial F}{\partial \boldsymbol{p}}\,dt. \end{aligned} \tag{5.3.25}$$

Die Empfindlichkeitsmatrizen bestimmen sich aus dem Anfangswertproblem (5.3.20)–(5.3.23):

$$\left.\begin{aligned} \dot{\boldsymbol{Y}}_p &= \frac{\partial \boldsymbol{v}}{\partial \boldsymbol{y}}\,\boldsymbol{Y}_p + \frac{\partial \boldsymbol{v}}{\partial \boldsymbol{z}}\,\boldsymbol{Z}_p + \frac{\partial \boldsymbol{v}}{\partial \boldsymbol{p}}, \\ \boldsymbol{M}\,\dot{\boldsymbol{Z}}_p &= -\,\frac{\partial \boldsymbol{DGL}}{\partial \boldsymbol{y}}\,\boldsymbol{Y}_p - \frac{\partial \boldsymbol{DGL}}{\partial \boldsymbol{z}}\,\boldsymbol{Z}_p - \frac{\partial \boldsymbol{DGL}}{\partial \boldsymbol{p}} \end{aligned}\right\} \tag{5.3.26}$$

Gradient

$$\nabla\psi = Y_p^{1\,T}\left(\frac{\partial G^1}{\partial y^1} - \frac{\dot G^1 + F^1}{\dot H^1}\frac{\partial H^1}{\partial y^1}\right) + \int_{t^0}^{t^1} Y_p^T \frac{\partial F}{\partial y}\,dt$$
$$+ Z_p^{1\,T}\left(\frac{\partial G^1}{\partial z^1} - \frac{\dot G^1 + F^1}{\dot H^1}\frac{\partial H^1}{\partial z^1}\right) + \int_{t^0}^{t^1} Z_p^T \frac{\partial F}{\partial z}\,dt + \int_{t^0}^{t^1} \dot Z_p^T \frac{\partial F}{\partial \dot z}\,dt$$
$$+ \left(\frac{\partial G^1}{\partial p} - \frac{\dot G^1 + F^1}{\dot H^1}\frac{\partial H^1}{\partial p}\right) + \int_{t^0}^{t^1} \frac{\partial F}{\partial p}\,dt$$

⇧

Empfindlichkeitsdifferentialgleichungen

$$\dot Y_p = \frac{\partial v}{\partial y}\,Y_p + \frac{\partial v}{\partial z}\,Z_p + \frac{\partial v}{\partial p}$$
$$M\,\dot Z_p = -\,\frac{\partial(M\dot z + k - q)}{\partial y}\,Y_p - \frac{\partial(M\dot z + k - q)}{\partial z}\,Z_p - \frac{\partial(M\dot z + k - q)}{\partial p}$$

⇧

Anfangsbedingungen

$$Y_p^0:\ \frac{\partial\Phi^0}{\partial y^0}\,Y_p^0 = -\,\frac{\partial\Phi^0}{\partial p} \qquad Z_p^0:\ \frac{\partial\dot\Phi^0}{\partial z^0}\,Z_p^0 = -\,\frac{\partial\dot\Phi^0}{\partial y^0}\,Y_p^0 - \frac{\partial\dot\Phi^0}{\partial p}$$

Bild 5.3.1: Direkte Methode für Mehrkörpersysteme mit Baumstruktur

mit

$$\left.\begin{aligned} Y_p^0:\quad \frac{\partial\boldsymbol{\Phi}^0}{\partial\boldsymbol{y}^0}\,Y_p^0 &= -\,\frac{\partial\boldsymbol{\Phi}^0}{\partial\boldsymbol{p}}\,,\\ Z_p^0:\quad \frac{\partial\dot{\boldsymbol{\Phi}}^0}{\partial\boldsymbol{z}^0}\,Z_p^0 &= -\,\frac{\partial\dot{\boldsymbol{\Phi}}^0}{\partial\boldsymbol{y}^0}\,Y_p^0 - \frac{\partial\dot{\boldsymbol{\Phi}}^0}{\partial\boldsymbol{p}}\,. \end{aligned}\right\} \qquad (5.3.27)$$

Die Beziehungen (5.3.25)–(5.3.27) werden in ähnlicher Form wie die Bewegungsgleichungen und die Bestimmungsgleichungen für die Kriterienwerte gelöst, Bild 5.3.1. Sie haben gegenüber den finiten Differenzen den Vorteil, daß sie exakt sind. Im allgemeinen ist eine Berechnung der Empfindlichkeitsmatrizen jedoch nur durch numerische Integration des Anfangswertproblems möglich, z.B. mit den in Abschnitt 3.1 beschriebenen Mehrschrittverfahren. Da die Koeffizientenmatrizen in den Differentialgleichungen (5.3.26) von den Zustandskoordinaten abhängen, sind die Empfindlichkeitsgleichungen einseitig mit den Bewegungsgleichungen (5.3.1) und (5.3.2) gekoppelt. Die Integration sollte daher gemeinsam erfolgen, indem die Matrizendifferentialgleichungen für die Empfindlichkeitsfunktionen spaltenweise an die Bewegungsgleichungen angehängt werden. Dadurch wird auch eine direkte Fehlerkontrolle für alle Integrationsgrößen ermöglicht. Dem Vorteil der parallelen Integration steht eventuell der Nachteil einer ineffizient kleinen Schrittweitenwahl gegenüber, denn die Schrittweitenkontrolle muß sich an der schnellsten Bewegung orientieren, und bei großen Differentialgleichungssystemen ist die Wahrscheinlichkeit für lokal unterschiedliches Systemverhalten in den einzelnen Koordinaten relativ groß.

Der wesentliche Nachteil der Direkten Methode liegt im Aufwand für die Integration der $f \times h$– und $g \times h$–Matrizendifferentialgleichungen (5.3.26). Die Zahl h der Entwurfsvariablen geht hier wie schon bei den finiten Differenzen linear und mit der Zustandsdimension multipliziert in den Rechenaufwand ein, so daß wegen der höheren Komplexität der Gleichungen die Berechnungen für den Gradienten mit der Direkten Methode eher umfangreicher sind als die Berechnung mit finiten Differenzen.

Beispiel 5.3.1: Empfindlichkeitsanalyse des Einmassenschwingers mit der Direkten Methode

Für den in Beispiel 5.1.2 beschriebenen Einmassenschwinger soll die Empfindlichkeit der Lage zum Zeitpunkt $t^1 = \pi/2$ gegen Änderungen der Federsteifigkeit c und der Anfangsgeschwindigkeit v_0 mit Hilfe der Direkten Methode ermittelt werden. Das Problem lautet dann in Standardform:

$$\begin{array}{lrcl}
\text{Entwurfsvariablen:} & \boldsymbol{p} & = & [c,\ v_0]^T, \\
\text{Kinematik:} & \dot{y} - z & = & 0, \\
\text{Kinetik:} & m\,\dot{z} + c\,y & = & 0, \\
\text{Anfangsbedingungen:} & \Phi^0 & = & y^0 = 0, \\
 & \dot{\Phi}^0 & = & z^0 - v_0 = 0, \\
\text{Endbedingung:} & H^1 & = & t^1 - \pi/2, \\
\text{Kriterium:} & \psi & = & y^1.
\end{array}$$

Die für die Empfindlichkeitsanalyse benötigten Informationen sind in Tabelle 5.3.1 zusammengestellt. Mit den Empfindlichkeitsmatrizen

$$\boldsymbol{Y}_p := [y_c\,,\ y_v]\,, \quad \boldsymbol{Z}_p := [z_c\,,\ z_v]$$

bleibt für den Gradienten (5.3.25) erwartungsgemäß

$$\nabla\psi = \boldsymbol{Y}_p^{1\,T}\,\frac{\partial G^1}{\partial \boldsymbol{y}^1} = \begin{bmatrix} y_c^1 \\ y_v^1 \end{bmatrix}. \tag{5.3.28}$$

	Funktion	Ableitungen				
		$\frac{d}{dt^1}$	$\frac{\partial}{\partial y}, \frac{\partial}{\partial y^0}, \frac{\partial}{\partial y^1}$	$\frac{\partial}{\partial z}, \frac{\partial}{\partial z^0}, \frac{\partial}{\partial z^1}$	$\frac{\partial}{\partial p_1}$	$\frac{\partial}{\partial p_2}$
v	z		0	1	0	0
DGL	$m\dot{z} + cy$		c	0	y	0
Φ^0	y^0		1	0	0	0
$\dot{\Phi}^0$	$z^0 - v$		0	1	0	-1
H^1	$t^1 - \pi/2$	1	0	0	0	0
F	0		0	0	0	0
G^1	y^1	z^1	1	0	0	0

Tabelle 5.3.1: Empfindlichkeitsanalyse des Einmassenschwingers

Die Empfindlichkeitsfunktionen $y_c(t)$ und $y_v(t)$ können aus dem Anfangswertproblem (5.3.26) und (5.3.27) ermittelt werden:

$$
\begin{aligned}
[\dot{y}_c\,,\ \dot{y}_v] &= [z_c\,,\ z_v]\,, & [y_c^0\,,\ y_v^0] &= [0,\ 0]\,,\\
m\,[\dot{z}_c\,,\ \dot{z}_v] &= -c\,[y_c\,,\ y_v] - [y,\ 0]\,, & [z_c^0\,,\ z_v^0] &= [0,\ 1]\,.
\end{aligned}
$$

Mit der Lösung (5.1.7) ergeben sich durch Zusammenfassen der Zustandsgleichungen entkoppelte Differentialgleichungen 2. Ordnung,

$$
\begin{aligned}
m\,\ddot{y}_c + c\,y_c &= -v_0\sqrt{\frac{m}{c}}\,\sin\sqrt{\frac{c}{m}}\,t, & y_c^0 = \dot{y}_c^0 = 0,\\
m\,\ddot{y}_v + c\,y_v &= 0, & y_v^0 = 0,\ \ \dot{y}_v^0 = 1,
\end{aligned}
$$

die durch geeignete Ansätze für homogene und partikuläre Lösungen und Ermittlung der Konstanten gelöst werden können. Für y_c liegt der Resonanzfall vor, weshalb der Ansatz für die Partikulärlösung

$$
y_c = b_1 t \sin\sqrt{\frac{c}{m}}\,t + b_2 t \cos\sqrt{\frac{c}{m}}\,t
$$

lautet, für y_v entfällt die Partikulärlösung. Als Ergebnis findet man

$$
\begin{aligned}
y_c(t) &= \frac{v_0}{2c}\left(-\sqrt{\frac{m}{c}}\,\sin\left(\sqrt{\frac{c}{m}}\,t\right) + t\cos\left(\sqrt{\frac{c}{m}}\,t\right)\right),\\
y_v(t) &= \sqrt{\frac{m}{c}}\,\sin\left(\sqrt{\frac{c}{m}}\,t\right).
\end{aligned}
$$

Nach Einsetzen der Endzeit $t^1 = \pi/2$ ergibt sich für den Gradienten (5.3.28)

$$\nabla\psi = \begin{bmatrix} \frac{v_0}{2c}\left\{-\sqrt{\frac{m}{c}}\sin\left(\sqrt{\frac{c}{m}}\frac{\pi}{2}\right) + \frac{\pi}{2}\cos\left(\sqrt{\frac{c}{m}}\frac{\pi}{2}\right)\right\} \\ \sqrt{\frac{m}{c}}\sin\left(\sqrt{\frac{c}{m}}\frac{\pi}{2}\right) \end{bmatrix},$$

was sich durch Vergleich mit der Referenzlösung (5.1.9) bestätigen läßt.

5.3.2 Adjungierte Variablen Methode

Der wesentliche Nachteil der Direkten Methode besteht darin, daß zunächst zeitvariante Empfindlichkeitsmatrizen berechnet werden müssen, die später auf eine vektorielle Information reduziert werden. Beispielsweise lautet der Integrand des ersten Integrals in Gleichung (5.3.25)

$$\boldsymbol{Y}_p^T \frac{\partial F}{\partial \boldsymbol{y}} = \left[\frac{dy_1}{d\boldsymbol{p}}, \ldots, \frac{dy_f}{d\boldsymbol{p}}\right] \begin{bmatrix} \frac{\partial F}{\partial y_1} \\ \vdots \\ \frac{\partial F}{\partial y_f} \end{bmatrix} = \sum_{i=1}^{f} \frac{\partial F}{\partial y_i}\frac{dy_i}{d\boldsymbol{p}}. \tag{5.3.29}$$

In den Gradienten geht damit nicht die volle Matrizeninformation $\boldsymbol{Y}_p(t)$ ein, sondern lediglich eine Linearkombination der Zeilen $(\partial y_i/\partial \boldsymbol{p})^T$ von $\boldsymbol{Y}_p$ mit a priori bekannten Koeffizienten $\partial F/\partial y_i$.

Die Adjungierte Variablen Methode bietet eine Möglichkeit, diese Reduktion der Empfindlichkeitsinformation schon implizit während der Integration durchzuführen und dadurch den Aufwand für die Berechnung des Gradienten zu reduzieren. Die Methoden wurden ursprünglich zur Lösung von Optimalsteuerproblemen entwickelt und müssen hier an die spezielle Struktur der Bewegungsgleichungen von Mehrkörpersystemen angepaßt werden, BESTLE und EBERHARD (1992).

Die Grundidee der Adjungierte Variablen Methode ist die Schaffung zusätzlicher Freiheiten in den Koeffizienten der abhängigen Variationen, um sie null setzen zu können. Dies entspricht dem Vorgehen bei der Einführung von Lagrange Multiplikatoren zur Berücksichtigung von Nebenbedingungen. Die Nebenbedingungen $\boldsymbol{A}\,\delta\boldsymbol{y} = \boldsymbol{0}$ in Satz 2.2 lassen sich als m Bedingungen zur Bestimmung von m Koordinaten des Vektors $\delta\boldsymbol{y}$ betrachten, falls die übrigen $(n-m)$ Variationen bekannt sind. Faßt man die $(n-m)$ unabhängigen Variationen in einem Vektor $\delta\boldsymbol{y}_u$ und die m abhängigen Variationen in einem Vektor $\delta\boldsymbol{y}_a$

zusammen, so läßt sich der Vektor $\delta\boldsymbol{y}$ in $\delta\boldsymbol{y}^T = [\delta\boldsymbol{y}_a^T,\ \delta\boldsymbol{y}_u^T]$ aufspalten, wobei ohne Beschränkung der Allgemeinheit angenommen wird, daß die abhängigen und unabhängigen Variationen in dieser Weise geordnet sind. In entsprechender Weise lassen sich auch $\boldsymbol{c}^T = [\boldsymbol{c}_a^T,\ \boldsymbol{c}_u^T]$ und $\boldsymbol{A} = [\boldsymbol{A}_a,\ \boldsymbol{A}_u]$ aufspalten, wobei die Teilmatrix $\boldsymbol{A}_a$ regulär ist, falls die m Bedingungen voneinander unabhängig sind. Damit kann man den Übergang von Gleichung (2.3.6) auf (2.3.7) auch wie folgt interpretieren: Multipliziert man die Bedingungen $\boldsymbol{A}\,\delta\boldsymbol{y} = \boldsymbol{0}$ skalar mit einem Vektor $\boldsymbol{\lambda} \in I\!R^m$ von Lagrange Multiplikatoren, so gilt auch

$$\boldsymbol{\lambda}^T\boldsymbol{A}\,\delta\boldsymbol{y} = 0 \tag{5.3.30}$$

für jede Wahl von $\boldsymbol{\lambda}$. Subtrahiert man diese triviale Gleichung von $\boldsymbol{c}^T\delta\boldsymbol{y} = 0$, dann bleibt

$$\left(\boldsymbol{c}^T - \boldsymbol{\lambda}^T\boldsymbol{A}\right)\delta\boldsymbol{y} = 0 \tag{5.3.31}$$

oder nach Zerlegung in entsprechende Teilvektoren und -matrizen

$$\left(\boldsymbol{c}_a^T - \boldsymbol{\lambda}^T\boldsymbol{A}_a\right)\delta\boldsymbol{y}_a + \left(\boldsymbol{c}_u^T - \boldsymbol{\lambda}^T\boldsymbol{A}_u\right)\delta\boldsymbol{y}_u = 0. \tag{5.3.32}$$

Die Freiheiten in den Koeffizienten der abhängigen Variationen $\delta\boldsymbol{y}_a$ gestatten nun, diese zu eliminieren. Durch eine spezielle Wahl von $\boldsymbol{\lambda}$, nämlich $\boldsymbol{\lambda}^T = \boldsymbol{c}_a^T\boldsymbol{A}_a^{-1}$, verschwinden die Koeffizienten und wegen der Unabhängigkeit von $\delta\boldsymbol{y}_u$ bleibt

$$\left(\boldsymbol{c}_u^T - \boldsymbol{\lambda}^T\boldsymbol{A}_u\right)\delta\boldsymbol{y}_u = 0 \quad \forall \quad \delta\boldsymbol{y}_u \tag{5.3.33}$$

oder mit Satz 2.1

$$\boldsymbol{c}_u^T - \boldsymbol{\lambda}^T\boldsymbol{A}_u = \boldsymbol{0}^T. \tag{5.3.34}$$

Zusammengefaßt verschwinden die Koeffizienten aller Variationen, was durch Gleichung (2.3.7) ausgedrückt wird.

Angewandt auf die Empfindlichkeitsanalyse von Mehrkörpersystemen ist die Unterscheidung zwischen unabhängigen und abhängigen Variationen eindeutig. Unabhängig sind die Variationen δp_k der Entwurfsvariablen, abhängig dagegen die Zustandsvariationen und die Variation der Endzeit, die durch die Nebenbedingungen (5.3.7) – (5.3.11) festgelegt sind. Gemäß obiger Interpretation müssen die Nebenbedingungen mit entsprechenden Lagrange Multiplikatoren, die man in diesem Zusammenhang als *adjungierte Variablen* bezeichnet, multipliziert und dann von Gleichung (5.2.14) subtrahiert werden, um die nötigen Freiheiten in den Koeffizienten der abhängigen Variationen zu erreichen. Durch geeignete Wahl der adjungierten Variablen verschwinden dann diese Koeffizienten und ein direkter Vergleich mit der Formulierung (5.2.2) liefert das gesuchte Ergebnis für den Gradienten.

Die Variation der Endzeit ist durch die variierte Endbedingung (5.3.11) festgelegt. Nach Multiplikation der skalaren Gleichung mit einer beliebigen adjungierten Variablen $\tau^1 \in I\!R$ erhält man

$$\tau^1 \dot{H}^1 \delta t^1 + \tau^1 \frac{\partial H^1}{\partial y_i^1}\, \delta^1 y_i + \tau^1 \frac{\partial H^1}{\partial z_j^1}\, \delta^1 z_j + \tau^1 \frac{\partial H^1}{\partial p_k}\, \delta p_k = 0 \quad \forall \;\; \tau^1. \tag{5.3.35}$$

Die vektoriellen Nebenbedingungen (5.3.9) und (5.3.10) sind jeweils skalar mit adjungierten Vektoren $\boldsymbol{\zeta}^0 \in I\!R^f$ bzw. $\boldsymbol{\eta}^0 \in I\!R^g$ zu multiplizieren:

$$\zeta_l^0 \frac{\partial \Phi_l^0}{\partial y_i^0}\, \delta^0 y_i + \zeta_l^0 \frac{\partial \Phi_l^0}{\partial p_k}\, \delta p_k = 0 \quad \forall \;\; \zeta_l^0, \tag{5.3.36}$$

$$\eta_m^0 \frac{\partial \dot{\Phi}_m^0}{\partial y_i^0}\, \delta^0 y_i + \eta_m^0 \frac{\partial \dot{\Phi}_m^0}{\partial z_j^0}\, \delta^0 z_j + \eta_m^0 \frac{\partial \dot{\Phi}_m^0}{\partial p_k}\, \delta p_k = 0 \quad \forall \;\; \eta_m^0. \tag{5.3.37}$$

Die Gleichungen (5.3.7) und (5.3.8) sind differentielle Nebenbedingungen für die Zustandsvariationen δy_i und δz_j. Dies wird deutlicher nach Vertauschung von Variation und Zeitdifferentiation, die hier wegen der zeitlichen Unabhängigkeit der Variationen δp_k möglich ist. Aus (5.3.15) und (5.3.16) folgt nämlich

$$\delta \dot{y}_i = \frac{d}{dt}\left(\frac{dy_i}{dp_k}\right) \delta p_k \equiv \frac{d}{dt}\left(\frac{dy_i}{dp_k}\, \delta p_k\right) = \frac{d}{dt}\left(\delta y_i\right), \tag{5.3.38}$$

$$\delta \dot{z}_j = \frac{d}{dt}\left(\frac{dz_j}{dp_k}\right) \delta p_k \equiv \frac{d}{dt}\left(\frac{dz_j}{dp_k}\, \delta p_k\right) = \frac{d}{dt}\left(\delta z_j\right). \tag{5.3.39}$$

Eine reine Multiplikation der differentiellen Beziehungen (5.3.7) mit adjungierten Variablen $\boldsymbol{\mu}(t)$, $\boldsymbol{\mu} : [t^0, t^1] \to I\!R^f$, d.h.

$$\mu_i\, \delta \dot{y}_i - \mu_i \frac{\partial v_i}{\partial y_l}\, \delta y_l - \mu_i \frac{\partial v_i}{\partial z_j}\, \delta z_j - \mu_i \frac{\partial v_i}{\partial p_k}\, \delta p_k = 0, \tag{5.3.40}$$

paßt strukturell nicht zu der Variationsgleichung (5.2.14), da dort die Zustandsvariationen nur in integrierter Form auftreten. Deshalb müssen solche Nebenbedingungen, die punktweise im gesamten interessierenden Zeitintervall gelten, zusätzlich integriert werden:

$$\int_{t^0}^{t^1} \mu_i\,\delta\dot{y}_i\,dt - \int_{t^0}^{t^1} \mu_i\,\frac{\partial v_i}{\partial y_l}\,\delta y_l\,dt - \int_{t^0}^{t^1} \mu_i\,\frac{\partial v_i}{\partial z_j}\,\delta z_j\,dt - \int_{t^0}^{t^1} \mu_i\,\frac{\partial v_i}{\partial p_k}\,\delta p_k\,dt = 0 \qquad \forall\ \mu_i(t). \tag{5.3.41}$$

Eine weitere Schwierigkeit ist das Auftreten der Variationen $\delta\dot{y}_i$, von denen die Kriterienvariation (5.2.14) bislang nicht abhängt. Durch partielle Integration des ersten Terms lassen sich diese allerdings auf δy_i zurückführen:

$$\int_{t^0}^{t^1} \mu_i\,\delta\dot{y}_i\,dt \equiv \int_{t^0}^{t^1} \mu_i\,\frac{d}{dt}(\delta y_i)\,dt = \mu_i\,\delta y_i\Big|_{t^0}^{t^1} - \int_{t^0}^{t^1} \dot{\mu}_i\,\delta y_i\,dt. \tag{5.3.42}$$

Eingesetzt in (5.3.41) folgt schließlich

$$\mu_i^1\,\delta^1 y_i - \mu_i^0\,\delta^0 y_i - \int_{t^0}^{t^1} \left(\dot{\mu}_i + \mu_l\,\frac{\partial v_l}{\partial y_i}\right)\delta y_i\,dt$$
$$- \int_{t^0}^{t^1} \mu_i\,\frac{\partial v_i}{\partial z_j}\,\delta z_j\,dt - \int_{t^0}^{t^1} \mu_i\,\frac{\partial v_i}{\partial p_k}\,dt\,\delta p_k = 0 \qquad \forall\ \mu_i(t). \tag{5.3.43}$$

Entsprechend erhält man aus der variierten Kinetikgleichung (5.3.8) zunächst mit den adjungierten Variablen $\boldsymbol{\nu}(t)$, $\boldsymbol{\nu} : [t^0, t^1] \to I\!R^g$,

$$\int_{t^0}^{t^1} \nu_m M_{mj}\,\delta\dot{z}_j\,dt + \int_{t^0}^{t^1} \nu_m\,\frac{\partial DGL_m}{\partial z_j}\,\delta z_j\,dt$$
$$+ \int_{t^0}^{t^1} \nu_m\,\frac{\partial DGL_m}{\partial y_i}\,\delta y_i\,dt + \int_{t^0}^{t^1} \nu_m\,\frac{\partial DGL_m}{\partial p_k}\,\delta p_k\,dt = 0 \qquad \forall\ \nu_m(t)$$

oder nach partieller Integration des ersten Terms

$$\nu_m^1 M_{mj}^1\,\delta^1 z_j - \nu_m^0 M_{mj}^0\,\delta^0 z_j - \int_{t^0}^{t^1} \left(\dot{\nu}_m M_{mj} + \nu_m \dot{M}_{mj} - \nu_m\,\frac{\partial DGL_m}{\partial z_j}\right)\delta z_j\,dt$$
$$+ \int_{t^0}^{t^1} \nu_m\,\frac{\partial DGL_m}{\partial y_i}\,\delta y_i\,dt + \int_{t^0}^{t^1} \nu_m\,\frac{\partial DGL_m}{\partial p_k}\,dt\,\delta p_k = 0 \qquad \forall\ \nu_m(t). \tag{5.3.44}$$

Die Gleichungen (5.3.8) sind nicht nur differentielle Nebenbedingungen für δz_j, sondern auch algebraische Nebenbedingungen für $\delta\dot{z}_j$. Eine explizite Inversion der Massenmatrix zur Auflösung der Gleichungen nach den Variationen $\delta\dot{z}_j$ und Einsetzen in Gleichung (5.2.14) ist nicht praktikabel. Daher muß man die Nebenbedingungen ein zweites Mal heranziehen, um auch Freiheiten in den Koeffizienten von $\delta\dot{z}_j$ zu erhalten. Multipliziert man die Gleichungen mit adjungierten Variablen $\boldsymbol{\xi}(t)$, $\boldsymbol{\xi} : [t^0, t^1] \to \mathbb{R}^g$, ergibt sich ohne partielle Integration

$$\int_{t^0}^{t^1} \xi_m M_{mj}\, \delta\dot{z}_j\, dt + \int_{t^0}^{t^1} \xi_m \frac{\partial DGL_m}{\partial z_j}\, \delta z_j\, dt$$
$$+ \int_{t^0}^{t^1} \xi_m \frac{\partial DGL_m}{\partial y_i}\, \delta y_i\, dt + \int_{t^0}^{t^1} \xi_m \frac{\partial DGL_m}{\partial p_k}\, dt\, \delta p_k = 0 \quad \forall \quad \xi_m(t). \tag{5.3.45}$$

Damit sind alle Nebenbedingungen um adjungierte Variablen erweitert. Indem man die sechs homogenen Gleichungen (5.3.35)–(5.3.37) und (5.3.43)–(5.3.45) von (5.2.14) subtrahiert, erhält man Freiheiten in den Koeffizienten der abhängigen Variationen, ohne den Wert von $\delta\psi$ zu verändern:

$$\begin{aligned}
\delta\psi \;=\; & \left(\dot{G}^1 + F^1 - \tau^1 \dot{H}^1\right) \delta t^1 \\
& + \left(\frac{\partial G^1}{\partial y_i^1} - \tau^1 \frac{\partial H^1}{\partial y_i^1} - \mu_i^1\right) \delta^1 y_i + \left(\mu_i^0 - \zeta_l^0 \frac{\partial \Phi_l^0}{\partial y_i^0} - \eta_m^0 \frac{\partial \dot{\Phi}_m^0}{\partial y_i^0}\right) \delta^0 y_i \\
& + \int_{t^0}^{t^1} \left(\frac{\partial F}{\partial y_i} + \dot{\mu}_i + \mu_l \frac{\partial v_l}{\partial y_i} - (\nu_m + \xi_m) \frac{\partial DGL_m}{\partial y_i}\right) \delta y_i\, dt \\
& + \left(\frac{\partial G^1}{\partial z_j^1} - \tau^1 \frac{\partial H^1}{\partial z_j^1} - \nu_m^1 M_{mj}^1\right) \delta^1 z_j + \left(\nu_m^0 M_{mj}^0 - \eta_m^0 \frac{\partial \dot{\Phi}_m^0}{\partial z_j^0}\right) \delta^0 z_j \\
& + \int_{t^0}^{t^1} \Bigg(\frac{\partial F}{\partial z_j} + \mu_i \frac{\partial v_i}{\partial z_j} \\
& \qquad + \dot{\nu}_m M_{mj} + \nu_m \dot{M}_{mj} - (\nu_m + \xi_m) \frac{\partial DGL_m}{\partial z_j} \Bigg) \delta z_j\, dt \\
& + \int_{t^0}^{t^1} \left(\frac{\partial F}{\partial \dot{z}_j} - \xi_m M_{mj}\right) \delta\dot{z}_j\, dt \\
& + \Bigg[\frac{\partial G^1}{\partial p_k} - \tau^1 \frac{\partial H^1}{\partial p_k} - \zeta_l^0 \frac{\partial \Phi_l^0}{\partial p_k} - \eta_m^0 \frac{\partial \dot{\Phi}_m^0}{\partial p_k} \\
& \qquad + \int_{t^0}^{t^1} \left(\frac{\partial F}{\partial p_k} + \mu_i \frac{\partial v_i}{\partial p_k} - (\nu_m + \xi_m) \frac{\partial DGL_m}{\partial p_k}\right) dt \Bigg] \delta p_k\,.
\end{aligned} \tag{5.3.46}$$

Falls die Koeffizienten aller abhängigen Variationen verschwinden, folgt aus einem Vergleich mit der Formulierung (5.2.2) wegen der Unabhängigkeit der Variationen δp_k nach Satz 2.1 für den Gradienten

$$\begin{aligned}\nabla\psi_k &= \frac{\partial G^1}{\partial p_k} - \tau^1\frac{\partial H^1}{\partial p_k} - \zeta_l^0\,\frac{\partial \Phi_l^0}{\partial p_k} - \eta_m^0\,\frac{\partial \dot{\Phi}_m^0}{\partial p_k} \\ &\quad + \int_{t^0}^{t^1}\left(\frac{\partial F}{\partial p_k} + \mu_i\,\frac{\partial v_i}{\partial p_k} - (\nu_m + \xi_m)\,\frac{\partial DGL_m}{\partial p_k}\right) dt. \qquad (5.3.47)\end{aligned}$$

Aus dem Verschwinden der Koeffizienten der abhängigen Variationen ergeben sich folgende Forderungen für die adjungierten Variablen:

$$\tau^1 = \frac{\dot{G}^1 + F^1}{\dot{H}^1}, \qquad (5.3.48)$$

$$\mu_i^1 = \frac{\partial G^1}{\partial y_i^1} - \tau^1\,\frac{\partial H^1}{\partial y_i^1}, \qquad (5.3.49)$$

$$\nu_m^1 M_{mj}^1 = \frac{\partial G^1}{\partial z_j^1} - \tau^1\,\frac{\partial H^1}{\partial z_j^1}, \qquad (5.3.50)$$

$$\xi_m M_{mj} = \frac{\partial F}{\partial \dot{z}_j}, \qquad (5.3.51)$$

$$\dot{\mu}_i = -\mu_l\,\frac{\partial v_l}{\partial y_i} + (\nu_m + \xi_m)\,\frac{\partial DGL_m}{\partial y_i} - \frac{\partial F}{\partial y_i}, \qquad (5.3.52)$$

$$\dot{\nu}_m M_{mj} = -\mu_i\,\frac{\partial v_i}{\partial z_j} - \nu_m \dot{M}_{mj} + (\nu_m + \xi_m)\,\frac{\partial DGL_m}{\partial z_j} - \frac{\partial F}{\partial z_j}, \qquad (5.3.53)$$

$$\eta_m^0\,\frac{\partial \dot{\Phi}_m^0}{\partial z_j^0} = \nu_m^0 M_{mj}^0, \qquad (5.3.54)$$

$$\zeta_l^0\,\frac{\partial \Phi_l^0}{\partial y_i^0} = \mu_i^0 - \eta_m^0\,\frac{\partial \dot{\Phi}_m^0}{\partial y_i^0}. \qquad (5.3.55)$$

Unter Berücksichtigung der Symmetrie der Massenmatrix, d.h. $\boldsymbol{M} = \boldsymbol{M}^T$, können die Gleichungen auch in der übersichtlicheren Matrizenschreibweise dargestellt werden:

$$\begin{aligned}\nabla\psi &= \frac{\partial G^1}{\partial \boldsymbol{p}} - \tau^1\frac{\partial H^1}{\partial \boldsymbol{p}} - \left(\frac{\partial \boldsymbol{\Phi}^0}{\partial \boldsymbol{p}}\right)^T \boldsymbol{\zeta}^0 - \left(\frac{\partial \dot{\boldsymbol{\Phi}}^0}{\partial \boldsymbol{p}}\right)^T \boldsymbol{\eta}^0 \\ &\quad + \int_{t^0}^{t^1}\left[\frac{\partial F}{\partial \boldsymbol{p}} + \left(\frac{\partial \boldsymbol{v}}{\partial \boldsymbol{p}}\right)^T \boldsymbol{\mu} - \left(\frac{\partial \boldsymbol{DGL}}{\partial \boldsymbol{p}}\right)^T (\boldsymbol{\nu} + \boldsymbol{\xi})\right] dt, \qquad (5.3.56)\end{aligned}$$

$$\tau^1 = \frac{\dot{G}^1 + F^1}{\dot{H}^1}, \tag{5.3.57}$$

$$\boldsymbol{\mu}^1 = \frac{\partial G^1}{\partial \boldsymbol{y}^1} - \tau^1 \frac{\partial H^1}{\partial \boldsymbol{y}^1}, \tag{5.3.58}$$

$$\boldsymbol{M}^1 \boldsymbol{\nu}^1 = \frac{\partial G^1}{\partial \boldsymbol{z}^1} - \tau^1 \frac{\partial H^1}{\partial \boldsymbol{z}^1}, \tag{5.3.59}$$

$$\boldsymbol{M}\boldsymbol{\xi} = \frac{\partial F}{\partial \dot{\boldsymbol{z}}}, \tag{5.3.60}$$

$$\dot{\boldsymbol{\mu}} = -\left(\frac{\partial \boldsymbol{v}}{\partial \boldsymbol{y}}\right)^T \boldsymbol{\mu} + \left(\frac{\partial \boldsymbol{DGL}}{\partial \boldsymbol{y}}\right)^T (\boldsymbol{\nu} + \boldsymbol{\xi}) - \frac{\partial F}{\partial \boldsymbol{y}}, \tag{5.3.61}$$

$$\boldsymbol{M}\dot{\boldsymbol{\nu}} = -\left(\frac{\partial \boldsymbol{v}}{\partial \boldsymbol{z}}\right)^T \boldsymbol{\mu} - \dot{\boldsymbol{M}}\boldsymbol{\nu} + \left(\frac{\partial \boldsymbol{DGL}}{\partial \boldsymbol{z}}\right)^T (\boldsymbol{\nu} + \boldsymbol{\xi}) - \frac{\partial F}{\partial \boldsymbol{z}}, \tag{5.3.62}$$

$$\left(\frac{\partial \dot{\boldsymbol{\Phi}}^0}{\partial \boldsymbol{z}^0}\right)^T \boldsymbol{\eta}^0 = \boldsymbol{M}^0 \boldsymbol{\nu}^0, \tag{5.3.63}$$

$$\left(\frac{\partial \boldsymbol{\Phi}^0}{\partial \boldsymbol{y}^0}\right)^T \boldsymbol{\zeta}^0 = \boldsymbol{\mu}^0 - \left(\frac{\partial \dot{\boldsymbol{\Phi}}^0}{\partial \boldsymbol{y}^0}\right)^T \boldsymbol{\eta}^0. \tag{5.3.64}$$

Die adjungierten Gleichungen (5.3.57)–(5.3.64) sind in der angegebenen Reihenfolge zu lösen, Bild 5.3.2. Zunächst werden die adjungierten Variablen τ^1 und die Endwerte des adjungierten Zustands $\boldsymbol{\mu}(t)$ und $\boldsymbol{\nu}(t)$ aus den algebraischen Gleichungen (5.3.57)–(5.3.59) bestimmt. Mit diesen Endwerten können anschließend die adjungierten Differentialgleichungen (5.3.61) und (5.3.62) durch Rückwärtsintegration gelöst werden. Dabei haben die adjungierten Variablen $\boldsymbol{\xi}$ lediglich Hilfsfunktion und sind parallel zur Integration für jeden Zeitschritt aus Gleichung (5.3.60) mit der positiv definiten Massenmatrix vorab zu berechnen. Da die gleiche Inversion der Massenmatrix auch in (5.3.62) benötigt wird, sollten die nötigen Informationen über $\boldsymbol{M}^{-1}$, z.B. die Dreiecksmatrix der Cholesky-Zerlegung, gespeichert werden. Mit $\boldsymbol{\mu}^0 = \boldsymbol{\mu}(t^0)$ und $\boldsymbol{\nu}^0 = \boldsymbol{\nu}(t^0)$ können abschließend aufgrund der Regularität der Jacobimatrizen $\partial\boldsymbol{\Phi}^0/\partial\boldsymbol{y}^0$ und $\partial\dot{\boldsymbol{\Phi}}^0/\partial\boldsymbol{z}^0$ die noch fehlenden adjungierten Variablen $\boldsymbol{\eta}^0$ und $\boldsymbol{\zeta}^0$ sukzessive aus (5.3.63) und (5.3.64) bestimmt werden. Damit sind alle adjungierten Variablen gegeben und der Gradient kann mit Hilfe von Gleichung (5.3.56) berechnet werden.

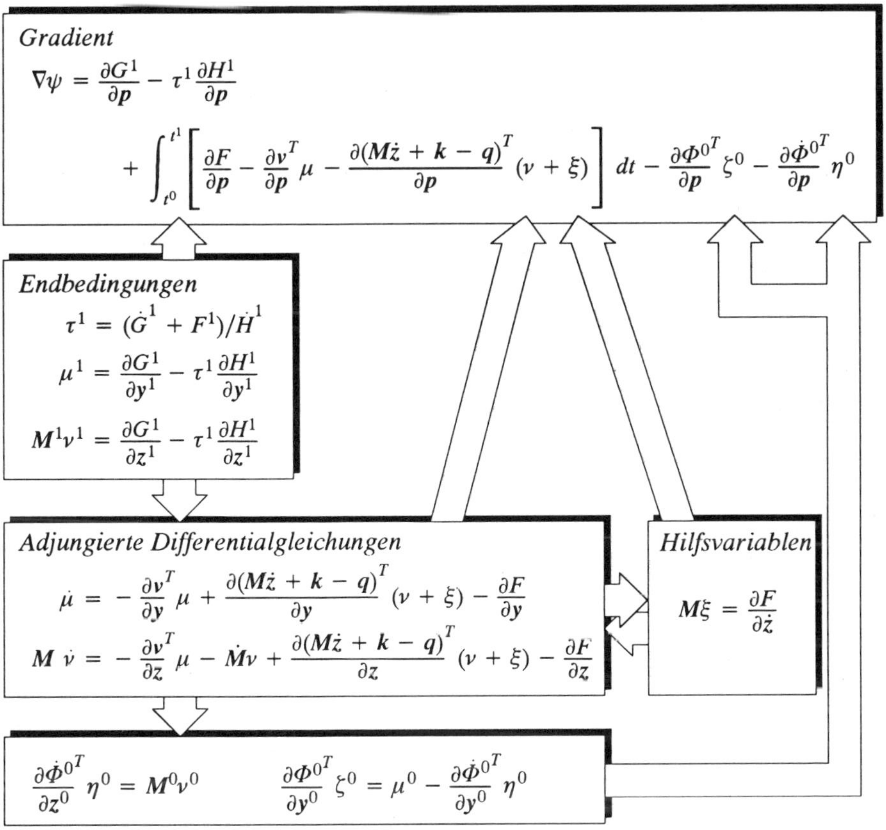

Bild 5.3.2: Adjungierte Variablen Methode für Mehrkörpersysteme mit Baumstruktur

Beispiel 5.3.2: Empfindlichkeitsanalyse des Einmassenschwingers mit der Adjungierte Variablen Methode

Die im Beispiel 5.3.1 gestellte Aufgabe läßt sich auch mit der Adjungierte Variablen Methode lösen. Mit den in Tabelle 5.3.1 zusammengestellten Informationen ergeben sich die folgenden adjungierten Gleichungen:

$$\tau^1 = z^1, \quad \mu^1 = 1, \quad m\,\nu^1 = 0,$$

$$m\,\zeta = 0,$$

$$\dot{\mu} = c\,(\nu + \xi), \quad m\,\dot{\nu} = -\mu,$$

$$\eta^0 = m\,\nu^0, \quad \zeta^0 = \mu^0.$$

Für den Gradienten findet man mit $\xi \equiv 0$

$$\nabla\psi = -\begin{bmatrix} 0 \\ -1 \end{bmatrix}\eta^0 + \int_{t^0}^{t^1}\left(-\begin{bmatrix} y \\ 0 \end{bmatrix}(\nu+\xi)\right)dt = \begin{bmatrix} -\int_{t^0}^{t^1} y\nu\, dt \\ \eta^0 \end{bmatrix}.$$

Die Lösung der adjungierten Gleichungen erfolgt i. allg. numerisch, im vorliegenden Fall ist jedoch auch eine analytische Lösung möglich. Aus den adjungierten Differentialgleichungen und den Endbedingungen folgt

$$\ddot{\mu} + \frac{c}{m}\mu = 0, \qquad \mu^1 = 1, \quad \dot{\mu}^1 = 0.$$

Mit dem Ansatz

$$\mu(t) = a_1 \sin\left(\sqrt{\frac{c}{m}}\, t\right) + a_2 \cos\left(\sqrt{\frac{c}{m}}\, t\right)$$

ergeben sich aus den Endbedingungen für $t^1 = \pi/2$ die Konstanten

$$a_1 = \sin\left(\sqrt{\frac{c}{m}}\,\frac{\pi}{2}\right), \quad a_2 = \cos\left(\sqrt{\frac{c}{m}}\,\frac{\pi}{2}\right).$$

Weiterhin ist

$$\nu(t) = \frac{\dot{\mu}}{c} = \frac{a_1}{c}\sqrt{\frac{c}{m}}\cos\left(\sqrt{\frac{c}{m}}\, t\right) - \frac{a_2}{c}\sqrt{\frac{c}{m}}\sin\left(\sqrt{\frac{c}{m}}\, t\right).$$

Mit der Lösung (5.1.7) bleibt für die erste Komponente des Gradienten

$$\begin{aligned}
\nabla\psi_1 &= -\int_{t^0}^{t^1} y\nu\, dt \\
&= -\frac{v_0}{c}\int_0^{\pi/2}\left[a_1 \sin\left(\sqrt{\frac{c}{m}}\, t\right)\cos\left(\sqrt{\frac{c}{m}}\, t\right) - a_2 \sin^2\left(\sqrt{\frac{c}{m}}\, t\right)\right]dt \\
&= -\frac{v_0}{c}\left[\frac{a_1}{2}\sqrt{\frac{m}{c}}\sin^2\left(\sqrt{\frac{c}{m}}\, t\right) - \frac{a_2}{2}t + \frac{a_2}{4}\sqrt{\frac{m}{c}}\sin\left(2\sqrt{\frac{c}{m}}\, t\right)\right]_0^{\pi/2} \\
&= -\frac{v_0}{2c}\left[\sqrt{\frac{m}{c}}\sin^3\left(\sqrt{\frac{c}{m}}\,\frac{\pi}{2}\right) - \frac{\pi}{2}\cos\left(\sqrt{\frac{c}{m}}\,\frac{\pi}{2}\right)\right. \\
&\qquad\qquad \left. + \sqrt{\frac{m}{c}}\sin\left(\sqrt{\frac{c}{m}}\,\frac{\pi}{2}\right)\cos^2\left(\sqrt{\frac{c}{m}}\,\frac{\pi}{2}\right)\right] \\
&= -\frac{v_0}{2c}\left[\sqrt{\frac{m}{c}}\sin\left(\sqrt{\frac{c}{m}}\,\frac{\pi}{2}\right) - \frac{\pi}{2}\cos\left(\sqrt{\frac{c}{m}}\,\frac{\pi}{2}\right)\right].
\end{aligned}$$

Für die zweite Komponente ergibt sich

$$\nabla\psi_2 = \eta^0 = m\,\nu(0) = \sqrt{\frac{m}{c}}\,\sin\left(\sqrt{\frac{c}{m}}\,\frac{\pi}{2}\right).$$

Durch Vergleich mit der Referenzlösung (5.1.9) lassen sich die erhaltenen Ergebnisse verifizieren.

Wie die Bewegungsgleichungen können auch die adjungierten Gleichungen i. allg. nur numerisch gelöst werden. Zur Berechnung der Werte von funktionalen Kriterien und deren Gradienten müssen diese als Anfangs- bzw. Endwertproblem formuliert werden. Dies wird durch Einführen von Hilfsvariablen ermöglicht. Mit der Variablen $\Psi \in I\!R$ ergibt sich für das funktionale Kriterium (4.1.7) folgendes Anfangswertproblem:

$$\begin{aligned} &\psi(\boldsymbol{p}) = G^1(t^1, \boldsymbol{y}^1, \boldsymbol{z}^1, \boldsymbol{p}) + \Psi(t^1) \\ &\qquad \text{mit} \quad \Psi: \quad \dot{\Psi} = F(t, \boldsymbol{y}, \boldsymbol{z}, \dot{\boldsymbol{z}}, \boldsymbol{p}), \quad \Psi(t^0) = 0, \quad t \in [t^0, t^1]. \end{aligned} \tag{5.3.65}$$

In entsprechender Weise läßt sich der Gradient (5.3.56) auch als

$$\nabla\psi = \nabla\Psi(t^0) - \left(\frac{\partial\boldsymbol{\Phi}^0}{\partial\boldsymbol{p}}\right)^T \boldsymbol{\zeta}^0 - \left(\frac{\partial\dot{\boldsymbol{\Phi}}^0}{\partial\boldsymbol{p}}\right)^T \boldsymbol{\eta}^0 \tag{5.3.66}$$

mit

$$\nabla\Psi(t) = \frac{\partial G^1}{\partial\boldsymbol{p}} - \tau^1\frac{\partial H^1}{\partial\boldsymbol{p}} + \int_t^{t^1} \left[\frac{\partial F}{\partial\boldsymbol{p}} + \left(\frac{\partial\boldsymbol{v}}{\partial\boldsymbol{p}}\right)^T \boldsymbol{\mu} - \left(\frac{\partial\boldsymbol{DGL}}{\partial\boldsymbol{p}}\right)^T (\boldsymbol{\nu} + \boldsymbol{\xi})\right] d\tau \tag{5.3.67}$$

schreiben. Die Differentiation von $\nabla\Psi(t)$ bezüglich der Zeit liefert das zugehörige Endwertproblem zur Berechnung von $\nabla\Psi(t^0)$:

$$\begin{aligned} &\frac{d}{dt}(\nabla\Psi) = -\frac{\partial F}{\partial\boldsymbol{p}} - \left(\frac{\partial\boldsymbol{v}}{\partial\boldsymbol{p}}\right)^T \boldsymbol{\mu} + \left(\frac{\partial\boldsymbol{DGL}}{\partial\boldsymbol{p}}\right)^T (\boldsymbol{\nu} + \boldsymbol{\xi}), \\ &\qquad \nabla\Psi(t^1) = \frac{\partial G^1}{\partial\boldsymbol{p}} - \tau^1\frac{\partial H^1}{\partial\boldsymbol{p}}. \end{aligned} \tag{5.3.68}$$

Die Differentialgleichungen (5.3.65) und (5.3.68) können jeweils an die Zustandsgleichungen bzw. adjungierten Differentialgleichungen angehängt werden, um sie simultan mitzuintegrieren.

Die Vorwärtsintegration der Bewegungsgleichungen und die Rückwärtsintegration der adjungierten Gleichungen müssen als eine Einheit betrachtet werden, denn über die Abhängigkeiten von den Zustandsgrößen sind die adjungierten Gleichungen mit den Bewegungsgleichungen gekoppelt, Bild 5.3.3. Wählt man für die Integration der Bewegungsgleichungen ein Integrationsverfahren mit Schrittweitensteuerung, vgl. Abschnitt 3.1, erhält man als Ergebnis der numerischen Integration die Werte der Zustandsgrößen an den Stützstellen eines problemspezifischen, nichtäquidistanten Zeitgitters $t_n \in [t^0, t^1]$. Bei der Rückwärtsintegration wird von der Schrittweitensteuerung i. allg. ein davon abweichendes Zeitgitter erzeugt. Um jedoch einen Integrationsschritt von t_m nach t_{m+1} durchführen zu können, müssen die rechten Seiten der adjungierten Differentialgleichungen an der Stelle t_m ausgewertet werden, wozu man auch die Zustandsgrößen $\boldsymbol{y}(t_m)$, $\boldsymbol{z}(t_m)$ und $\dot{\boldsymbol{z}}(t_m)$ benötigt. Da diese nicht zur Verfügung stehen, müssen sie aus den gegebenen Stützstellen durch geeignete Interpolationsmethoden approximiert werden, wobei die Interpolation die gleiche Fehlerordnung haben sollte wie die Stützstellen selbst.

Mit dem in Abschnitt 5.1.2 beschriebenen Algorithmus von Aitken und Neville läßt sich eine Interpolation beliebiger Ordnung realisieren. Dazu müssen jedoch die Approximationsordnung und die zu verwendenden Stützstellen vorgegeben werden. Anhaltswerte dafür ergeben sich aus der Vorwärtsintegration, falls der in Abschnitt 3.1 beschriebene Mehrschrittalgorithmus von SHAMPINE und GORDON (1975) benutzt wird. Dieser Algorithmus verwendet selbst Interpolationspolynome für Zustandsableitungen und Zustandsgrößen, wobei die Interpolationsordnungen und Schrittweiten problemangepaßt geschätzt werden, um vorgegebene Integrationstoleranzen einzuhalten. Speichert man für jede Stützstelle t_n der Vorwärtsintegration neben den Zustandswerten auch die verallgemeinerten Beschleunigungen und die lokale Verfahrensordnung o_n, d.h.

$$\{t_n\,,\ \boldsymbol{y}_n\,,\ \boldsymbol{z}_n\,,\ \dot{\boldsymbol{z}}_n\,,\ o_n\}\,, \quad t_0 \equiv t^0, \quad n = 0, 1, 2, \ldots, \tag{5.3.69}$$

dann bietet sich folgendes Interpolationsschema an: Zur Approximation der Zustands- bzw. Beschleunigungsgrößen $\boldsymbol{y}(\tau)$, $\boldsymbol{z}(\tau)$ und $\dot{\boldsymbol{z}}(\tau)$ für einen Zeitpunkt $\tau \in (t_n\,,\ t_{n+1}]$ wird ein Interpolationspolynom der Ordnung $k = o_{n+1}$ mit den Gitterpunkten $\{t_{n+1}\,,\ t_n\,, \ldots,\ t_{n+1-k}\}$ konstruiert. Eine solche Interpolation hat dieselbe Fehlerordnung wie die Stützstellen der Integration.

Beschränkt man sich auf ein System in Zustandsform, vgl. Abschnitt 3.1, Bild 3.1.1, und ein äquidistantes Zeitgitter mit der Schrittweite h, dann ist der Fehler der Stützstellen x_n gegenüber der exakten Lösung $x(t_n)$ von der Ordnung $(k+1)$, d.h. er läßt sich durch

$$|x(t_n) - x_n| \le c_1 h^{k+1} \tag{5.3.70}$$

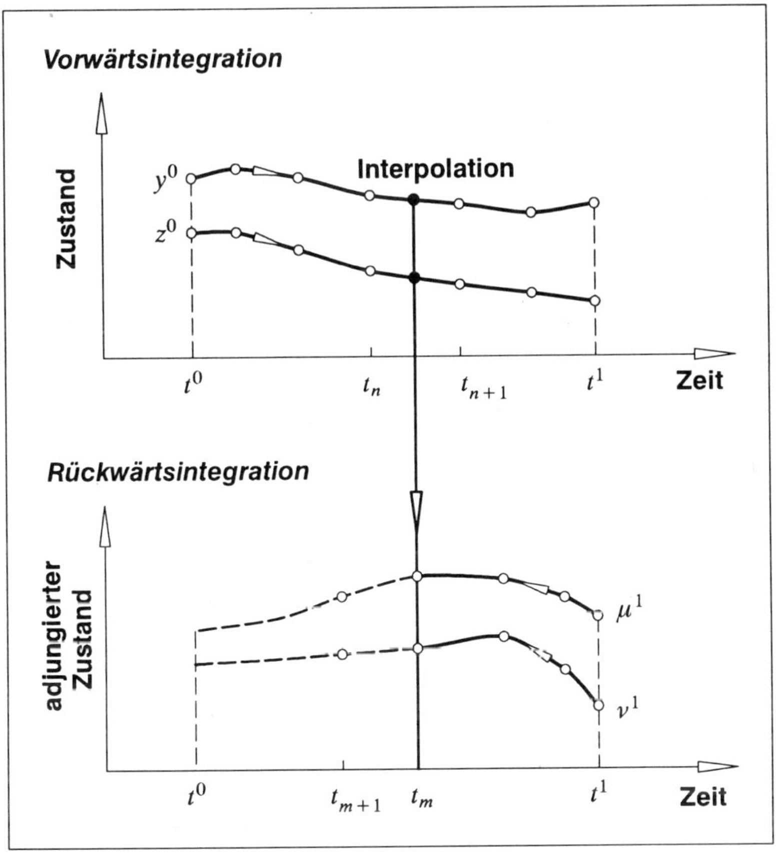

Bild 5.3.3: Kopplung der adjungierten Gleichungen mit den Bewegungsgleichungen

mit einer Konstanten $c_1 > 0$ abschätzen, SHAMPINE und GORDON (1975). Entsprechend dem obigen Schema ist $x(\tau)$, $\tau \in (t_n\,,\; t_{n+1}]$, durch ein Interpolationspolynom

$$P_{n+1,k}(t): \quad P_{n+1,k}(t_i) = x_i\,, \quad i = n+1\;(-1)\;n+1-k, \tag{5.3.71}$$

zu interpolieren. Über den Abbruchfehler einer Interpolation macht folgender Satz eine grundlegende Aussage:

Satz 5.1: Abbruchfehler

Eine Funktion $f(t)$ sei in einem Intervall $[a,b]$ k–mal stetig differenzierbar, und t_i, $i = 0(1)k$, seien diskrete Punkte in $[a,b]$ mit den jeweiligen

Funktionswerten f_i, $i = 0(1)k$. Dann ist der lokale Abbruchfehler eines Interpolationspolynoms $P_k(t)$ der Ordnung k für alle $t \in [a, b]$

$$f(t) - P_k(t) = E(t)\,\omega(t),$$

$$\text{mit} \quad \omega(t) = \prod_{i=0}^{k}(t - t_i),$$

$$E(t) = \frac{f^{(k+1)}(\xi(t))}{(k+1)!} \quad \text{für } t \neq t_i\,. \tag{5.3.72}$$

Dabei ist der unbekannte Punkt $\xi(t)$ Element des kleinsten Intervalls, das t und die Stützstellen enthält. Für $t = t_i$ verschwindet der Fehler.

Der Beweis des Satzes findet sich z.B. bei SHAMPINE und GORDON (1975). Zunächst sei angenommen, daß die Stützstellen exakt sind. Zur Unterscheidung wird das zugehörige Interpolationspolynom mit

$$\mathcal{P}_{n+1,k}(t): \quad \mathcal{P}_{n+1,k}(t_i) = x(t_i)\,, \quad i = n{+}1\ (-1)\ n{+}1{-}k, \tag{5.3.73}$$

bezeichnet. Dann entsteht nach Satz 5.1 an einer Stelle τ mit $t_n < \tau < t_{n+1}$ ein Abbruchfehler, der sich durch

$$\begin{aligned} |x(\tau) - \mathcal{P}_{n+1,k}(\tau)| &= \frac{\left|x^{(k+1)}(\xi)\right|}{(k+1)!} \prod_{j=0}^{k} |t - t_{n+1-j}| \\ &\leq \frac{\left|x^{(k+1)}(\xi)\right|}{(k+1)!} (h \cdot h \cdot 2h \cdots kh) \\ &= \frac{\left|x^{(k+1)}(\xi)\right|}{(k+1)} h^{k+1} \leq c_2\, h^{k+1} \end{aligned} \tag{5.3.74}$$

mit einer Konstanten $c_2 > 0$ abschätzen läßt.

Löst man sich von dieser Annahme und setzt voraus, daß die Stützstellen entsprechend (5.3.70) mit einem Fehler der Ordnung $(k + 1)$ behaftet sind, dann gilt für die mit (5.3.71) interpolierten Werte

$$|x(\tau) - P_{n+1,k}(\tau)| \leq |x(\tau) - \mathcal{P}_{n+1,k}(\tau)| + |\mathcal{P}_{n+1,k}(\tau) - P_{n+1,k}(\tau)|\,. \tag{5.3.75}$$

Der erste Term läßt sich entsprechend (5.3.74) abschätzen, für den zweiten Term findet man nach Darstellung der Polynome in der Lagrange Form mit der

Abschätzung (5.3.70)

$$\begin{aligned} |\mathcal{P}_{n+1,k}(\tau) - P_{n+1,k}(\tau)| &= \left| \sum_{j=0}^{k} l_j \; [x(t_{n+1-j}) - x_{n+1-j}] \right| \\ &\leq c_1 \, h^{k+1} \sum_{j=0}^{k} |l_j| . \end{aligned} \tag{5.3.76}$$

Die Einheitspolynome l_j können mit Hilfe der Transformationen $t_{n+1-j} = t_{n+1} - jh$ und $\sigma := (\tau - t_{n+1})/h$, $-1 < \sigma < 0$, durch Konstanten abgeschätzt werden:

$$|l_j| = \prod_{\substack{i=0\\ i\neq j}}^{k} \left| \frac{\tau - t_{n+1-i}}{t_{n+1-j} - t_{n+1-i}} \right| = \prod_{\substack{i=0\\ i\neq j}}^{k} \left| \frac{\sigma + i}{i - j} \right| \leq \prod_{\substack{i=0\\ i\neq j}}^{k} \left| \frac{i+1}{i-j} \right| =: c_3 . \tag{5.3.77}$$

Damit bleibt für den Interpolationsfehler (5.3.75)

$$|x(\tau) - P_{n+1,k}(\tau)| \leq c_2 \, h^{k+1} + (k+1) \, c_3 \, c_1 \, h^{k+1} =: c \, h^{k+1} , \tag{5.3.78}$$

d.h. der Interpolationsfehler ist von der gleichen Ordnung wie der Fehler in den Stützstellen.

Beispiel 5.3.3: Interpolationsfehler

Die theoretischen Fehlerabschätzungen zeigen zwar die Fehlerordnung, über den tatsächlichen Fehler machen sie wegen der unbekannten Abschätzkonstanten keine Aussagen. Daher sollen die Fehler für ein einfaches, nichtlineares Beispiel,

$$\dot{x} = -20 \, t \, x^2 , \quad x(-1) = \frac{1}{11} , \quad t \in [-1, 0] ,$$

berechnet werden, dessen exakte Lösung analytisch angegeben werden kann:

$$x_e(t) = \frac{1}{1 + 10 \, t^2} .$$

Dazu werden die Stützstellen mit dem Integrationsalgorithmus von SHAMPINE und GORDON (1975) mit den Fehlertoleranzen $RELERR = ABSERR = 10^{-8}$ berechnet und anschließend mehrere Punkte zwischen den Stützstellen entsprechend dem oben beschriebenen Schema interpoliert. Integration und Interpolation liefern als Ergebnis für einen beliebigen Zeitpunkt τ jeweils einen Wert

$$x(\tau) = x_e(\tau) + \Delta x(\tau) ,$$

der von der exakten Lösung $x_e(\tau)$ um einen globalen Fehler $\Delta x(\tau)$ abweicht, Bild 5.3.4a. Dieser Fehler setzt sich aus einem Integrationsfehler der Stützstellen und einem Abbruchfehler der Interpolation zusammen. Da der Integrationsfehler nur lokal kontrolliert werden kann, wächst er rasch an und überdeckt den Interpolationsfehler. Die Spitzen der Fehlerkurve sind auf die Betragsbildung zurückzuführen.

Um den Abbruchfehler der Interpolation zu isolieren, kann man statt der integrierten Stützstellenwerte die exakten Funktionswerte an den von der numerischen Integration vorgeschlagenen Stützstellen verwenden, Bild 5.3.4b. Man erkennt eine gewisse Rauhigkeit der Interpolationsfehlerkurve, die sich auf die Zustandstrajektorien überträgt, die Amplituden bleiben aber i. allg. unterhalb der Integrationstoleranzen. In den Stützstellen verschwindet der Abbruchfehler erwartungsgemäß.

Die Bögen im Fehler der Interpolation scheinen ein Schwingen der Polynome anzudeuten, das man bei Approximationen höherer Ordnung kennt, BULIRSCH und RUTISHAUSER (1968). In einer zweiten numerischen Untersuchung ist daher die Interpolationsordnung k limitiert, Bild 5.3.5.

Die Ergebnisse sind deutlich schlechter, die Interpolationsfehler überschreiten sogar die vorgegebenen Fehlertoleranzen der numerischen Integration. Hohe und an die Integration angepaßte Approximationsordnungen sind also durchaus nötig, um gute Interpolationsergebnisse zu erzielen.

Die Einhaltung der Integrationstoleranzen durch die Interpolation garantiert auch eine kontrollierbare Genauigkeit der Rückwärtsintegration. Allerdings kann die Rauhigkeit der interpolierten Zustandstrajektorien die Schrittweitensteuerung der Rückwärtsintegration negativ beeinflussen, da sie die rechten Seiten der adjungierten Differentialgleichungen rauh macht. Bei einfachen Systemen, wie dem Einmassenschwinger in Beispiel 5.1.2, macht die Schrittweitensteuerung der Rückwärtsintegration bei interpolierten Zuständen selbst gegenüber analytisch vorgegebenen, glatten Zustandstrajektorien keinen Unterschied. Bei komplexeren Systemen ist es jedoch günstiger, die Integration der Bewegungsgleichungen etwa zwei- bis zehnmal genauer durchzuführen als die Integration der adjungierten Differentialgleichungen. Dies glättet die Zustandstrajektorien und erlaubt größere Schrittweiten bei der Rückwärtsintegration, außerdem erhöht es die Genauigkeit der Kriterienwerte, die in die Konvergenzkriterien von Optimierungsverfahren eingehen.

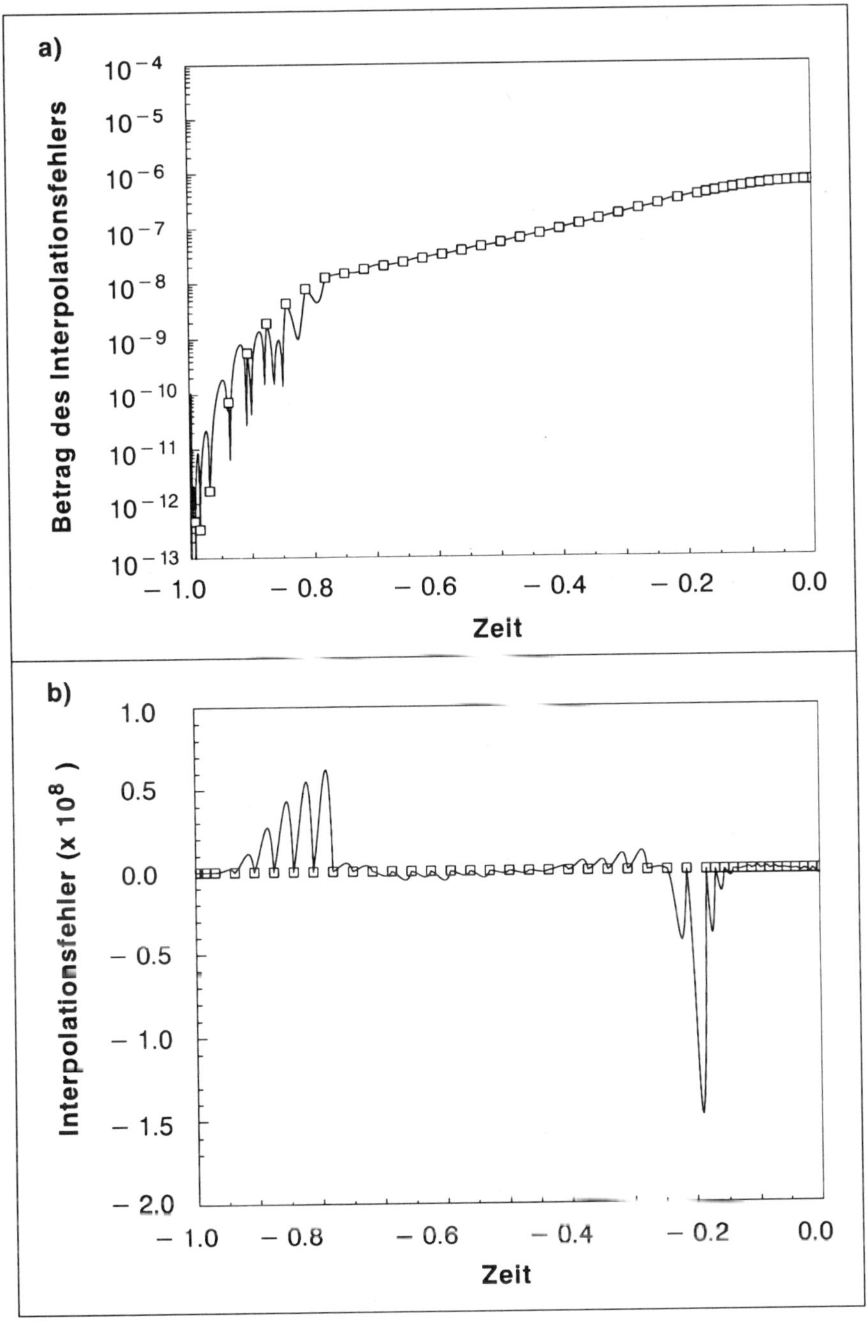

Bild 5.3.4: Interpolationsfehler in $x(\tau)$ bei integrierten (a) und fehlerfreien (b) Stützstellen ($\square$)

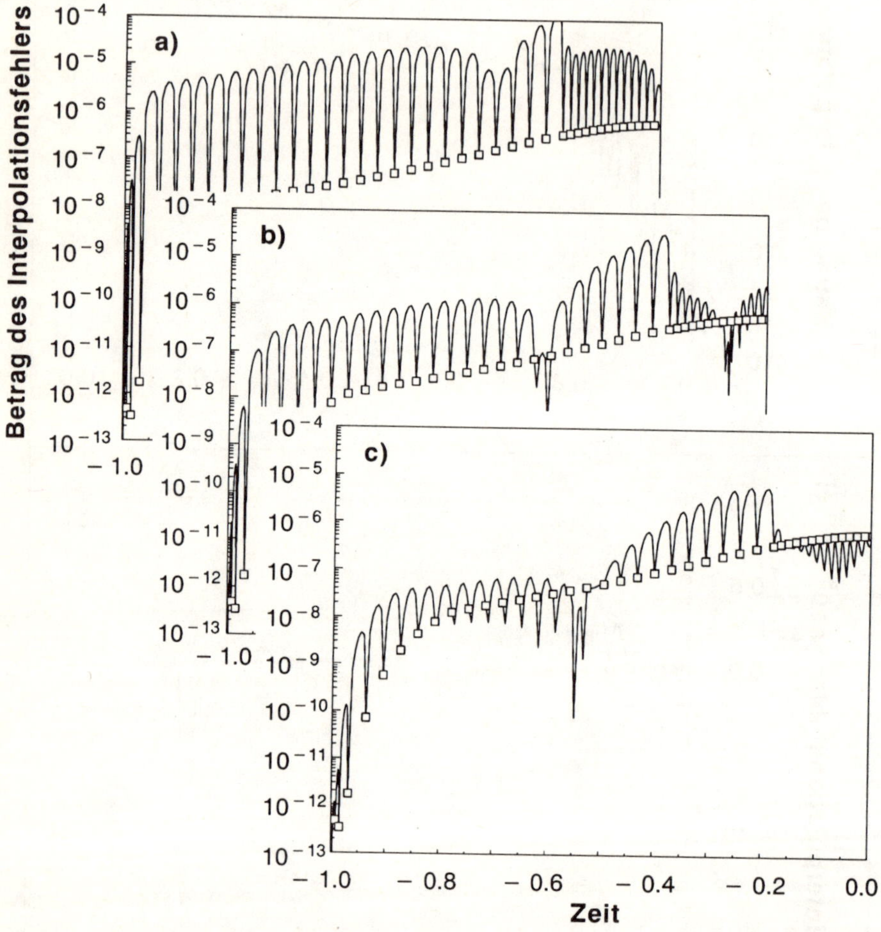

Bild 5.3.5: Interpolationsfehler in $x(\tau)$ bei begrenzter Interpolationsordnung k: (a) $k = \min\{o_{n+1}, 2\}$, (b) $k = \min\{o_{n+1}, 3\}$, (c) $k = \min\{o_{n+1}, 4\}$

Beispiel 5.3.4: Ebenes Fahrzeugmodell

Das in Bild 5.3.6 dargestellte, ebene Modell eines Fahrzeugs mit dem Freiheitsgrad $f = 5$ kann durch die verallgemeinerten Koordinaten

$$\boldsymbol{y} = [y,\ z,\ \alpha,\ \phi,\ w]^T$$

beschrieben werden. Das Fahrzeug soll mit einer konstanten Geschwindigkeit von $20 m/s$ über eine sinusförmige Schwelle fahren, wie sie in Wohngebieten zur Verkehrsberuhigung eingesetzt wird.

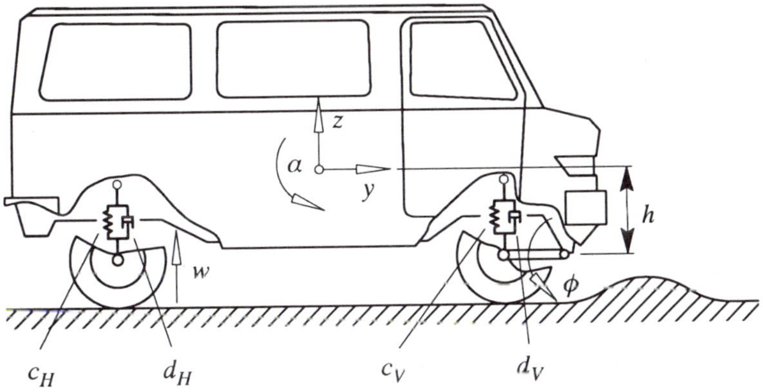

Bild 5.3.6: Ebenes Fahrzeugmodell

Die Steifigkeiten und Dämpfungskoeffizienten der vorderen und hinteren Radaufhängung, sowie die Höhe des Aufbauschwerpunkts werden als Entwurfsvariablen betrachtet, d.h. $\boldsymbol{p} = [c_V\ ,\ c_H\ ,\ d_V\ ,\ d_H\ ,\ h]^T$. Als Gütekriterium wird der Komfort des Fahrzeugs untersucht, d.h. die Aufbaubeschleunigung $\ddot{z}$:

$$\psi = \int_{t^0}^{t^1} \ddot{z}^2\, dt.$$

Die Integrationstoleranzen für die Lösung der adjungierten Gleichungen sind $RELERR = 10^{-5}$ und $ABSERR = 10^{-11}$. Die Integrationstoleranzen für die Integration der Bewegungsgleichungen sind um einen Toleranzfaktor σ, $0 < \sigma \leq 1$, kleiner gewählt, d.h.

$$\begin{aligned} ABSERR_{vorwärts} &= \sigma\, ABSERR, \\ RELERR_{vorwärts} &= \sigma\, RELERR. \end{aligned}$$

Bild 5.3.7 zeigt die Zahl der Funktionsauswertungen für die Vorwärts- und Rückwärtsintegration, sowie die Gesamtrechenzeit in Abhängigkeit des Toleranzfaktors σ. Eine Glättung der Zustandstrajektorien durch Verringern von σ hat zunächst positiven Einfluß auf die Schrittweitenkontrolle der Rückwärtsintegration, die Zahl der Funktionsauswertungen und damit die Zahl der Integrationsschritte wird reduziert. Ab einer bestimmten Grenze bleibt die Zahl der Integrationsschritte zur Lösung der adjungierten Gleichungen jedoch etwa konstant. Dagegen verringert sich erwartungsgemäß die Schrittweite der Vorwärtsintegration und führt deswegen zur Erhöhung der Zahl der Funktionsauswertungen. Die Gesamtrechenzeit für Vorwärts- und Rückwärtsintegration gibt einen Anhaltswert für die optimale Wahl des Toleranzfaktors, $\sigma \approx 0.3$. Der Rechenzeitgewinn gegenüber $\sigma = 1$ beträgt in diesem Fall zwar nur etwa 6%, jedoch hat man zusätzlich den Vorteil einer genaueren Berechnung des Kriterienwertes.

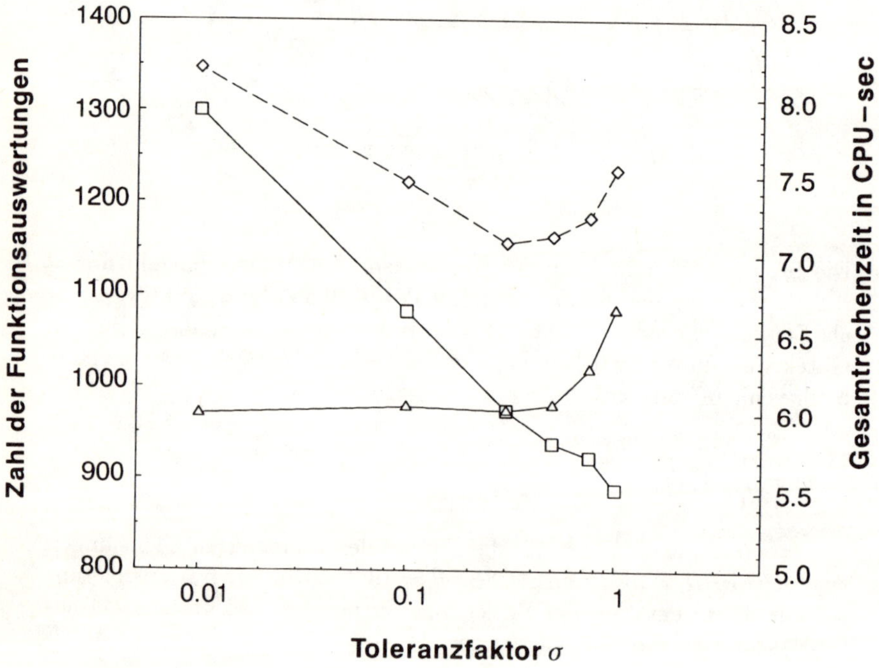

Bild 5.3.7: Einfluß der Glättung von Zustandstrajektorien auf die Integration der adjungierten Gleichungen: Zahl der Funktionsauswertungen für die Vorwärtsintegration (□) und die Rückwärtsintegration (△) sowie die Gesamtrechenzeit (◇)

5.4 Mehrkörpersysteme mit kinematischen Schleifen

Zur Beschreibung von Mehrkörpersystemen mit kinematischen Schleifen wurden in Abschnitt 3.2 zwei verschiedene Formen der Bewegungsgleichungen angegeben, die Minimalform und die differential-algebraischen Gleichungen. Beide Formulierungen lassen sich einer Empfindlichkeitsanalyse zugrunde legen, die differential-algebraischen Gleichungen sind jedoch einfacher zu behandeln. Deshalb beschränken sich die folgenden Ableitungen auf diese Struktur von Bewegungsgleichungen.

Die Kinematik eines Mehrkörpersystems mit kinematischen Schleifen wird durch die verallgemeinerten Koordinaten des aufspannenden Baums beschrieben. Daher erfolgt i. allg. auch die Bewertung des dynamischen Verhaltens mit Hilfe dieser Koordinaten. Dazu sind im Kriterium (4.1.7) bzw. (5.2.6) die Koordinaten $\boldsymbol{y}$ und $\boldsymbol{z}$ durch die Baumkoordinaten zu ersetzen:

$$\psi = G^1(t^1, y_i^{b1}, z_j^{b1}, p_k) + \int_{t^0}^{t^1} F(t, y_i^b, z_j^b, \dot{z}_j^b, p_k)\, dt. \tag{5.4.1}$$

Die Systemdynamik wird durch die differentiellen Kinematik- und Kinetikgleichungen (3.2.7),

$$\dot{y}_i^b - z_i^b = 0, \tag{5.4.2}$$

$$\begin{aligned} DGL_m(t, y_i^b, \dot{z}_j^b, \dot{z}_j^b, \lambda_n, p_k) &:= M_{mj}^b(t, y_i^b, p_k)\, \dot{z}_j^b - C_{nm}(t, y_i^b, p_k)\, \lambda_n \\ &\quad + k_m^b(t, y_i^b, z_j^b, p_k) - q_m^b(t, y_i^b, z_j^b, p_k) = 0, \end{aligned} \tag{5.4.3}$$

und die algebraischen Schleifenschließbedingungen (3.2.1),

$$c_n(t, y_i^b, p_k) = 0, \tag{5.4.4}$$

festgelegt. Wie in Abschnitt 3.2 dargestellt, müssen zusätzlich die Nebenbedingungen (3.2.8) und (3.2.9) auf Geschwindigkeits- und Beschleunigungsebene berücksichtigt werden:

$$\dot{c}_n(t, y_i^b, z_j^b, p_k) = C_{nj}\, z_j^b + \frac{\partial c_n}{\partial t} = 0, \tag{5.4.5}$$

$$\ddot{c}_n(t, y_i^b, z_j^b, \dot{z}_j^b, p_k) = C_{nj}\, \dot{z}_j^b + \dot{C}_{nj}\, z_j^b + \frac{d}{dt}\frac{\partial c_n}{\partial t} = 0. \tag{5.4.6}$$

Die Anfangsbedingungen für den Zustand $\boldsymbol{y}^b$ und $\boldsymbol{z}^b$ lassen sich analog zu (5.3.4) und (5.3.5) in impliziter Form formulieren:

$$y_i^{b0}: \quad \Phi_l^0(t^0, y_i^{b0}, p_k) = 0,$$

$$\Phi^0: \quad \mathbb{R} \times \mathbb{R}^{fb} \times \mathbb{R}^h \to \mathbb{R}^{fb}, \qquad \det \frac{\partial \Phi^0}{\partial y^{b0}} \neq 0, \tag{5.4.7}$$

$$z_j^{b0}: \quad \dot{\Phi}_m^0(t^0, y_i^{b0}, z_j^{b0}, p_k) = 0,$$

$$\dot{\Phi}^0: \quad \mathbb{R} \times \mathbb{R}^{fb} \times \mathbb{R}^{fb} \times \mathbb{R}^h \to \mathbb{R}^{fb}, \quad \det \frac{\partial \dot{\Phi}^0}{\partial z^{b0}} \neq 0. \tag{5.4.8}$$

Im Unterschied zu Mehrkörpersystemen mit Baumstruktur ist diese Wahl nicht völlig frei, denn die Anfangsbedingungen müssen konsistent mit den Bindungen (5.4.4) und (5.4.5) sein. Man wird daher i. allg. die Bindungsgleichungen um entsprechende Bedingungen erweitern, welche die verbleibenden Bewegungsmöglichkeiten festlegen.

Die implizite Endbedingung (4.1.8) ist ebenfalls in Abhängigkeit der Baumkoordinaten zu formulieren:

$$t^1: \quad H^1(t^1, y_i^{b1}, z_j^{b1}, p_k) = 0, \quad \dot{H}^1 \neq 0. \tag{5.4.9}$$

Die zusammengestellten Beziehungen legen das dynamische Verhalten $y_i^b(t)$, $z_j^b(t)$, die Endzeit t^1 und damit auch den Wert des Kriteriums (5.4.1) eindeutig fest. Die Ermittlung der Empfindlichkeitsfunktionen erfolgt wie bei den Mehrkörpersystemen mit Baumstruktur mit Hilfe der Variationsrechnung. Bei Variation der Entwurfsvariablen p_k folgt für die Variation des Kriterienwertes einerseits die Beziehung (5.2.2) mit dem gesuchten Gradienten, andererseits eine (5.2.14) entsprechende Beziehung:

$$\begin{aligned}
\delta\psi \; = \; & \left(\dot{G}^1 + F^1\right)\delta t^1 + \frac{\partial G^1}{\partial y_i^{b1}}\,\delta^1 y_i^b + \int_{t^0}^{t^1} \frac{\partial F}{\partial y_i^b}\,\delta y_i^b\,dt \\
& + \frac{\partial G^1}{\partial z_j^{b1}}\,\delta^1 z_j^b + \int_{t^0}^{t^1} \frac{\partial F}{\partial z_j^b}\,\delta z_j^b\,dt + \int_{t^0}^{t^1} \frac{\partial F}{\partial \dot{z}_j^b}\,\delta \dot{z}_j^b\,dt \\
& + \left(\frac{\partial G^1}{\partial p_k} + \int_{t^0}^{t^1} \frac{\partial F}{\partial p_k}\,dt\right)\delta p_k\,.
\end{aligned} \tag{5.4.10}$$

Die darin auftretenden abhängigen Variationen der Baumkoordinaten werden durch die ersten Variationen der Bestimmungsgleichungen (5.4.2)–(5.4.9) festgelegt. Aus den Kinematik- und Kinetikgleichungen (5.4.2) und (5.4.3) folgen differentielle Nebenbedingungen für die Variationen δy_i^b und δz_j^b:

$$\delta \dot{y}_i^b - \delta z_i^b = 0, \tag{5.4.11}$$

$$M_{mj}^b\, \delta \dot{z}_j^b - C_{nm}\, \delta\lambda_n + \frac{\partial DGL_m}{\partial y_i^b}\, \delta y_i^b + \frac{\partial DGL_m}{\partial z_j^b}\, \delta z_j^b + \frac{\partial DGL_m}{\partial p_k}\, \delta p_k = 0. \tag{5.4.12}$$

In Ergänzung zu den Mehrkörpersystemen mit Baumstruktur müssen die Lagrange Multiplikatoren, welche die Schleifenschließkräfte repräsentieren, mitvariiert werden.

Die Nebenbedingungen (5.4.4)–(5.4.6) führen auf algebraische Nebenbedingungen für die Variationen:

$$\delta c_n = C_{ni}\, \delta y_i^b + \frac{\partial c_n}{\partial p_k}\, \delta p_k = 0, \tag{5.4.13}$$

$$\delta \dot{c}_n = C_{nj}\, \delta z_j^b + \frac{\partial \dot{c}_n}{\partial y_i^b}\, \delta y_i^b + \frac{\partial \dot{c}_n}{\partial p_k}\, \delta p_k = 0, \tag{5.4.14}$$

$$\delta \ddot{c}_n = \frac{\partial \ddot{c}_n}{\partial y_i^b}\, \delta y_i^b + \frac{\partial \ddot{c}_n}{\partial z_j^b}\, \delta z_j^b + \frac{\partial \ddot{c}_n}{\partial \dot{z}_j^b}\, \delta \dot{z}_j^b + \frac{\partial \ddot{c}_n}{\partial p_k}\, \delta p_k = 0. \tag{5.4.15}$$

Aufgrund der besonderen Struktur von $\ddot{c}_n$ sind Vereinfachungen möglich, z.B.

$$\frac{\partial \ddot{c}_n}{\partial \dot{z}_j^b} = C_{nj}\,. \tag{5.4.16}$$

Weiterhin gilt wegen

$$\begin{aligned}
\ddot{c}_n &= C_{ni}\, \dot{z}_i^b + \dot{C}_{ni}\, z_i^b + \frac{d}{dt}\frac{\partial c_n}{\partial t} \\
&= \frac{\partial c_n}{\partial y_i^b}\, \dot{z}_i^b + \left(\frac{\partial^2 c_n}{\partial y_i^b\, \partial y_l^b}\, z_l^b + \frac{\partial^2 c_n}{\partial y_i^b\, \partial t} \right) z_i^b + \left(\frac{\partial^2 c_n}{\partial t\, \partial y_l^b}\, z_l^b + \frac{\partial^2 c_n}{\partial t^2} \right) \\
&= \frac{\partial c_n}{\partial y_i^b}\, \dot{z}_i^b + \frac{\partial^2 c_n}{\partial y_i^b\, \partial y_l^b}\, z_i^b z_l^b + 2\, \frac{\partial^2 c_n}{\partial y_i^b\, \partial t}\, z_i^b + \frac{\partial^2 c_n}{\partial t^2}
\end{aligned} \tag{5.4.17}$$

für die partiellen Ableitungen

$$\begin{aligned}
\frac{\partial \ddot{c}_n}{\partial z_j^b} &= \frac{\partial^2 c_n}{\partial y_i^b\, \partial y_l^b} \left(\delta_{ij}\, z_l^b + z_i^b\, \delta_{lj} \right) + 2\, \frac{\partial^2 c_n}{\partial y_i^b\, \partial t}\, \delta_{ij} \\
&= \frac{\partial^2 c_n}{\partial y_j^b\, \partial y_l^b}\, z_l^b + \frac{\partial^2 c_n}{\partial y_i^b\, \partial y_j^b}\, z_i^b + 2\, \frac{\partial^2 c_n}{\partial y_j^b\, \partial t}
\end{aligned}$$

$$
\begin{aligned}
&= 2\left(\frac{\partial^2 c_n}{\partial y_j^b\,\partial y_i^b}\,z_i^b + \frac{\partial^2 c_n}{\partial y_j^b\,\partial t}\right)\\
&= 2\,\frac{\partial}{\partial y_j^b}\left(\frac{\partial c_n}{\partial y_i^b}\,z_i^b + \frac{\partial c_n}{\partial t}\right) \equiv 2\,\frac{\partial \dot{c}_n}{\partial y_j^b}\,.
\end{aligned}
\tag{5.4.18}
$$

Eingesetzt in (5.4.15) bleibt

$$
\delta\ddot{c}_n = \frac{\partial \ddot{c}_n}{\partial y_i^b}\,\delta y_i^b + 2\,\frac{\partial \dot{c}_n}{\partial y_j^b}\,\delta z_j^b + C_{nj}\,\delta\dot{z}_j^b + \frac{\partial \ddot{c}_n}{\partial p_k}\,\delta p_k = 0. \tag{5.4.19}
$$

Die Nebenbedingungen (5.4.4)–(5.4.6) sind theoretisch äquivalent. Diese Eigenschaft überträgt sich auf die Variationsnebenbedingungen (5.4.13), (5.4.14) und (5.4.19), weshalb bei der Empfindlichkeitsanalyse nur eine dieser Nebenbedingungen heranzuziehen ist.

Wegen der Unabhängigkeit der Anfangszeit t^0 von den Entwurfsvariablen gilt für den Anfangszustand $\delta y_i^{b0} \equiv \delta y_i^b(t^0) =: \delta^0 y_i^b$ und $\delta z_j^{b0} \equiv \delta z_j^b(t^0) =: \delta^0 z_j^b$. Damit erhält man durch Variation von (5.4.7) und (5.4.8)

$$
\frac{\partial \Phi_l^0}{\partial y_i^{b0}}\,\delta^0 y_i^b + \frac{\partial \Phi_l^0}{\partial p_k}\,\delta p_k = 0, \tag{5.4.20}
$$

$$
\frac{\partial \dot{\Phi}_m^0}{\partial y_i^{b0}}\,\delta^0 y_i^b + \frac{\partial \dot{\Phi}_m^0}{\partial z_j^{b0}}\,\delta^0 z_j^b + \frac{\partial \dot{\Phi}_m^0}{\partial p_k}\,\delta p_k = 0. \tag{5.4.21}
$$

Schließlich liefert die erste Variation der Endbedingung (5.4.9) entsprechend (5.3.11)

$$
\dot{H}^1\,\delta t^1 + \frac{\partial H^1}{\partial y_i^{b1}}\,\delta^1 y_i^b + \frac{\partial H^1}{\partial z_j^{b1}}\,\delta^1 z_j^b + \frac{\partial H^1}{\partial p_k}\,\delta p_k = 0. \tag{5.4.22}
$$

Wie bei den Mehrkörpersystemen mit Baumstruktur sind zwei verschiedene Methoden zur Ermittlung der Empfindlichkeitsfunktionen anwendbar, die *Direkte Methode* und die *Adjungierte Variablen Methode.*

5.4.1 Direkte Methode

Um aus einem Vergleich der beiden Formulierungen (5.2.2) und (5.4.10) den Gradienten bestimmen zu können, müssen die abhängigen durch die unabhängigen Variationen ersetzt werden. Zunächst findet man mit (5.4.22) für die Variation der Endzeit

$$\delta t^1 = -\frac{1}{\dot{H}^1}\left(\frac{\partial H^1}{\partial y_i^{b1}}\delta^1 y_i^b + \frac{\partial H^1}{\partial z_j^{b1}}\delta^1 z_j^b + \frac{\partial H^1}{\partial p_k}\delta p_k\right). \tag{5.4.23}$$

Die Variationen der Baumkoordinaten sind analog zu (5.2.4) definiert. Auch die Lagrange Multiplikatoren sind implizite Funktionen der Entwurfsvariablen, d.h. $\boldsymbol{\lambda} = \boldsymbol{\lambda}(t, \boldsymbol{p})$, und sind daher mitzuvariieren. Damit gilt:

$$\delta y_i^b = \frac{dy_i^b}{dp_k}\delta p_k\,, \quad \delta z_j^b = \frac{dz_j^b}{dp_k}\delta p_k\,, \quad \delta\lambda_n = \frac{d\lambda_n}{dp_k}\delta p_k\,. \tag{5.4.24}$$

Substituiert man die abhängigen Variationen in (5.4.10), ergibt sich für die Variation eines funktionalen Kriteriums

$$\begin{aligned}\delta\psi = \Bigg[& \left(\frac{\partial G^1}{\partial y_i^{b1}} - \frac{\dot{G}^1 + F^1}{\dot{H}^1}\frac{\partial H^1}{\partial y_i^{b1}}\right)\frac{dy_i^b}{dp_k}\bigg|_{t^1} + \int_{t^0}^{t^1}\frac{\partial F}{\partial y_i^b}\frac{dy_i^b}{dp_k}\,dt \\ + & \left(\frac{\partial G^1}{\partial z_j^{b1}} - \frac{\dot{G}^1 + F^1}{\dot{H}^1}\frac{\partial H^1}{\partial z_j^{b1}}\right)\frac{dz_j^b}{dp_k}\bigg|_{t^1} + \int_{t^0}^{t^1}\frac{\partial F}{\partial z_j^b}\frac{dz_j^b}{dp_k}\,dt \\ + & \int_{t^0}^{t^1}\frac{\partial F}{\partial \dot{z}_j^b}\frac{d}{dt}\left(\frac{dz_j^b}{dp_k}\right)dt \\ + & \left(\frac{\partial G^1}{\partial p_k} - \frac{\dot{G}^1 + F^1}{\dot{H}^1}\frac{\partial H^1}{\partial p_k}\right) + \int_{t^0}^{t^1}\frac{\partial F}{\partial p_k}\,dt\Bigg]\delta p_k\,. \end{aligned} \tag{5.4.25}$$

Die Variationsnebenbedingungen liefern nach entsprechenden Substitutionen und einem Koeffizientenvergleich bezüglich der unabhängigen Parametervariationen δp_k Gleichungen für die Empfindlichkeitsmatrizen

$$\boldsymbol{Y}_p(t) := \frac{d\boldsymbol{y}^b}{d\boldsymbol{p}}\,, \quad \boldsymbol{Z}_p(t) := \frac{d\boldsymbol{z}^b}{d\boldsymbol{p}}\,, \quad \boldsymbol{\Lambda}_p(t) := \frac{d\boldsymbol{\lambda}}{d\boldsymbol{p}}\,. \tag{5.4.26}$$

Zunächst erhält man durch einen Vergleich von (5.4.25) mit (5.2.2) für den Gradienten eines funktionalen Kriteriums in Matrizenschreibweise

$$\begin{aligned}\nabla\psi = {} & \boldsymbol{Y}_p^{1T}\left(\frac{\partial G^1}{\partial \boldsymbol{y}^{b1}} - \frac{\dot{G}^1 + F^1}{\dot{H}^1}\frac{\partial H^1}{\partial \boldsymbol{y}^{b1}}\right) + \int_{t^0}^{t^1}\boldsymbol{Y}_p^T\frac{\partial F}{\partial \boldsymbol{y}^b}\,dt \\ + {} & \boldsymbol{Z}_p^{1T}\left(\frac{\partial G^1}{\partial \boldsymbol{z}^{b1}} - \frac{\dot{G}^1 + F^1}{\dot{H}^1}\frac{\partial H^1}{\partial \boldsymbol{z}^{b1}}\right) + \int_{t^0}^{t^1}\boldsymbol{Z}_p^T\frac{\partial F}{\partial \boldsymbol{z}^b}\,dt + \int_{t^0}^{t^1}\dot{\boldsymbol{Z}}_p^T\frac{\partial F}{\partial \dot{\boldsymbol{z}}^b}\,dt\end{aligned}$$

$$+ \quad \left(\frac{\partial G^1}{\partial \boldsymbol{p}} - \frac{\dot{G}^1 + F^1}{\dot{H}^1} \frac{\partial H^1}{\partial \boldsymbol{p}} \right) + \int_{t^0}^{t^1} \frac{\partial F}{\partial \boldsymbol{p}} \, dt. \tag{5.4.27}$$

Aus den variierten Anfangsbedingungen (5.4.20) und (5.4.21) folgen Anfangsbedingungen für die Empfindlichkeitsmatrizen:

$$\left. \begin{aligned} \boldsymbol{Y}_p^0 : \quad \frac{\partial \boldsymbol{\Phi}^0}{\partial \boldsymbol{y}^{b^0}} \boldsymbol{Y}_p^0 &= -\frac{\partial \boldsymbol{\Phi}^0}{\partial \boldsymbol{p}}, \\ \boldsymbol{Z}_p^0 : \quad \frac{\partial \dot{\boldsymbol{\Phi}}^0}{\partial \boldsymbol{z}^{b^0}} \boldsymbol{Z}_p^0 &= -\frac{\partial \dot{\boldsymbol{\Phi}}^0}{\partial \boldsymbol{y}^{b^0}} \boldsymbol{Y}_p^0 - \frac{\partial \dot{\boldsymbol{\Phi}}^0}{\partial \boldsymbol{p}}. \end{aligned} \right\} \tag{5.4.28}$$

Die Variationsnebenbedingungen (5.4.11) und (5.4.12) führen auf Matrizendifferentialgleichungen:

$$\dot{\boldsymbol{Y}}_p = \boldsymbol{Z}_p, \tag{5.4.29}$$

$$\boldsymbol{M}^b \dot{\boldsymbol{Z}}_p - \boldsymbol{C}^T \boldsymbol{\Lambda}_p = -\frac{\partial \boldsymbol{DGL}}{\partial \boldsymbol{y}^b} \boldsymbol{Y}_p - \frac{\partial \boldsymbol{DGL}}{\partial \boldsymbol{z}^b} \boldsymbol{Z}_p - \frac{\partial \boldsymbol{DGL}}{\partial \boldsymbol{p}}. \tag{5.4.30}$$

Diese Differentialgleichungen sind nur in Verbindung mit algebraischen Gleichungen zu lösen, die sich aus der variierten Schleifenschließbedingung (5.4.19) auf Beschleunigungsebene ergeben:

$$\boldsymbol{C} \, \dot{\boldsymbol{Z}}_p = -\frac{\partial \ddot{\boldsymbol{c}}}{\partial \boldsymbol{y}^b} \boldsymbol{Y}_p - 2 \frac{\partial \dot{\boldsymbol{c}}}{\partial \boldsymbol{y}^b} \boldsymbol{Z}_p - \frac{\partial \ddot{\boldsymbol{c}}}{\partial \boldsymbol{p}}. \tag{5.4.31}$$

Faßt man die Gleichungen (5.4.29)–(5.4.31) zusammen, d.h.

$$\begin{bmatrix} \boldsymbol{I} & \boldsymbol{0} & \boldsymbol{0} \\ \boldsymbol{0} & \boldsymbol{M}^b & \boldsymbol{C}^T \\ \boldsymbol{0} & \boldsymbol{C} & \boldsymbol{0} \end{bmatrix} \begin{bmatrix} \dot{\boldsymbol{Y}}_p \\ \dot{\boldsymbol{Z}}_p \\ -\boldsymbol{\Lambda}_p \end{bmatrix} = \begin{bmatrix} \boldsymbol{Z}_p \\ -\frac{\partial \boldsymbol{DGL}}{\partial \boldsymbol{y}^b} \boldsymbol{Y}_p - \frac{\partial \boldsymbol{DGL}}{\partial \boldsymbol{z}^b} \boldsymbol{Z}_p - \frac{\partial \boldsymbol{DGL}}{\partial \boldsymbol{p}} \\ -\frac{\partial \ddot{\boldsymbol{c}}}{\partial \boldsymbol{y}^b} \boldsymbol{Y}_p - 2 \frac{\partial \dot{\boldsymbol{c}}}{\partial \boldsymbol{y}^b} \boldsymbol{Z}_p - \frac{\partial \ddot{\boldsymbol{c}}}{\partial \boldsymbol{p}} \end{bmatrix}, \tag{5.4.32}$$

ergibt sich eine ähnliche Struktur wie die der differential-algebraischen Bewegungsgleichungen (3.2.10). Da solche Gleichungen, wie in Abschnitt 3.2.1 gesehen, bei der numerischen Behandlung Schwierigkeiten bereiten und die Direkte Methode gegenüber der Adjungierte Variablen Methode auch Effizienznachteile hat, werden sie nicht näher betrachtet.

5.4.2 Adjungierte Variablen Methode

Die wesentlichen Unterschiede zwischen der Empfindlichkeitsanalyse von Mehrkörpersystemen mit kinematischen Schleifen und der Empfindlichkeitsanalyse von Mehrkörpersystemen mit Baumstruktur resultieren aus den zusätzlichen algebraischen Variationsnebenbedingungen (5.4.13)–(5.4.15) bzw. (5.4.19). Da diese voneinander abhängig sind, eröffnet eine Berücksichtigung aller Nebenbedingungen Freiheiten in der Wahl der adjungierten Variablen, die auch ein Nullsetzen und damit die Vernachlässigung zweier Variationsnebenbedingungen erlauben. Die Berücksichtigung der Lagenebenbedingungen (5.4.13), HAUG, MANI und KRISHNASWAMI (1984) und HAUG (1987), oder der Geschwindigkeitsnebenbedingungen (5.4.14), BESTLE (1989), führt auf differential-algebraische Gleichungen für die adjungierten Variablen. Neben den damit verknüpften numerischen Schwierigkeiten tritt dabei außerdem das Problem auf, daß im allgemeinen Fall nicht die gesamte Information für die Integration der adjungierten Gleichungen zur Verfügung steht. Daher sollen im folgenden die Beschleunigungsnebenbedingungen (5.4.19) verwendet werden, die auf gewöhnliche adjungierte Differentialgleichungen führen, BESTLE und SEYBOLD (1992).

Das Vorgehen zur Berechnung des Gradienten eines funktionalen Kriteriums entspricht dem bei Mehrkörpersystemen mit Baumstruktur. Durch Multiplikation der Variationsnebenbedingungen mit adjungierten Variablen und Subtraktion der entstehenden Gleichungen von (5.4.10) erhält man Freiheiten in den Koeffizienten der abhängigen Variationen, die eine Elimination ermöglichen.

Die einfachsten Variationsnebenbedingungen sind die variierten Anfangsbedingungen (5.4.20) und (5.4.21), denn sie sind algebraisch und gelten nur für einen bestimmten Zeitpunkt t^0. Bildet man jeweils das Skalarprodukt mit adjungierten Variablen $\boldsymbol{\zeta}^0 \in I\!R^{f^b}$ und $\boldsymbol{\eta}^0 \in I\!R^{f^b}$, erhält man

$$\zeta_l^0 \frac{\partial \Phi_l^0}{\partial y_i^{b0}} \delta^0 y_i^b + \zeta_l^0 \frac{\partial \Phi_l^0}{\partial p_k} \delta p_k = 0 \quad \forall \quad \zeta_l^0 , \tag{5.4.33}$$

$$\eta_m^0 \frac{\partial \dot{\Phi}_m^0}{\partial y_i^{b0}} \delta^0 y_i^b + \eta_m^0 \frac{\partial \dot{\Phi}_m^0}{\partial z_j^{b0}} \delta^0 z_j^b + \eta_m^0 \frac{\partial \dot{\Phi}_m^0}{\partial p_k} \delta p_k = 0 \quad \forall \quad \eta_m^0 . \tag{5.4.34}$$

In entsprechender Weise ergibt sich durch Multiplikation der variierten Endbedingung (5.4.22) mit $\tau^1 \in I\!R$

$$\tau^1 \dot{H}^1 \delta t^1 + \tau^1 \frac{\partial H^1}{\partial y_i^{b1}} \delta^1 y_i^b + \tau^1 \frac{\partial H^1}{\partial z_j^{b1}} \delta^1 z_j^b + \tau^1 \frac{\partial H^1}{\partial p_k} \delta p_k = 0 \quad \forall \quad \tau^1 . \tag{5.4.35}$$

Da die differentiellen Nebenbedingungen (5.4.11) im gesamten interessierenden Zeitintervall $[t^0, t^1]$ gelten, sind sie skalar mit adjungierten Variablen $\boldsymbol{\mu}(t)$, $\boldsymbol{\mu}$:

$[t^0, t^1] \rightarrow I\!R^{f^b}$, zu multiplizieren und anschließend über das Zeitintervall zu integrieren:

$$\int_{t^0}^{t^1} \left(\mu_i \, \delta \dot{y}_i^b - \mu_i \, \delta z_i^b \right) dt = 0 \quad \forall \quad \mu_i(t).$$

Um die Variationen $\delta \dot{y}_i^b$ zu eliminieren, kann man den ersten Term partiell integrieren:

$$\int_{t^0}^{t^1} \mu_i \, \delta \dot{y}_i^b \, dt \equiv \int_{t^0}^{t^1} \mu_i \, \frac{d}{dt} \left(\delta y_i^b \right) \, dt = \mu_i^1 \, \delta^1 y_i^b - \mu_i^0 \, \delta^0 y_i^b - \int_{t^0}^{t^1} \dot{\mu}_i \, \delta y_i^b \, dt.$$

Eingesetzt bleibt

$$\mu_i^1 \, \delta^1 y_i^b - \mu_i^0 \, \delta^0 y_i^b - \int_{t^0}^{t^1} \dot{\mu}_i \, \delta y_i^b \, dt - \int_{t^0}^{t^1} \mu_j \, \delta z_j^b \, dt = 0 \quad \forall \quad \mu_i(t). \tag{5.4.36}$$

Die Nebenbedingungen (5.4.12) haben wie bei den Mehrkörpersystemen mit Baumstruktur zweifache Bedeutung: einerseits sind sie differentielle Nebenbedingungen für δz_j^b, andererseits algebraische Nebenbedingungen für $\delta \dot{z}_j^b$. Die Berücksichtigung als differentielle Nebenbedingungen erfolgt durch Multiplikation mit adjungierten Variablen $\boldsymbol{\nu}(t)$, $\boldsymbol{\nu} : [t^0, t^1] \rightarrow I\!R^{f^b}$, und Integration über das interessierende Zeitintervall, d.h.

$$\int_{t^0}^{t^1} \left[\nu_m M_{mj}^b \, \delta \dot{z}_j^b - \nu_m C_{nm} \, \delta \lambda_n + \nu_m \, \frac{\partial DGL_m}{\partial y_i^b} \, \delta y_i^b \right.$$
$$\left. + \, \nu_m \, \frac{\partial DGL_m}{\partial z_j^b} \, \delta z_j^b + \nu_m \, \frac{\partial DGL_m}{\partial p_k} \, \delta p_k \right] dt = 0 \quad \forall \quad \nu_m(t),$$

sowie anschließender partieller Integration des ersten Terms:

$$\nu_m^1 M_{mj}^{b\,1} \, \delta^1 z_j^b - \nu_m^0 M_{mj}^{b\,0} \, \delta^0 z_j^b + \int_{t^0}^{t^1} \nu_m \, \frac{\partial DGL_m}{\partial y_i^b} \, \delta y_i^b \, dt$$
$$- \int_{t^0}^{t^1} \left(\dot{\nu}_m M_{mj}^b + \nu_m \dot{M}_{mj}^b - \nu_m \, \frac{\partial DGL_m}{\partial z_j^b} \right) \delta z_j^b \, dt$$
$$- \int_{t^0}^{t^1} \nu_m C_{nm} \, \delta \lambda_n \, dt + \int_{t^0}^{t^1} \nu_m \, \frac{\partial DGL_m}{\partial p_k} \, dt \, \delta p_k = 0 \quad \forall \quad \nu_m(t). \tag{5.4.37}$$

Die Berücksichtigung als algebraische Nebenbedingungen erfolgt durch Multiplikation mit adjungierten Variablen $\boldsymbol{\xi}(t)$, $\boldsymbol{\xi} : [t^0, t^1] \rightarrow I\!R^{f^b}$, und Integration über $[t^0, t^1]$, jedoch ohne partielle Integration des Differentialterms:

$$\int_{t^0}^{t^1} \xi_m \frac{\partial DGL_m}{\partial y_i^b} \delta y_i^b \, dt + \int_{t^0}^{t^1} \xi_m \frac{\partial DGL_m}{\partial z_j^b} \delta z_j^b \, dt + \int_{t^0}^{t^1} \xi_m M_{mj}^b \, \delta \dot{z}_j^b \, dt$$

$$- \int_{t^0}^{t^1} \xi_m C_{nm} \, \delta \lambda_n \, dt + \int_{t^0}^{t^1} \xi_m \frac{\partial DGL_m}{\partial p_k} \, dt \, \delta p_k = 0 \quad \forall \quad \xi_m(t). \qquad (5.4.38)$$

Die Variationsgleichungen (5.4.19) der Beschleunigungsnebenbedingungen sind ebenfalls algebraische Nebenbedingungen im betrachteten Zeitintervall $[t^0, t^1]$. Mit den adjungierten Variablen $\gamma(t)$, $\gamma : [t^0, t^1] \to I\!R^{n^c}$, erhält man in entsprechender Weise

$$\int_{t^0}^{t^1} \gamma_n \frac{\partial \ddot{c}_n}{\partial y_i^b} \delta y_i^b \, dt + \int_{t^0}^{t^1} 2\, \gamma_n \frac{\partial \dot{c}_n}{\partial y_j^b} \delta z_j^b \, dt$$

$$+ \int_{t^0}^{t^1} \gamma_n C_{nj} \, \delta \dot{z}_j^b \, dt + \int_{t^0}^{t^1} \gamma_n \frac{\partial \ddot{c}_n}{\partial p_k} \delta p_k \, dt = 0 \quad \forall \quad \gamma_n(t). \qquad (5.4.39)$$

Durch Subtraktion der homogenen Gleichungen (5.4.33)–(5.4.39) von (5.4.10) wird der Wert von $\delta\psi$ nicht verändert, man erhält jedoch Freiheiten in den Koeffizienten der abhängigen Variationen:

$$\begin{aligned}
\delta\psi \;=\;& \left(\dot{G}^1 + F^1 - \tau^1 \dot{H}^1\right) \delta t^1 \\
&+ \left(\frac{\partial G^1}{\partial y_i^{b\,1}} - \tau^1 \frac{\partial H^1}{\partial y_i^{b\,1}} - \mu_i^1\right) \delta^1 y_i^b + \left(\mu_i^0 - \zeta_l^0 \frac{\partial \Phi_l^0}{\partial y_i^{b\,0}} - \eta_m^0 \frac{\partial \dot{\Phi}_m^0}{\partial y_i^{b\,0}}\right) \delta^0 y_i^b \\
&+ \int_{t^0}^{t^1} \left(\frac{\partial F}{\partial y_i^b} + \dot{\mu}_i - (\nu_m + \xi_m) \frac{\partial DGL_m}{\partial y_i^b} - \gamma_n \frac{\partial \ddot{c}_n}{\partial y_i^b}\right) \delta y_i^b \, dt \\
&+ \left(\frac{\partial G^1}{\partial z_j^{b\,1}} - \tau^1 \frac{\partial H^1}{\partial z_j^{b\,1}} - \nu_m^1 M_{mj}^{b\,1}\right) \delta^1 z_j^b + \left(\nu_m^0 M_{mj}^{b\,0} - \eta_m^0 \frac{\partial \dot{\Phi}_m^0}{\partial z_j^{b\,0}}\right) \delta^0 z_j^b \\
&+ \int_{t^0}^{t^1} \left(\frac{\partial F}{\partial z_j^b} + \mu_j + \dot{\nu}_m M_{mj}^b + \nu_m \dot{M}_{mj}^b \right. \\
&\qquad \left. - (\nu_m + \xi_m) \frac{\partial DGL_m}{\partial z_j^b} - 2\, \gamma_n \frac{\partial \dot{c}_n}{\partial y_j^b} \right) \delta z_j^b \, dt \\
&+ \int_{t^0}^{t^1} \left(\frac{\partial F}{\partial \dot{z}_j^b} - \xi_m M_{mj}^b - \gamma_n C_{nj}\right) \delta \dot{z}_j^b \, dt + \int_{t^0}^{t^1} (\nu_m + \xi_m) \, C_{nm} \, \delta \lambda_n \, dt \\
&+ \left[\frac{\partial G^1}{\partial p_k} - \tau^1 \frac{\partial H^1}{\partial p_k} - \zeta_l^0 \frac{\partial \Phi_l^0}{\partial p_k} - \eta_m^0 \frac{\partial \dot{\Phi}_m^0}{\partial p_k} \right.
\end{aligned}$$

$$+\int_{t^0}^{t^1}\left(\frac{\partial F}{\partial p_k}-(\nu_m+\xi_m)\frac{\partial DGL_m}{\partial p_k}-\gamma_n\frac{\partial \ddot{c}_n}{\partial p_k}\right)dt\Bigg]\,\delta p_k. \tag{5.4.40}$$

Unter der Voraussetzung, daß alle Koeffizienten der abhängigen Variationen verschwinden, folgt aus einem Vergleich mit der Formulierung (5.2.2) für den Gradienten

$$\begin{aligned}\nabla\psi_k &= \frac{\partial G^1}{\partial p_k}-\tau^1\frac{\partial H^1}{\partial p_k}-\zeta_l^0\frac{\partial \Phi_l^0}{\partial p_k}-\eta_m^0\frac{\partial \dot{\Phi}_m^0}{\partial p_k}\\ &\quad+\int_{t^0}^{t^1}\left(\frac{\partial F}{\partial p_k}-(\nu_m+\xi_m)\frac{\partial DGL_m}{\partial p_k}-\gamma_n\frac{\partial \ddot{c}_n}{\partial p_k}\right)dt.\end{aligned} \tag{5.4.41}$$

Die Koeffizienten der abhängigen Variationen verschwinden unter folgenden Voraussetzungen:

$$\tau^1 = \frac{\dot{G}^1+F^1}{\dot{H}^1}, \tag{5.4.42}$$

$$\mu_i^1 = \frac{\partial G^1}{\partial y_i^{b\,1}}-\tau^1\frac{\partial H^1}{\partial y_i^{b\,1}}, \tag{5.4.43}$$

$$\nu_m^1 M_{mj}^{b\,1} = \frac{\partial G^1}{\partial z_j^{b\,1}}-\tau^1\frac{\partial H^1}{\partial z_j^{b\,1}}, \tag{5.4.44}$$

$$\xi_m M_{mj}^b+\gamma_n C_{nj} = \frac{\partial F}{\partial \dot{z}_j^b}, \tag{5.4.45}$$

$$\xi_m C_{nm} = -\nu_m C_{nm}\,, \tag{5.4.46}$$

$$\dot{\mu}_i = (\nu_m+\xi_m)\frac{\partial DGL_m}{\partial y_i^b}+\gamma_n\frac{\partial \ddot{c}_n}{\partial y_i^b}-\frac{\partial F}{\partial y_i^b}, \tag{5.4.47}$$

$$\dot{\nu}_m M_{mj}^b = -\mu_j-\nu_m\dot{M}_{mj}^b+(\nu_m+\xi_m)\frac{\partial DGL_m}{\partial z_j^b}+2\,\gamma_n\frac{\partial \dot{c}_n}{\partial y_j^b}-\frac{\partial F}{\partial z_j^b}, \tag{5.4.48}$$

$$\eta_m^0\frac{\partial \dot{\Phi}_m^0}{\partial z_j^{b\,0}} = \nu_m^0 M_{mj}^{b\,0}\,, \tag{5.4.49}$$

$$\zeta_l^0\frac{\partial \Phi_l^0}{\partial y_i^{b\,0}} = \mu_i^0-\eta_m^0\frac{\partial \dot{\Phi}_m^0}{\partial y_i^{b\,0}}. \tag{5.4.50}$$

Die Erfüllbarkeit dieser Bedingungen läßt sich einfacher in Matrizendarstellung zeigen. Zunächst wird die adjungierte Variable τ^1 durch die skalare Beziehung (5.4.42) festgelegt. Damit ergeben sich aus (5.4.43) und (5.4.44) für $\boldsymbol{M}^{b^T} = \boldsymbol{M}^b$ Endbedingungen für den adjungierten Zustand $\boldsymbol{\mu}(t)$ und $\boldsymbol{\nu}(t)$:

$$\boldsymbol{\mu}^1 = \frac{\partial G^1}{\partial \boldsymbol{y}^{b^1}} - \tau^1 \frac{\partial H^1}{\partial \boldsymbol{y}^{b^1}}, \tag{5.4.51}$$

$$\boldsymbol{M}^{b^1}\boldsymbol{\nu}^1 = \frac{\partial G^1}{\partial \boldsymbol{z}^{b^1}} - \tau^1 \frac{\partial H^1}{\partial \boldsymbol{z}^{b^1}}. \tag{5.4.52}$$

Die Lösbarkeit von Gleichung (5.4.52) erfordert die Regularität der Massenmatrix $\boldsymbol{M}^b$ des aufspannenden Baums. Für einen gegebenen adjungierten Zustand $\boldsymbol{\mu}$ und $\boldsymbol{\nu}$ können mit Hilfe der Gleichungen (5.4.45) und (5.4.46) die adjungierten Variablen $\boldsymbol{\xi}$ und $\boldsymbol{\gamma}$ berechnet werden. Diese sind als Einheit zu betrachten, denn eine Festlegung von $\boldsymbol{\xi}$ durch das unterbestimmte Gleichungssystem (5.4.46) allein, beispielsweise die triviale Lösung $\boldsymbol{\xi} = -\boldsymbol{\nu}$, erfüllt das verbleibende überbestimmte Gleichungssystem (5.4.45) i. allg. nicht. Zusammengefaßt erhält man das gekoppelte Gleichungssystem

$$\begin{bmatrix} \boldsymbol{M}^b & \boldsymbol{C}^T \\ \boldsymbol{C} & \boldsymbol{0} \end{bmatrix} \begin{bmatrix} \boldsymbol{\xi} \\ \boldsymbol{\gamma} \end{bmatrix} = \begin{bmatrix} \dfrac{\partial F}{\partial \dot{\boldsymbol{z}}^b} \\ -\boldsymbol{C}\boldsymbol{\nu} \end{bmatrix}. \tag{5.4.53}$$

Wie in Abschnitt 3.2.1 gesehen, ist die Koeffizientenmatrix für reguläre Massenmatrizen $\boldsymbol{M}^b$ und Bindungs-Jacobimatrizen $\boldsymbol{C}$ mit vollem Zeilenrang regulär, so daß eine eindeutige Lösung existiert. Aufgrund der Linearität können die Gleichungen (5.4.53) innerhalb der Maschinengenauigkeit exakt gelöst werden, weshalb die Variablen $\boldsymbol{\zeta}$ und $\boldsymbol{\gamma}$ als Hilfsvariablen betrachtet werden können. Damit verbleibt ein lineares, gewöhnliches Differentialgleichungssystem (5.4.47) und (5.4.48) für den adjungierten Zustand $\boldsymbol{\mu}(t)$ und $\boldsymbol{\nu}(t)$,

$$\dot{\boldsymbol{\mu}} = \left(\frac{\partial \boldsymbol{DGL}}{\partial \boldsymbol{y}^b}\right)^T (\boldsymbol{\nu} + \boldsymbol{\xi}) + \left(\frac{\partial \ddot{\boldsymbol{c}}}{\partial \boldsymbol{y}^b}\right)^T \boldsymbol{\gamma} - \frac{\partial F}{\partial \boldsymbol{y}^b}, \tag{5.4.54}$$

$$\boldsymbol{M}^b\dot{\boldsymbol{\nu}} = -\boldsymbol{\mu} - \boldsymbol{M}^b\boldsymbol{\nu} + \left(\frac{\partial \boldsymbol{DGL}}{\partial \boldsymbol{z}^b}\right)^T (\boldsymbol{\nu} + \boldsymbol{\xi}) + 2\left(\frac{\partial \dot{\boldsymbol{c}}}{\partial \boldsymbol{y}^b}\right)^T \boldsymbol{\gamma} - \frac{\partial F}{\partial \boldsymbol{z}^b}, \tag{5.4.55}$$

welches durch Rückwärtsintegration gelöst werden kann. Mit bekannten Anfangswerten für den adjungierten Zustand können die verbleibenden adjungierten Variablen $\boldsymbol{\eta}^0$ und $\boldsymbol{\zeta}^0$ sukzessive aus den algebraischen Gleichungen (5.4.49) und (5.4.50) berechnet werden:

$$\left(\frac{\partial \dot{\boldsymbol{\Phi}}^0}{\partial \boldsymbol{z}^{b^0}}\right)^T \boldsymbol{\eta}^0 = \boldsymbol{M}^{b0}\boldsymbol{\nu}^0, \tag{5.4.56}$$

$$\left(\frac{\partial \boldsymbol{\Phi}^0}{\partial \boldsymbol{y}^{b^0}}\right)^T \boldsymbol{\zeta}^0 = \boldsymbol{\mu}^0 - \left(\frac{\partial \dot{\boldsymbol{\Phi}}^0}{\partial \boldsymbol{y}^{b^0}}\right)^T \boldsymbol{\eta}^0. \tag{5.4.57}$$

Der Gradient eines funktionalen Kriteriums läßt sich dann mit den Gleichungen (5.4.41) bestimmen:

$$\begin{aligned}\nabla\psi &= \frac{\partial G^1}{\partial \boldsymbol{p}} - \tau^1 \frac{\partial H^1}{\partial \boldsymbol{p}} - \left(\frac{\partial \boldsymbol{\Phi}^0}{\partial \boldsymbol{p}}\right)^T \boldsymbol{\zeta}^0 - \left(\frac{\partial \dot{\boldsymbol{\Phi}}^0}{\partial \boldsymbol{p}}\right)^T \boldsymbol{\eta}^0 \\ &+ \int_{t^0}^{t^1} \left[\frac{\partial F}{\partial \boldsymbol{p}} - \left(\frac{\partial \boldsymbol{DGL}}{\partial \boldsymbol{p}}\right)^T (\boldsymbol{\nu} + \boldsymbol{\xi}) - \left(\frac{\partial \ddot{c}}{\partial \boldsymbol{p}}\right)^T \gamma\right] dt. \end{aligned} \tag{5.4.58}$$

Damit ist die allgemeine Lösbarkeit der Gleichungen gezeigt, es sollte jedoch nicht übersehen werden, daß lediglich die Beschleunigungsnebenbedingungen berücksichtigt wurden. Bei der numerischen Integration der differential-algebraischen Bewegungsgleichungen führt dies zu Instabilitäten, die nur durch zusätzliche Berücksichtigung der übrigen Nebenbedingungen vermieden werden können. Die durchgeführte Empfindlichkeitsanalyse gibt keine Anhaltspunkte für die Notwendigkeit einer Berücksichtigung von Lage- und Geschwindigkeitsnebenbedingungen, die numerische Stabilität kann jedoch nur an Beispielen nachgewiesen werden.

Beispiel 5.4.1: Horizontales Federpendel

Zur Untersuchung der Stabilität und Genauigkeit ist die Adjungierte Variablen Methode auf ein System mit bekannter analytischer Lösung anzuwenden. Das horizontale Federpendel in Bild 5.4.1 wird durch

$$\left.\begin{aligned} m\,\ddot{x}_1 - 2\lambda x_1 &= \frac{c_r \alpha}{l^2}\, x_2\,, \\ m\,\ddot{x}_2 - 2\lambda x_2 &= -\frac{c_r \alpha}{l^2}\, x_1\,, \\ x_1^2 + x_2^2 - l^2 &= 0 \end{aligned}\right\} \tag{5.4.59}$$

beschrieben, wobei $\alpha = \arccos(x_1/l)$ bzw. $\alpha = \arcsin(x_2/l)$ ist. Aufbauend auf diese differential-algebraischen Bewegungsgleichungen kann eine Empfindlichkeitsanalyse mit der Adjungierte Variablen Methode durchgeführt werden.

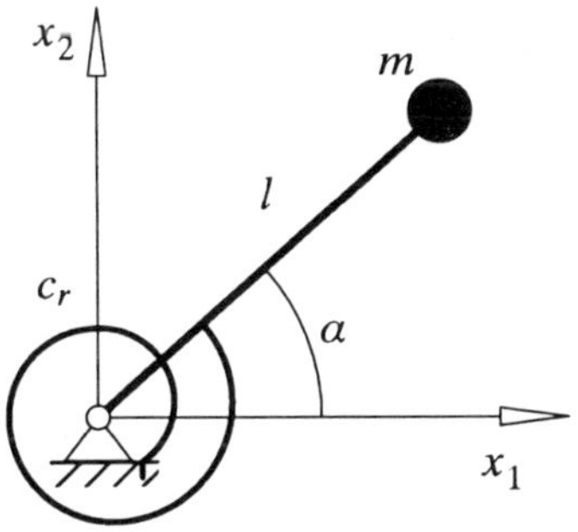

Bild 5.4.1: Horizontales Federpendel

Andererseits ist auch eine Darstellung der Bewegungsgleichungen in Minimalform möglich, indem man den Winkel α anstatt der kartesischen Koordinaten x_1 und x_2 zur Beschreibung heranzieht:

$$ml^2\,\ddot{\alpha} = -c_r\alpha.$$

Für die Anfangsbedingungen $\alpha(0) = \alpha_0$, $\dot{\alpha} = 0$ lautet die Lösung

$$\alpha(t) = \alpha_0 \cos\left(\sqrt{\frac{c_r}{ml^2}}\,t\right). \tag{5.4.60}$$

Die Transformation zwischen der Winkelkoordinate α und den kartesischen Koordinaten ist durch

$$x_1 = \cos\alpha, \quad x_2 = \sin\alpha \tag{5.4.61}$$

gegeben. Wählt man als Gütefunktion die x_2–Position des Pendels für eine vorgegebene Endzeit t^1, d.h.

$$\psi := x_2^1 = l\sin\left[\alpha_0 \cos\left(\sqrt{\frac{c_r}{ml^2}}\,t^1\right)\right],$$

und die Pendellänge l als Entwurfsvariable, dann ist der Gradient

$$\frac{d\psi}{dl} = \sin\left[\alpha_0 \cos\left(\sqrt{\frac{c_r}{ml^2}}\,t^1\right)\right] + \frac{\alpha_0 t^1}{l}\sqrt{\frac{c_r}{m}}\cos\left[\alpha_0\cos\left(\sqrt{\frac{c_r}{ml^2}}\,t^1\right)\right]\sin\left(\sqrt{\frac{c_r}{ml^2}}\,t^1\right).$$

Diese analytische Lösung dient als Referenzlösung für die folgenden numerischen Untersuchungen mit den Zahlenwerten

$$m = 2\,\mathrm{kg}, \quad l = 2\,\mathrm{m}, \quad \alpha_0 = 0.5, \quad c_r = 1\,\mathrm{Nm}.$$

Zur Untersuchung der Stabilität der Adjungierte Variablen Methode sollen die Fehler der Empfindlichkeitsanalyse zunächst isoliert von den Fehlern der Vorwärtsintegration betrachtet werden. Dazu werden die exakten Lösungen (5.4.60) und (5.4.61), sowie die Langrange Multiplikatoren $\lambda = -m\dot{\alpha}^2/2$ als bekannt vorausgesetzt. Bild 5.4.2 zeigt einen wachsenden Fehler der Adjungierte Variablen Methode für differential-algebraische Bewegungsgleichungen mit zunehmender Simulationszeit t^1. Die Ursachen dafür sind jedoch keine Stabilitätsprobleme, sondern die lokale Fehlerkontrolle des Integrationsverfahrens, die zu einem Anwachsen des globalen Fehlers mit zunehmender Schrittzahl führt. Dies wird durch einen Vergleich mit der Adjungierte Variablen Methode für Bewegungsgleichungen in Minimalform deutlich, die keine Stabilitätsprobleme hat, vgl. Abschnitt 5.3.2.

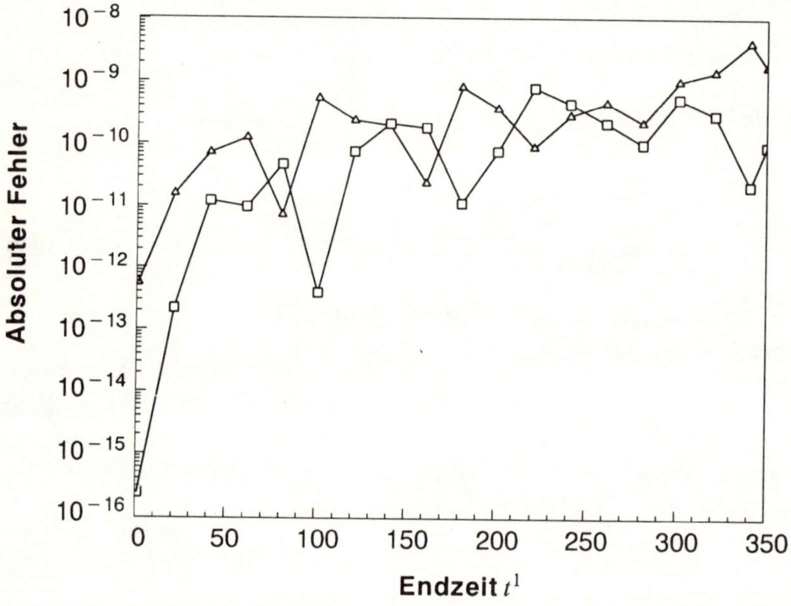

Bild 5.4.2: Numerischer Fehler in $d\psi/dl$: Adjungierte Variablen Methode für differential-algebraische Bewegungsgleichungen (□) und Bewegungsgleichungen in Minimalform (△)

Für eine realistische Fehleraussage müssen die Zustandskoordinaten $\boldsymbol{x}$ und $\dot{\boldsymbol{x}}$ ebenfalls durch numerische Integration von (5.4.59) berechnet werden. Dies geschieht mit den in Abschnitt 3.2.1 dargestellten Methoden. Die Interpolation der Zustandstrajektorien für die Rückwärtsintegration der adjungierten Gleichungen erfolgt analog zu der Adjungierte Variablen Methode für Mehrkörpersysteme mit Baumstruktur. Bild 5.4.3 zeigt die absoluten Fehler in $d\psi/dl$ für eine Analyse mit $t^1 = 10$s sowie

Integrationstoleranzen $ABSERR = 10^{-14}$ und $RELERR = 10^{-10}$. Man erkennt das typische Fehlerverhalten der Vorwärtsdifferenzen (5.1.5) in Abhängigkeit der Parameterstörungen und etwa gleich gute Ergebnisse der Adjungierte Variablen Methoden für differential-algebraische Bewegungsgleichungen und Bewegungsgleichungen in Minimalform. Dies ist im vorliegenden Fall sicherlich auch auf die verhältnismäßig kurze Integrationsdauer zurückzuführen, bei der Instabilitäten der algebraischen Bindungsgleichungen noch keine Rolle spielen. Bei geeigneter Stabilisierung der Vorwärtsintegration erhält man jedoch auch für längere Integrationszeiten ähnliche Ergebnisse.

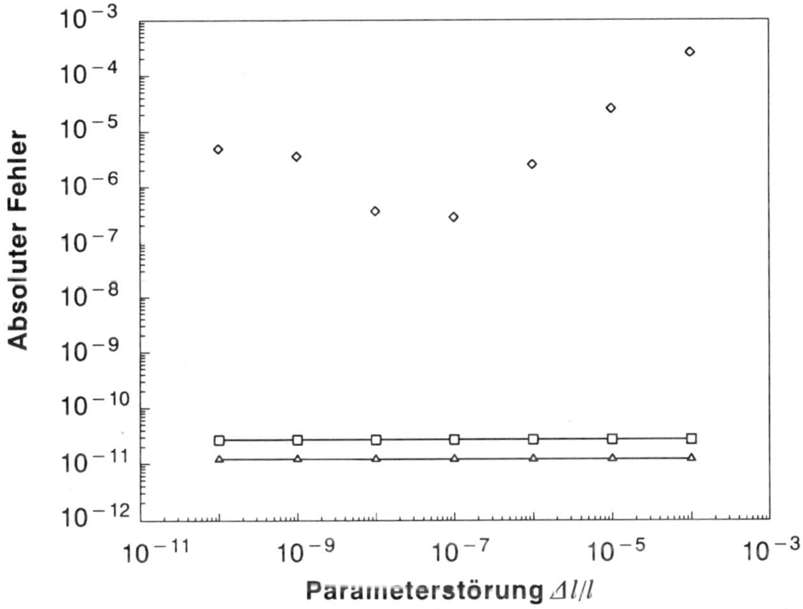

Bild 5.4.3: Numerischer Fehler in $d\psi/dl$: numerische Differentiation (◇) sowie Adjungierte Variablen Methoden für differential-algebraische Bewegungsgleichungen (□) und Bewegungsgleichungen in Minimalform (△)

6 Parameteroptimierung ohne Nebenbedingungen

Zur Lösung des Standardproblems der Parameteroptimierung, auf das auch die Optimierung von Mehrkörpersystemen reduziert werden kann, stehen eine Reihe von Algorithmen zur Verfügung. Die Entwicklung spezieller Algorithmen ist damit nicht erforderlich. Um jedoch eine geeignete Wahl für die Optimierung von Mehrkörpersystemen treffen zu können, müssen die verschiedenen Optimierungsverfahren im Prinzip verstanden werden. Im folgenden sollen daher theoretische Grundlagen der Optimierung und ausgewählter Algorithmen zusammengestellt werden. Die Darstellung ist der Versuch einer Übersicht und Klassifizierung verschiedener Optimierungsverfahren und soll nicht den Blick in die Spezialliteratur ersetzen, z.B. GILL, MURRAY und WRIGHT (1981), VANDERPLAATS (1984) und FLETCHER (1987). Da die Optimierung in der Strukturmechanik eine große Rolle spielt, findet man auch in einigen Lehrbüchern auf diesem Gebiet Kapitel über Optimierung, z.B. FOX (1971), HAUG und ARORA (1979) und ARORA (1989). Die Optimierung ist eine Verbindung von Theorie und Heuristik. In diesem Zusammenhang ist das Buch von FLETCHER (1987) sehr empfehlenswert, weil der Autor neben der Darstellung von verschiedenen modernen Optimierungsverfahren auch versucht, Beweise oder zumindest Begründungen für viele, häufig als selbstverständlich dargestellte algorithmische Kniffe zu geben.

Im vorliegenden Kapitel wird zunächst eine vereinfachte Problemstellung untersucht, die Minimierung einer Gütefunktion ohne Nebenbedingungen. Dieses Optimierungsproblem ist zum einen als eigenständige Fragestellung von Bedeutung, zum anderen sind die Ergebnisse dann auch Grundlage für die im nächsten Kapitel dargestellten Algorithmen zur Lösung des Standardproblems mit Nebenbedingungen.

Auch zur Lösung der vereinfachten Problemstellung stehen eine Reihe von verschiedenen Optimierungsalgorithmen zur Verfügung. Diese reichen von einfachen Suchverfahren bis hin zu theoretisch fundierten Methoden, die versuchen, das Gütekriterium mit Hilfe von Informationen aus zurückliegenden Iterationen zu approximieren, und die Zahl der benötigten Funktionsauswertungen dadurch sehr stark reduzieren. Erst diese höher entwickelten Optimierungsstrategien haben die Optimierung für technische Anwendungen interessant gemacht.

6.1 Problemstellung

Beim vereinfachten Optimierungsproblem ohne Nebenbedingungen läßt man für den zulässigen Parameterbereich (4.2.2) den gesamten h–dimensionalen, reellen Zahlenraum zu, d.h. $\mathcal{P} \equiv I\!R^h$. Damit lautet die Optimierungsaufgabe:

> Gesucht ist ein Parametervektor $\boldsymbol{p} \in I\!R^h$, der eine skalare Gütefunktion $f(\boldsymbol{p})$ minimiert. Die Lösung $\boldsymbol{p} = \boldsymbol{p}^*$ wird als *Minimierer* bezeichnet, der Wert $f(\boldsymbol{p}^*)$ der Gütefunktion als *Minimum.*

Verbindet man mit dieser Fragestellung eine einfache, geometrische Vorstellung, Bild 6.1.1a, erwartet man als Lösung den *absoluten* oder *globalen Minimierer* $\boldsymbol{p}^*$ mit

$$f(\boldsymbol{p}^*) \leq f(\boldsymbol{p}) \quad \forall \quad \boldsymbol{p} \in I\!R^h. \tag{6.1.1}$$

Dieser muß aber weder existieren, Bild 6.1.1b, unabhängig davon, ob die Gütefunktion nach unten beschränkt ist oder nicht, noch muß die Lösung eindeutig sein, Bild 6.1.1c.

Weil es in höher-dimensionalen Parameterräumen zudem unmöglich erscheint, das globale Minimum zu finden, beschränkt man sich i. allg. auf folgende Arbeitsdefinition für ein lokales Minimum:

> Der Parameterpunkt $\boldsymbol{p}^*$ ist ein *lokaler Minimierer* von $f(\boldsymbol{p})$, wenn eine offene Umgebung $\mathcal{U} \subset I\!R^h$ von $\boldsymbol{p}^*$ existiert, so daß gilt
>
> $$f(\boldsymbol{p}^*) \leq f(\boldsymbol{p}) \quad \forall \quad \boldsymbol{p} \in \mathcal{U}. \tag{6.1.2}$$

Durch Start der Optimierungsalgorithmen mit verschiedenen Anfangsentwürfen versucht man dann i. allg. sicherzustellen, daß die Menge der gefundenen Minima auch das absolute Minimum enthält.

Für die Definition (6.1.2) lassen sich Fälle konstruieren, in denen $\boldsymbol{p}^*$ gleichzeitig lokaler Minimierer und globaler Maximierer ist, Bild 6.1.1d. Solche Fälle sind zwar atypisch und lassen sich durch geeignete Konstruktion des Optimierungsalgorithmus ausschließen, dennoch versucht man solche Lücken durch härtere

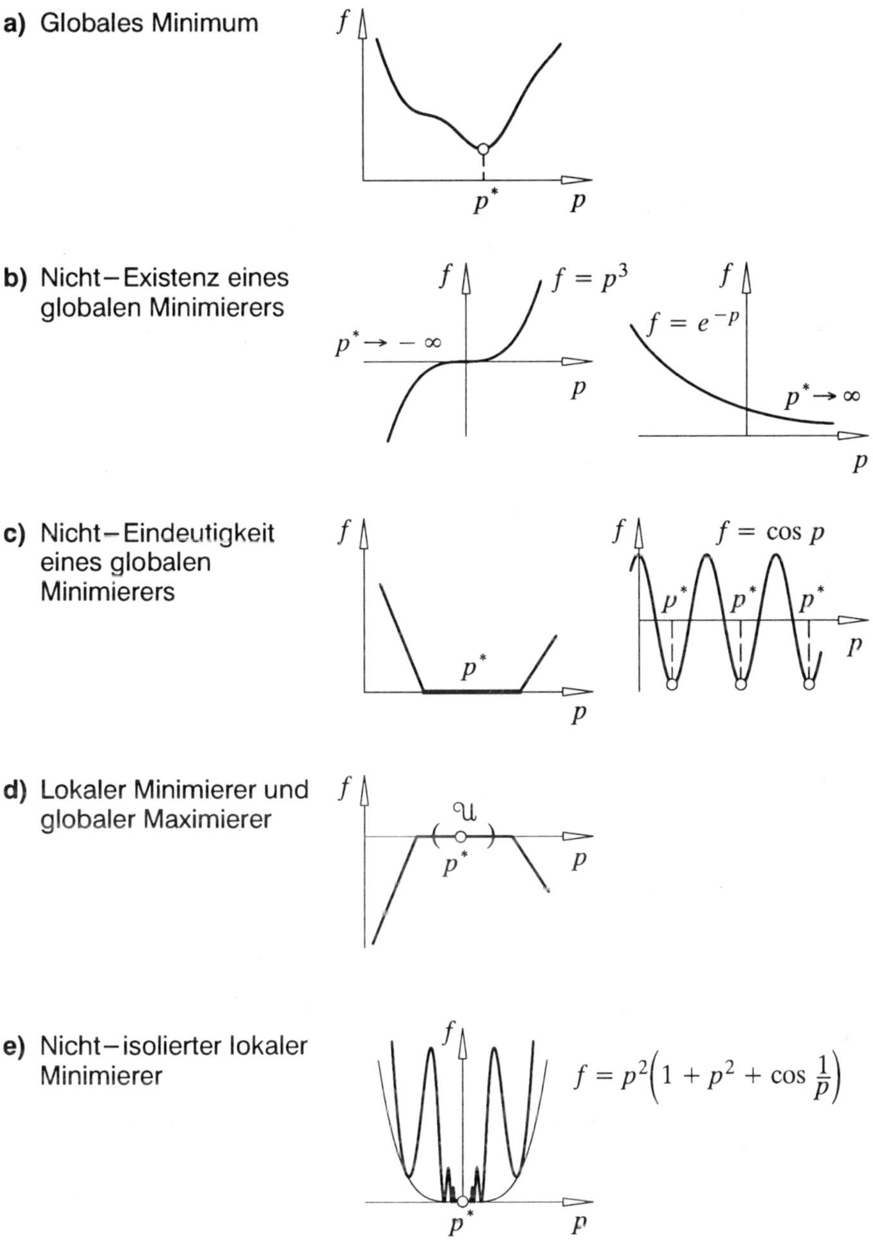

Bild 6.1.1: Schwierigkeiten bei der Definition von Minima

Definitionen zu schließen. Man bezeichnet $\boldsymbol{p}^*$ als *strikten lokalen Minimierer*, wenn eine offene Umgebung $\mathcal{U}$ existiert, so daß gilt

$$f(\boldsymbol{p}^*) < f(\boldsymbol{p}) \quad \forall \quad \boldsymbol{p} \in \mathcal{U} \backslash \{\boldsymbol{p}^*\}, \tag{6.1.3}$$

und als *isolierten lokalen Minimierer*, wenn $\boldsymbol{p}^*$ einziger lokaler Minimierer in $\mathcal{U}$ ist. Für nicht stetig differenzierbare Gütefunktionen müssen diese beiden Definitionen nicht übereinstimmen, Bild 6.1.1e. Hier ist $p^* = 0$ wegen $f(0) = 0$ und $f(p) > 0$ für $p \neq 0$ ein strikter lokaler Minimierer, er ist jedoch nicht isoliert, da sich die lokalen Minimierer um $p^* = 0$ häufen.

Im folgenden soll vor allem die Definition (6.1.2) für lokale Minima benutzt werden. Außerdem wird vorausgesetzt, daß die Gütefunktion genügend oft stetig differenzierbar ist.

6.2 Theoretische Grundlagen

Von besonderem Interesse sind die Eigenschaften der Gütefunktion an lokalen Minima. Diese Eigenschaften lassen sich zwar i. allg. nicht direkt in einen Optimierungsalgorithmus umsetzen, sie tragen aber zum Verständnis von Algorithmen und ihrem Konvergenzverhalten bei. Außerdem werden sie als Abbruchkriterien für die iterativen Verfahren verwendet.

Ist die Gütefunktion $f(\boldsymbol{p})$ explizit in Abhängigkeit der Entwurfsvariablen gegeben und zweifach stetig differenzierbar, $f \in C^2$, dann definiert man den Vektor der ersten partiellen Ableitungen,

$$\nabla f := \frac{\partial f}{\partial \boldsymbol{p}} \quad \text{bzw.} \quad \nabla f_k := \frac{\partial f}{\partial p_k}, \tag{6.2.1}$$

als *Gradienten* der Funktion f und die zweiten partiellen Ableitungen,

$$\nabla^2 f := \frac{\partial^2 f}{\partial \boldsymbol{p}\, \partial \boldsymbol{p}} \quad \text{bzw.} \quad \nabla^2 f_{kl} := \frac{\partial^2 f}{\partial p_k\, \partial p_l}, \tag{6.2.2}$$

als Hesse-Matrix. Die *Hesse-Matrix* ist quadratisch und wegen der Vertauschbarkeit der Differentiationen symmetrisch. Sowohl der Gradient als auch die Hesse-Matrix hängen i. allg. von den Entwurfsvariablen ab. Für ein funktionales Kriterium, das über die Zustandsvariablen auch implizit von den Entwurfsvariablen abhängt, ist die partielle Differentiation wie in Gleichung (5.1.3) jeweils durch die totale Differentiation zu ersetzen.

Neben den Gradienten werden beispielsweise bei der Liniensuche auch Richtungsableitungen benötigt. Dabei wird die Gütefunktion entlang einer Linie (4.2.3) oder

$$\boldsymbol{p}(\alpha) = \boldsymbol{p}_0 + \alpha \boldsymbol{s} \tag{6.2.3}$$

betrachtet, Bild 6.2.1.

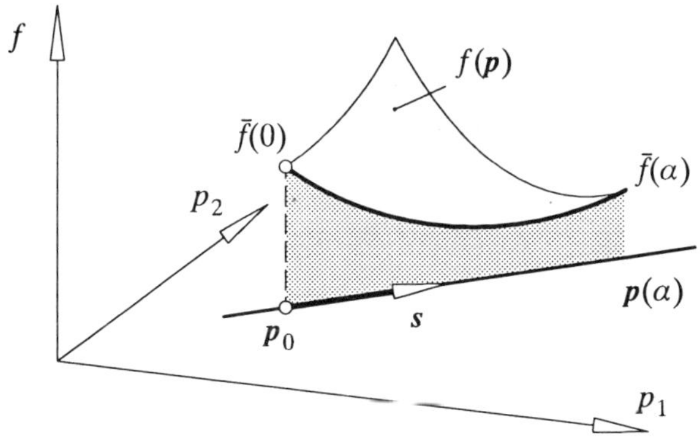

Bild 6.2.1: Gütefunktion auf einer Linie im $\mathbb{R}^2$

Bezeichnet man mit

$$\bar{f}(\alpha) := f(\boldsymbol{p}(\alpha)) \tag{6.2.4}$$

die Gütefunktion auf der Linie, dann erhält man mit der Kettenregel für die Steigung

$$\bar{f}' := \frac{d\bar{f}}{d\alpha} \equiv \frac{df}{d\alpha} = \frac{\partial f}{\partial p_k}\frac{dp_k}{d\alpha} = \frac{\partial f}{\partial p_k} s_k = \boldsymbol{s}^T \nabla f \tag{6.2.5}$$

und für die Krümmung

$$\bar{f}'' := \frac{d^2\bar{f}}{d\alpha^2} \equiv \frac{d^2 f}{d\alpha^2} = \frac{d}{d\alpha}\frac{df}{d\alpha} = \frac{\partial^2 f}{\partial p_k \partial p_l} s_k s_l \equiv \boldsymbol{s}^T \nabla^2 f\, \boldsymbol{s}. \tag{6.2.6}$$

Mit Hilfe der Taylor-Reihe lassen sich aus den Definitionen lokaler Minima notwendige und hinreichende Bedingungen ableiten, denn die Eigenschaften einer Funktion $f(\boldsymbol{p})$ an einer Stelle $\boldsymbol{p}_0$ spiegeln sich in ihrer Taylor-Reihe wider. Betrachtet man zunächst nur die Linie (6.2.3), dann ergibt sich für die Taylor-Reihenentwicklung um $\alpha = 0$

$$\bar{f}(\alpha) = \bar{f}(0) + \alpha\, \bar{f}'(0) + \frac{1}{2}\alpha^2\, \bar{f}''(0) + \dots \tag{6.2.7}$$

oder mit (6.2.5) und (6.2.6)

$$f(\boldsymbol{p}_0 + \alpha \boldsymbol{s}) = f(\boldsymbol{p}_0) + \alpha\, \boldsymbol{s}^T \nabla f_0 + \frac{1}{2} \alpha^2\, \boldsymbol{s}^T\, \nabla^2 f_0\, \boldsymbol{s} + \ldots\,, \tag{6.2.8}$$

wobei der Gradient ∇f_0 und die Hesse-Matrix $\nabla^2 f_0$ an der Stelle $\boldsymbol{p} = \boldsymbol{p}_0$ zu nehmen sind. Ersetzt man $\delta \boldsymbol{p} := \alpha \boldsymbol{s}$, ergibt sich allgemein

$$f(\boldsymbol{p}_0 + \delta \boldsymbol{p}) = f(\boldsymbol{p}_0) + \delta \boldsymbol{p}^T\, \nabla f_0 + \frac{1}{2}\, \delta \boldsymbol{p}^T\, \nabla^2 f_0\, \delta \boldsymbol{p} + \ldots \tag{6.2.9}$$

oder mit $\boldsymbol{p} = \boldsymbol{p}_0 + \delta \boldsymbol{p}$

$$f(\boldsymbol{p}) = f(\boldsymbol{p}_0) + (\boldsymbol{p} - \boldsymbol{p}_0)^T\, \nabla f_0 + \frac{1}{2}\, (\boldsymbol{p} - \boldsymbol{p}_0)^T\, \nabla^2 f_0\, (\boldsymbol{p} - \boldsymbol{p}_0) + \ldots \tag{6.2.10}$$

Die Differentiation von (6.2.10) nach dem Entwurfsvektor $\boldsymbol{p}$ liefert eine Taylor-Reihe für $\nabla f(\boldsymbol{p})$:

$$\nabla f(\boldsymbol{p}) = \nabla f_0 + \nabla^2 f_0\, (\boldsymbol{p} - \boldsymbol{p}_0) + \ldots \tag{6.2.11}$$

Zur Herleitung der notwendigen Bedingungen für lokale Minima sei zunächst die Taylor-Reihe (6.2.7) um einen lokalen Minimierer $\boldsymbol{p}_0 = \boldsymbol{p}^*$ bzw. $\alpha = 0$ nur bis zu Gliedern erster Ordnung betrachtet. Denn für genügend kleine Werte von α, $|\alpha| \ll 1$, können die Terme höherer Ordnung gegenüber dem linearen Term vernachlässigt werden. Dann verlangt die Definition (6.1.2), daß $\bar{f}(0) \leq \bar{f}(\alpha)$ gilt, d.h. der lineare Term $\alpha \bar{f}'(0)$ darf für beliebige Werte von α nicht negativ werden. Dies ist jedoch nur für $\bar{f}'(0) \equiv 0$ möglich. Da die Richtung $\boldsymbol{s}$ der betrachteten Linie beliebig ist, folgt daraus mit (6.2.5)

$$\bar{f}'(0) = \boldsymbol{s}^T\, \nabla f(\boldsymbol{p}^*) = 0 \quad \forall \quad \boldsymbol{s} \in \mathbb{R}^h. \tag{6.2.12}$$

Mit Satz 2.1 der Variationsrechnung erhält man daraus eine allgemeine notwendige Bedingung für einen Minimierer:

Satz 6.1: Notwendige Bedingung 1. Ordnung

Wenn $\boldsymbol{p}^*$ ein lokaler Minimierer von $f(\boldsymbol{p})$ ist, dann gilt

$$\nabla f(\boldsymbol{p}^*) = \boldsymbol{0}. \tag{6.2.13}$$

Man bezeichnet alle Punkte mit verschwindendem Gradienten als *stationäre Punkte.*

Nimmt man in der Taylor-Reihe (6.2.7) den Term 2. Ordnung hinzu, ergibt sich mit $\bar{f}'(0) = 0$ als weitere notwendige Bedingung, daß dieser Term ebenfalls nicht negativ sein darf, woraus $\bar{f}''(0) \geq 0$ folgt. Mit (6.2.6) erhält man wegen der freien Wahl der Suchrichtung eine weitere notwendige Bedingung für einen lokalen Minimierer:

Satz 6.2: Notwendige Bedingungen 2. Ordnung

Wenn $\boldsymbol{p}^*$ ein lokaler Minimierer von $f(\boldsymbol{p})$ ist, dann ist $\boldsymbol{p}^*$ ein stationärer Punkt und es gilt außerdem

$$\boldsymbol{s}^T \nabla^2 f(\boldsymbol{p}^*)\, \boldsymbol{s} \geq 0 \quad \forall \quad \boldsymbol{s} \in I\!R^h, \tag{6.2.14}$$

d.h. die Hesse-Matrix an der Stelle $\boldsymbol{p}^*$ ist positiv semidefinit.

Für strikte lokale Minimierer (6.1.3) erhält man in analoger Weise eine hinreichende Bedingung:

Satz 6.3: Hinreichende Bedingung

Ist $\boldsymbol{p}^*$ ein stationärer Punkt und die Hesse-Matrix $\nabla^2 f(\boldsymbol{p}^*)$ positiv definit, d.h.

$$\boldsymbol{s}^T \nabla^2 f(\boldsymbol{p}^*)\, \boldsymbol{s} > 0 \quad \forall \quad \boldsymbol{s} \neq \boldsymbol{0}, \tag{6.2.15}$$

dann ist $\boldsymbol{p}^*$ ein strikter lokaler Minimierer.

Beweise für diese Sätze, die hier nur plausibel gemacht wurden, findet man z.B. bei FLETCHER (1987). Falls $f(\boldsymbol{p})$ eine allgemeine, nichtlineare Funktion ist, sind auch der Gradient und die Hesse-Matrix nichtlineare Funktionen in $\boldsymbol{p}$. Eine direkte Lösung der Gleichungen (6.2.13)–(6.2.15) und damit eine direkte Berechnung möglicher Kandidaten für lokale Minimierer ist daher i. allg. nicht möglich. Der übliche Weg zur Ermittlung des Minimums ist die iterative Verbesserung eines Ausgangsentwurfs.

Beispiel 6.2.1: Minimierung einer quadratischen Funktion

Ein einfaches Beispiel, an dem die im folgenden beschriebenen Optimierungsstrategien demonstriert werden können, ist die Minimierung einer quadratischen Funktion

$$f(\boldsymbol{p}) = 10\, p_1^2 + p_2^2 \,.$$

Der Gradient und die Hesse-Matrix sind

$$\nabla f(\boldsymbol{p}) = \begin{bmatrix} 20\,p_1 \\ 2\,p_2 \end{bmatrix}, \quad \nabla^2 f(\boldsymbol{p}) = \begin{bmatrix} 20 & 0 \\ 0 & 2 \end{bmatrix}.$$

Aus der notwendigen Bedingung nach Satz 6.1, $\nabla f(\boldsymbol{p}^*) = 0$, folgt als einziger Kandidat für einen Minimierer $\boldsymbol{p}^* = \boldsymbol{0}$. Da die Hesse-Matrix offensichtlich positiv definit ist, ist $\boldsymbol{p}^* = \boldsymbol{0}$ nach Satz 6.3 ein strikter lokaler Minimierer, im vorliegenden Fall gleichzeitig auch globaler Minimierer.

6.3 Optimierungsstrategien

Als ein mögliches iteratives Vorgehen bei der Suche nach dem globalen Minimierer bietet sich die Erzeugung von Parameterpunkten mit Hilfe eines Zufallsgenerators an. Für jeden neu erhaltenen Punkt wird die Definitionsgleichung (6.1.1) überprüft und eventuell der neue Punkt als verbesserter Entwurf akzeptiert. Damit das Verfahren konvergiert, kann der zulässige Parameterbereich, aus dem die neuen Stichproben entnommen werden, bei jedem Iterationsschritt zunehmend eingeschränkt werden. Diese *Zufallssuche* läßt sich zwar einfach programmieren, sie führt jedoch nur bei nieder-dimensionalen Parameterräumen mit einer akzeptablen Zahl von Funktionsauswertungen zum Ziel.

Ein geometrisch orientiertes Verfahren ist die *Simplex-Methode* von NELDER und MEAT (1965). Der Grundgedanke ist, den Minimierer in ein sogenanntes Simplex einzuschließen. Ein verallgemeinertes Simplex im h–dimensionalen Parameterraum ist ein Polyeder mit $(h+1)$ Eckpunkten $\boldsymbol{p}_k$, $k = 0(1)h$, z.B. in der Ebene ein Dreieck, im Raum ein Tetraeder. Durch die Operationen *Reflexion*, *Expansion* und *Kontraktion* wandert dieses Simplex durch den Parameterraum, wobei es i. allg. zunächst expandiert, um einen möglichen Minimierer einzuschließen, und dann kontrahiert, um den Minimierer genauer festzulegen, Bild 6.3.1. Die Bewegung des Simplex wird im wesentlichen durch die Werte der Gütefunktion $f(\boldsymbol{p}_k)$ an den Eckpunkten gesteuert, Bild 6.3.2. Auch dieses Verfahren benötigt sehr viele Funktionsauswertungen und ist daher auf niederdimensionale Probleme beschränkt.

In der Optimierungsliteratur werden eine Reihe von solchen heuristischen Verfahren vorgeschlagen. Diese haben jedoch alle den Nachteil, daß sie viele Funktionsauswertungen benötigen und daher für die Anwendung auf Mehrkörpersysteme wenig attraktiv sind. Bei den bezüglich der Zahl der Funktionsauswertungen effizienteren Optimierungsalgorithmen ist, wie in Abschnitt 4.2 dargestellt, jeder Iterationsschritt in zwei Phasen aufgeteilt:

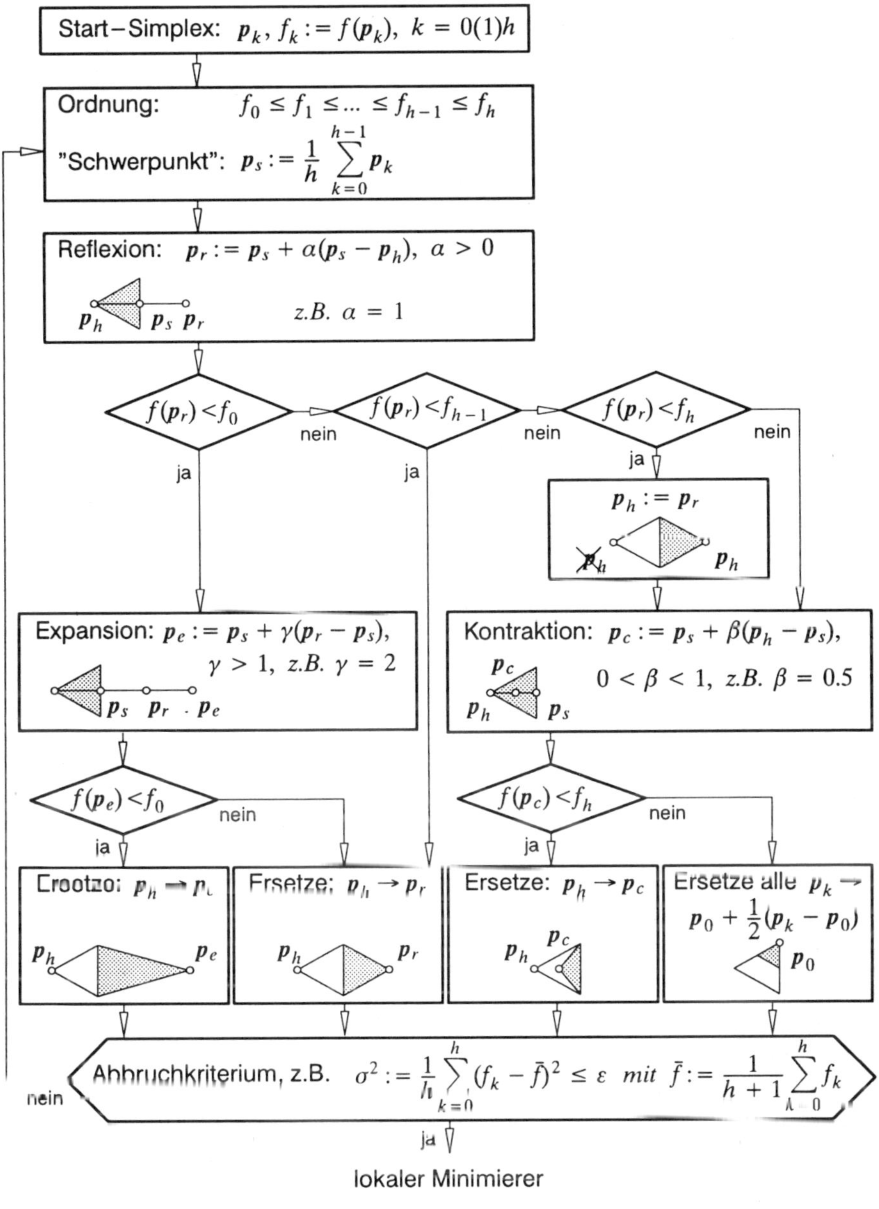

Bild 6.3.1: Simplex-Methode von Nelder und Meat

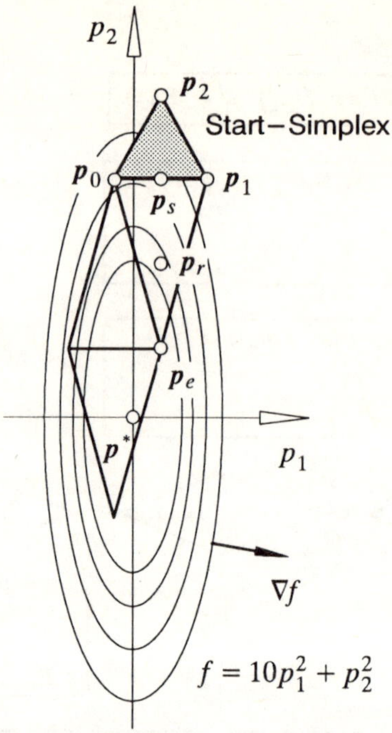

Bild 6.3.2: Beispiel zur Simplex-Methode

Phase 1: Festlegung einer Suchrichtung $\boldsymbol{s}^{(\nu)}$, für die gilt

$$\bar{f}'(0) = \boldsymbol{s}^{(\nu)T} \, \nabla f^{(\nu)} < 0; \tag{6.3.1}$$

Phase 2: Liniensuche entlang

$$\boldsymbol{p}(\alpha) = \boldsymbol{p}^{(\nu)} + \alpha \, \boldsymbol{s}^{(\nu)}, \quad \alpha \geq 0, \tag{6.3.2}$$

nach einem Minimum oder einer verbesserten Lösung, gegeben durch $\alpha = \alpha^{(\nu)}$.

Ausgehend vom aktuellen Entwurf $\boldsymbol{p}^{(\nu)}$ wird zunächst eine Suchrichtung festgelegt, in der eine Verbesserung zu erwarten ist, die also die *Abstiegseigenschaft* (6.3.1) hat. In dieser Richtung wird dann nach einem Minimum oder zumindest einer besseren Lösung gesucht, wobei eventuell Informationen aus der ersten Phase einfließen. Der verbesserte Entwurf

$$\boldsymbol{p}^{(\nu+1)} := \boldsymbol{p}^{(\nu)} + \alpha^{(\nu)} \, \boldsymbol{s}^{(\nu)} \tag{6.3.3}$$

kann akzeptiert werden oder dient als Ausgangspunkt für einen weiteren Iterationsschritt. Die beiden Phasen werden im folgenden näher beschrieben.

6.3.1 Festlegen der Suchrichtung

Ein wesentliches Unterscheidungsmerkmal der verschiedenen Optimierungsstrategien ist die für die Festlegung der Suchrichtung erforderliche Information über die Gütefunktion $f(\boldsymbol{p})$. Dies wird durch die *Verfahrensordnung* des Optimierungsalgorithmus ausgedrückt:

0. Ordnung: benötigt werden lediglich die Funktionswerte an geeigneten Stützstellen;

1. Ordnung: zusätzlich zu den Funktionswerten sind auch Gradienten bereitzustellen;

2. Ordnung: zusätzlich wird die Hesse-Matrix ausgewertet.

Für die Definition der Verfahrensordnung ist es unerheblich, ob die benötigte Information mit Differenzenverfahren oder analytisch ermittelt wird.

Die Verfahrensordnung allein sagt noch nichts über die Effizienz des Optimierungsalgorithmus aus. Entscheidender dafür ist die *Modellordnung* des Algorithmus. Dies ist die Ordnung einer die Gütefunktion approximierenden Taylor-Reihe, aus der die neue Suchrichtung ermittelt wird. Mit höherer Modellordnung wird die Suchrichtung besser, das Verfahren konvergiert schneller. Bei der Zufallssuche beispielsweise wird nicht versucht, sich nähere Informationen über die Form der Gütefunktion zu rekonstruieren, jeder neue Zufallspunkt wird unabhängig von den vorherigen gewählt. Ein anderes Optimierungsverfahren, das ebenfalls kein Modell verwendet, ist die *achsenparallele Liniensuche* bis zum jeweiligen Minimum, Bild 6.3.3. Die Koordinatenachsen werden dabei zyklisch als Suchrichtungen benutzt, bis vorgegebene Konvergenzkriterien erfüllt sind.

Ein Modell 1. Ordnung ist eine lineare Approximation der Gütefunktion, d.h. $f(\boldsymbol{p}) \approx l(\boldsymbol{p})$ mit

$$l(\boldsymbol{p}) := \boldsymbol{g}^T \boldsymbol{p} + c \tag{6.3.4}$$

und

$$\nabla l = \boldsymbol{g}, \quad \nabla^2 l = \boldsymbol{0}. \tag{6.3.5}$$

Die erste Variation liefert für die zu erwartende Änderung des Gütefunktionswertes

$$\delta f \approx \delta l - \boldsymbol{g}^T \delta \boldsymbol{p}. \tag{6.3.6}$$

Interpretiert man das Skalarprodukt als Projektion der Parameteränderung auf den Gradienten $\nabla l = \boldsymbol{g}$, dann ergibt sich die stärkste Zunahme von $l(\boldsymbol{p})$ für eine

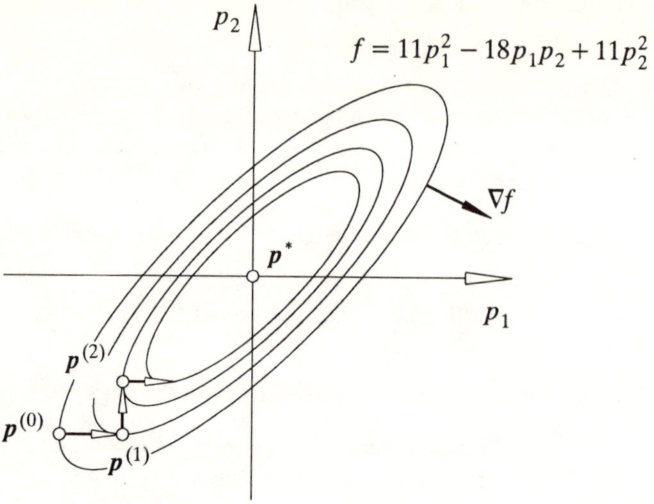

Bild 6.3.3: Achsenparallele Liniensuche

Parameteränderung in Richtung des Gradienten und die stärkste Abnahme für die entgegengesetzte Richtung:

$$\delta \boldsymbol{p} = -\alpha\, \boldsymbol{g} = -\alpha\, \nabla l, \quad \alpha > 0. \tag{6.3.7}$$

Aus einem Modell 1. Ordnung kann man also schließen, daß die größte Verbesserung in der dem Gradienten entgegengesetzten Richtung zu erwarten ist.

Ein Modell 2. Ordnung ist eine quadratische Approximation entsprechend (6.2.10), d.h. $f(\boldsymbol{p}) \approx q(\boldsymbol{p})$ mit

$$q(\boldsymbol{p}) := \frac{1}{2}\, \boldsymbol{p}^T \boldsymbol{G}\, \boldsymbol{p} + \boldsymbol{g}^T \boldsymbol{p} + c. \tag{6.3.8}$$

Dabei ist $\boldsymbol{G}$ eine symmetrische Matrix und

$$\nabla q = \boldsymbol{G}\, \boldsymbol{p} + \boldsymbol{g}, \quad \nabla^2 q = \boldsymbol{G}. \tag{6.3.9}$$

Für die Existenz und Eindeutigkeit eines Minimierers $\boldsymbol{p}^*$ ist notwendig, daß $\boldsymbol{G}$ positiv definit ist. Dann folgt aus Satz 6.1 und (6.3.9)

$$\nabla q(\boldsymbol{p}^*) = \boldsymbol{G}\boldsymbol{p}^* + \boldsymbol{g} \stackrel{!}{=} \boldsymbol{0} \quad \text{oder} \quad \boldsymbol{p}^* = -\boldsymbol{G}^{-1}\boldsymbol{g}. \tag{6.3.10}$$

Falls die quadratische Approximation (6.3.8) für $f(\boldsymbol{p})$ gut ist, kann der Minimierer mit (6.3.10) in einem Schritt sehr genau approximiert werden. Subtrahiert man die beiden Bezichungen (6.3.9) und (6.3.10) für die Gradienten $\nabla q(\boldsymbol{p}_0)$ und $\nabla q(\boldsymbol{p}^*)$ voneinander, lassen sich die Bestimmungsgleichungen für den Minimierer auch wie folgt schreiben:

$$\nabla q(\boldsymbol{p}_0) = \nabla^2 q\,(\boldsymbol{p}_0 - \boldsymbol{p}^*) \quad \text{oder} \quad \boldsymbol{p}^* = \boldsymbol{p}_0 - (\nabla^2 q)^{-1}\,\nabla q(\boldsymbol{p}_0). \tag{6.3.11}$$

Aus der linearen Abhängigkeit (6.3.9) des Gradienten von den Entwurfsvariablen resultiert folgende, wichtige Beziehung für zwei allgemeine Parameterpunkte $\boldsymbol{p}_1$ und $\boldsymbol{p}_2$:

$$\nabla q(\boldsymbol{p}_2) - \nabla q(\boldsymbol{p}_1) = \nabla^2 q\,(\boldsymbol{p}_2 - \boldsymbol{p}_1). \tag{6.3.12}$$

Unter diesen Aspekten der Verfahrensordnung und der Modellordnung sollen im folgenden einige bekannte Optimierungsalgorithmen betrachtet werden.

Orientiert man sich an einem Modell 1. Ordnung und können Gradienten für die Gütefunktion berechnet werden, dann erhält man nach Gleichung (6.3.7) als geeignete Suchrichtung $\boldsymbol{s}^{(\nu)}$ am Parameterpunkt $\boldsymbol{p}^{(\nu)}$ gerade die entgegengesetzte Gradientenrichtung,

$$\boldsymbol{s}^{(\nu)} := -\nabla f^{(\nu)}, \tag{6.3.13}$$

die noch normiert werden kann. Diese Wahl der Suchrichtung ist Grundlage des sogenannten *Gradientenverfahrens* bzw. der *Methode des steilsten Abstiegs.* Numerische Untersuchungen an Testfunktionen zeigen, daß der Wert der Gütefunktion mit den ersten Iterationsschritten stark verringert wird, die Konvergenz in der Nähe des Minimierers dann aber sehr schlecht ist. Dies läßt sich wie folgt erklären. Führt man in den Suchrichtungen jeweils exakte Minimierungen durch, d.h. nach Satz 6.1

$$\left.\frac{df}{d\alpha}\right|_{\alpha^{(\nu)}} = \boldsymbol{s}^{(\nu)T}\,\nabla f(\boldsymbol{p}^{(\nu)} + \alpha^{(\nu)}\boldsymbol{s}^{(\nu)}) = \boldsymbol{s}^{(\nu)T}\,\nabla f^{(\nu+1)} \stackrel{!}{=} 0, \tag{6.3.14}$$

dann stehen aufeinanderfolgende Suchrichtungen senkrecht aufeinander:

$$\boldsymbol{s}^{(\nu+1)T}\,\boldsymbol{s}^{(\nu)} = -\nabla f^{(\nu+1)T}\,\boldsymbol{s}^{(\nu)} \equiv -\boldsymbol{s}^{(\nu)T}\,\nabla f^{(\nu+1)} = 0. \tag{6.3.15}$$

Wenn die Hesse-Matrix am Minimum stark verschiedene Eigenwerte hat, führt dies zu einem gegen den Minimierer nur langsam konvergierenden Zick-Zack-Verlauf, Bild 6.3.4. Ein weiterer Nachteil des linearen Modells ist, daß keine Aussagen über gute Startwerte von α für die Liniensuche gemacht werden

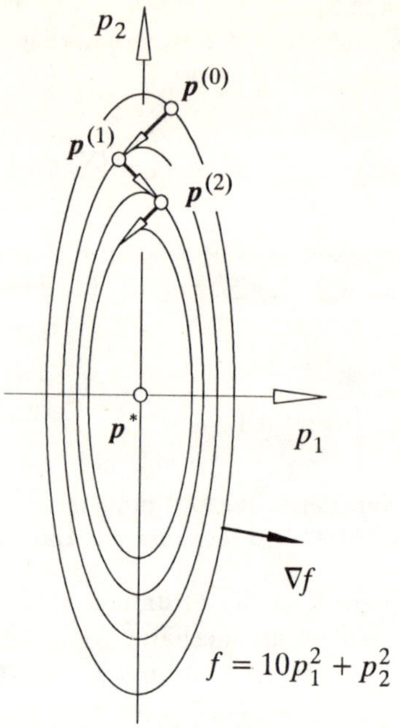

Bild 6.3.4: Zick-Zack-Verlauf beim Gradientenverfahren

können. Dadurch benötigt auch die Liniensuche häufig viele Funktionsauswertungen. Wegen der schlechten Konvergenz hat das Gradientenverfahren als Optimierungsalgorithmus trotz seiner Einfachheit keine große Bedeutung.

In Verfahren mit konjugierten Suchrichtungen wird ein Modell 2. Ordnung vorausgesetzt. Zwei Vektoren $\boldsymbol{s}_1$ und $\boldsymbol{s}_2$ heißen *konjugiert* bezüglich einer Matrix $\boldsymbol{G} = \boldsymbol{G}^T > 0$, wenn gilt

$$\boldsymbol{s}_1^T \boldsymbol{G}\, \boldsymbol{s}_2 = 0. \tag{6.3.16}$$

Da konjugierte Vektoren auch linear unabhängig sind, führt ein Verfahren, das in jedem Iterationsschritt eine zu allen vorherigen Richtungen konjugierte Suchrichtung erzeugt, für quadratische Funktionen in endlich vielen, nämlich h Schritten zum Minimum. Beim *konjugierten Gradientenverfahren* von FLETCHER und REEVES (1964) werden die konjugierten Richtungen mit Hilfe von Gradienten und der letzten Suchrichtung konstruiert:

$$\begin{aligned} \boldsymbol{s}^{(0)} &:= -\nabla f^{(0)}, \\ \boldsymbol{s}^{(\nu+1)} &= -\nabla f^{(\nu+1)} + \frac{\nabla f^{(\nu+1)^T} \nabla f^{(\nu+1)}}{\nabla f^{(\nu)^T} \nabla f^{(\nu)}}\, \boldsymbol{s}^{(\nu)}. \end{aligned} \tag{6.3.17}$$

Die Methode ist auch auf allgemein nichtlineare Gütefunktionen anwendbar, man hat dann allerdings keine Konvergenz in endlich vielen Schritten mehr. Es kann daher das Problem auftreten, daß aufeinanderfolgende Suchrichtungen nahezu linear abhängig werden. Um dies zu vermeiden, wird das Verfahren nach jeweils $(h+1)$ Iterationen erneut mit dem entgegengesetzten Gradienten am aktuellen Parameterpunkt als Suchrichtung gestartet. Im Optimierungsalgorithmus von POWELL (1964) werden die konjugierten Richtungen allein mit Funktionsauswertungen aufgebaut. Ein dem konjugierten Gradientenverfahren entsprechender Iterationsschritt besteht hier jedoch aus h Minimierungen entlang vorgegebener Richtungen, wodurch die Zahl der Funktionsauswertungen entsprechend erhöht wird. Da für diese Minimierungen i. allg. mehr als ein Funktionsaufruf benötigt wird, ist es günstiger, das konjugierte Gradientenverfahren zu verwenden und die Gradienten der Gütefunktion mit Hilfe von Differenzenverfahren zu berechnen.

Beispiel 6.3.1: Konjugiertes Gradientenverfahren

Das in Beispiel 6.2.1 dargestellte Optimierungsproblem läßt sich mit Hilfe des konjugierten Gradientenverfahrens in endlich vielen Schritten lösen. Ausgehend von den Startwerten $\boldsymbol{p}^{(0)} = [0.1, 1]^T$ für die Entwurfsvariablen ergibt sich folgende Iteration:

- **0-ter Iterationsschritt**

  Der Startschritt des Verfahrens ist ein Gradientenschritt mit der Suchrichtung

  $$\boldsymbol{s}^{(0)} := -\nabla f^{(0)} = -\nabla f(\boldsymbol{p}^{(0)}) = \begin{bmatrix} -2 \\ -2 \end{bmatrix}.$$

  Damit ist eine Minimierung entlang der Linie

  $$\boldsymbol{p}(\alpha) = \boldsymbol{p}^{(0)} + \alpha\, \boldsymbol{s}^{(0)} = \begin{bmatrix} 0.1 - 2\alpha \\ 1 - 2\alpha \end{bmatrix}$$

  durchzuführen, auf der die Gütefunktion

  $$\bar{f}(\alpha) = f(\boldsymbol{p}(\alpha)) = 1.1 - 8\,\alpha + 44\,\alpha^2$$

  lautet. Die notwendige Bedingung für ein Minimum,

  $$\bar{f}'(\alpha^{(0)}) = -8 + 88\,\alpha^{(0)} \stackrel{!}{=} 0,$$

  führt auf die Lösung $\alpha^{(0)} = 1/11$. Daraus folgt der verbesserte Parameterpunkt

  $$\boldsymbol{p}^{(1)} = \boldsymbol{p}^{(0)} + \alpha^{(0)}\, \boldsymbol{s}^{(0)} = \begin{bmatrix} -9/110 \\ 9/11 \end{bmatrix}.$$

- **1-ter Iterationsschritt**

  Aus der Rekursionsvorschrift (6.3.17) folgt für die neue Suchrichtung

$$\begin{aligned} s^{(1)} &= -\nabla f^{(1)} + \frac{\|\nabla f^{(1)}\|^2}{\|\nabla f^{(0)}\|^2}\, s^{(0)} \\ &= -\begin{bmatrix} -18/11 \\ 18/11 \end{bmatrix} + \frac{81}{121}\begin{bmatrix} -2 \\ -2 \end{bmatrix} = \begin{bmatrix} 36/121 \\ -360/121 \end{bmatrix}. \end{aligned}$$

  Auf der Linie

$$p(\alpha) = p^{(1)} + \alpha\, s^{(1)} = \begin{bmatrix} -\dfrac{9}{110} + \dfrac{36}{121}\alpha \\ \dfrac{9}{11} - \dfrac{360}{121}\alpha \end{bmatrix}$$

  lautet die Gütefunktion

$$\bar{f}(\alpha) = \frac{3^4}{10 \cdot 11} - \frac{2^3 \cdot 3^4}{11^2}\alpha + \frac{2^4 \cdot 3^4 \cdot 10}{11^3}\alpha^2.$$

  Das Minimum ergibt sich aus der Bedingung

$$\bar{f}'(\alpha^{(1)}) = -\frac{2^3 \cdot 3^4}{11^2} + \frac{2^5 \cdot 3^4 \cdot 10}{11^3}\alpha^{(1)} \stackrel{!}{=} 0.$$

  Mit der Lösung $\alpha^{(1)} = 11/40$ folgt für die verbesserte Lösung bereits der globale Minimierer:

$$p^{(2)} = p^{(1)} + \alpha^{(1)}\, s^{(1)} = \mathbf{0} \equiv p^*.$$

  Aufgrund der quadratischen Bauform der Gütefunktion konvergiert das Verfahren im $\mathbb{R}^2$ in zwei Schritten.

Läßt sich für eine Gütefunktion $f(p)$ zusätzlich zum Gradienten auch die Hesse-Matrix bestimmen, dann kann für das Modell 2. Ordnung aus (6.3.11) der Minimierer in einem Schritt ermittelt werden. Da dieses Modell i. allg. aber nur eine Näherung für die Taylor-Reihe (6.2.10) an einer Stelle $p_0 = p^{(\nu)}$ ist, wird die Gleichung (6.3.11) lediglich eine verbesserte Näherung $p^{(\nu+1)}$ für den Minimierer p^* liefern:

$$p^{(\nu+1)} = p^{(\nu)} - \nabla^2 f^{(\nu)-1}\, \nabla f^{(\nu)}. \tag{6.3.18}$$

Man bezeichnet die daraus resultierende Iteration als *Newton-Verfahren*, das auch implizit als

$$\nabla^2 f^{(\nu)} \left[p^{(\nu+1)} - p^{(\nu)}\right] = -\nabla f^{(\nu)} \tag{6.3.19}$$

geschrieben werden kann. Um mehr Flexibilität zu haben, definiert man den Änderungsterm in der Rekursionsformel (6.3.18) als Suchrichtung,

$$\boldsymbol{s}^{(\nu)} := -\nabla^2 f^{(\nu)^{-1}} \nabla f^{(\nu)}, \tag{6.3.20}$$

und führt dann entsprechend der in Abschnitt 6.3 beschriebenen Struktur eine Liniensuche durch. Ein guter Startwert für den Linienparameter α ist entsprechend Gleichung (6.3.18) $\alpha = 1$. Eine implizite Voraussetzung des Verfahrens ist die positive Definitheit der Hesse-Matrix an der Stelle $\boldsymbol{p}^{(\nu)}$. Dies ist i. allg. nur für sehr gute Startwerte in der Nähe eines Minimierers erfüllt. Für schlechte Startwerte kann die Hesse-Matrix sogar singulär werden, so daß die Suchrichtung (6.3.20) nicht einmal definiert ist. Dadurch ist das Newton-Verfahren in dieser Form nicht als globales Optimierungsverfahren einsetzbar.

Beispiel 6.3.2: Newton-Verfahren

Für das in Beispiel 6.2.1 dargestellte Optimierungsproblem ist sowohl der Gradient als auch die Hesse-Matrix bekannt. Ausgehend von einem Startpunkt $\boldsymbol{p}^{(0)} = [0.1,\ 1]^T$ ergibt sich damit für die Suchrichtung (6.3.20)

$$\boldsymbol{s}^{(0)} := -\left(\nabla^2 f^{(0)}\right)^{-1} \nabla f^{(0)} = -\begin{bmatrix} 1/20 & 0 \\ 0 & 1/2 \end{bmatrix} \begin{bmatrix} 2 \\ 2 \end{bmatrix} = \begin{bmatrix} -0.1 \\ -1 \end{bmatrix}.$$

Entlang der Linie

$$\boldsymbol{p}(\alpha) = \boldsymbol{p}^{(0)} + \alpha\, \boldsymbol{s}^{(0)} = \begin{bmatrix} 0.1 - 0.1\,\alpha \\ 1 - \alpha \end{bmatrix}$$

erhält man für die Gütefunktion

$$\bar{f}(\alpha) = f(\boldsymbol{p}(\alpha)) = 1.1\,(1-\alpha)^2.$$

Das Minimum auf dieser Linie folgt aus

$$\bar{f}'(\alpha^{(0)}) = 2.2\left(1 - \alpha^{(0)}\right) \stackrel{!}{=} 0.$$

Setzt man die erwartete Lösung $\alpha^{(0)} = 1$ in die Liniengleichung ein, erhält man die verbesserte Lösung

$$\boldsymbol{p}^{(1)} = \boldsymbol{p}(\alpha^{(0)}) = \boldsymbol{0},$$

und damit den Minimierer bereits in einem Schritt.

Es gibt verschiedene Möglichkeiten, das Newton-Verfahren zu modifizieren, um es als globales Minimierungsverfahren verwenden zu können. Bei den *Quasi-Newton-Verfahren* wird die Hesse-Matrix bzw. ihre Inverse durch eine positiv definite Matrix ersetzt, die bei jedem Iterationsschritt an Hand von Gradienteninformationen so modifiziert wird, daß sie für quadratische Gütefunktionen in h Schritten gegen die Hesse-Matrix konvergiert. Eine solche Änderungsvorschrift wurde zuerst von FLETCHER und POWELL (1963) vorgeschlagen. Diese Verfahren, die außerdem den Vorteil haben, daß sie die Berechnung der Hesse-Matrix vermeiden, werden in Abschnitt 6.4 näher beschrieben.

Tabelle 6.3.1 zeigt eine Klassifizierung der erwähnten Algorithmen bezüglich ihrer Verfahrensordnung, d.h. der benötigten Information über die Gütefunktion, und der Ordnung des zugrundeliegenden Modells, die ein Maß für die Konvergenz und damit die Effizienz des Verfahrens ist. Da bei der Optimierung von Mehrkörpersystemen entsprechend Kapitel 5 auch Gradienten zur Verfügung stehen, sind die bewährten Quasi-Newton-Verfahren für diesen Zweck am besten geeignet. Das Verfahren der konjugierten Gradienten ist nur dann vorzuziehen, wenn aufgrund der Dimension des Entwurfsraums Speicherprobleme für die Ersatzmatrix der Hesse-Matrix entstehen.

Verfahren	**Verfahrens-Ordnung**	**Modell-Ordnung**
Zufallssuche	0	0
Achsenparallele Suche	0	0
Simplex-Methode (NELDER-MEAT (1965))	0	—
Gradientenverfahren	1	1
Konjugierte Richtungen (POWELL (1964))	0	2
Konjugierte Gradienten (FLETCHER-REEVES (1963))	1	2
Quasi-Newton-Verfahren (FLETCHER-POWELL (1963))	1	2
Newton-Verfahren	2	2

Tabelle 6.3.1: Klassifizierung von Optimierungsverfahren

6.3.2 Liniensuche

Als Liniensuche bezeichnet man die Minimierung oder zumindest Verringerung der Gütefunktion $f(\boldsymbol{p}(\alpha))$ entlang der Linie (6.3.2), wobei man sich i. allg. auf den Strahl $\alpha \geq 0$ beschränkt. Damit für $\alpha \geq 0$ immer eine Lösung existiert, muß die Steigung (6.2.5) an der Stelle $\alpha = 0$ negativ sein, d.h. die Suchrichtung $\boldsymbol{s}^{(\nu)}$ muß die Abstiegseigenschaft (6.3.1) haben.

Eine exakte Minimierung verlangt nach Satz 6.1, daß die Steigung von $f(\boldsymbol{p}(\alpha))$ für die Lösung $\alpha^{(\nu)}$ verschwindet, d.h.

$$\bar{f}'(\alpha^{(\nu)}) = \boldsymbol{s}^{(\nu)T} \nabla f^{(\nu+1)} \stackrel{!}{=} 0. \tag{6.3.21}$$

Für die numerischen Suchverfahren benutzt man als ein Abbruchkriterium daher

$$\left| \boldsymbol{s}^{(\nu)T} \nabla f^{(\nu+1)} \right| < \varepsilon \tag{6.3.22}$$

mit genügend kleinem $\varepsilon > 0$. Es hat sich jedoch gezeigt, daß es oft effizienter ist, bei der Liniensuche lediglich eine Verbesserung des Entwurfs zu fordern,

$$f^{(\nu+1)} < f^{(\nu)}. \tag{6.3.23}$$

Zum einen können solche Verbesserungen aber infinitesimal klein sein, so daß keine Konvergenz erreicht wird, zum anderen gehen bei ungenauer Liniensuche wichtige Eigenschaften wie die Abstiegseigenschaft für die nachfolgenden Optimierungsschritte eventuell verloren, vgl. Abschnitt 6.4. Daher müssen Minimalforderungen an die Liniensuche gestellt werden. Ist die Abstiegseigenschaft (6.3.1) erfüllt und $\bar{\alpha} > 0$ der kleinste Wert, für den gilt

$$f(\boldsymbol{p}(\bar{\alpha})) = f(\boldsymbol{p}(0)), \tag{6.3.24}$$

dann liegt ein Minimum in $[0, \bar{\alpha}]$, Bild 6.3.5. Vernachlässigbare Verringerungen der Gütefunktion ergeben sich entweder für $\alpha \to 0$ oder für $\alpha \to \bar{\alpha}$. Um die rechte Intervallgrenze auszuschließen, fordert man

$$\bar{f}(\alpha) \leq \bar{f}(0) + \alpha\, \rho\, \bar{f}'(0), \quad \rho \in (0, 1). \tag{6.3.25}$$

Die linke Intervallgrenze wird mit

$$\bar{f}(\alpha) \geq \bar{f}(0) + \alpha\, (1 - \rho)\, \bar{f}'(0) \tag{6.3.26}$$

ausgeschlossen. Man bezeichnet diese beiden Forderungen als *Goldstein-Bedingungen*, Bild 6.3.5. Damit eine Lösung existiert, muß $\rho < 1/2$ sein. Üblicherweise wird ρ sehr klein gewählt, $\rho = 10^{-2}$. Ein Nachteil dieser Bedingungen ist, daß sie eventuell den tatsächlichen Minimierer α^* ausschließen, Bild 6.3.5.

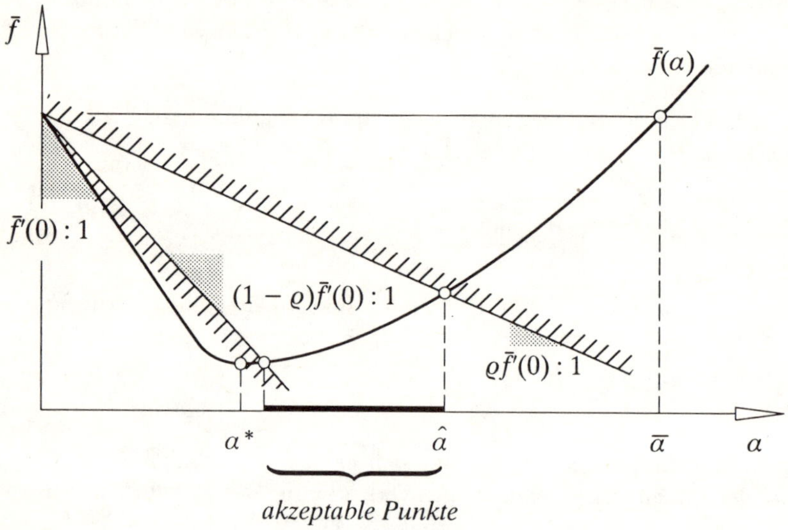

Bild 6.3.5: Goldstein-Bedingungen

Man ersetzt daher besser die Beziehung (6.3.26) durch eine Steigungsbeziehung und erhält dann mit (6.3.25) und

$$\bar{f}'(\alpha) \geq \sigma \bar{f}'(0), \quad \sigma \in (\rho, 1), \tag{6.3.27}$$

die *Wolfe-Powell-Bedingungen*, Bild 6.3.6. Die Forderung $\sigma > \rho$ garantiert aufgrund der stetigen Differenzierbarkeit von $\bar{f}$, daß der Punkt $\tilde{\alpha}$ mit $\bar{f}'(\tilde{\alpha}) = \sigma \bar{f}'(0)$ in $[0, \hat{\alpha}]$ liegt, und damit ein Bereich akzeptabler Punkte existiert, falls es einen Schnittpunkt $\hat{\alpha}$ der Gütefunktion mit der linearen Funktion in (6.3.25) gibt. Falls $\hat{\alpha}$ nicht existiert, ist f nach unten unbeschränkt.

Um ein (6.3.22) entsprechendes Maß für die Güte des Minimums zu haben, ersetzt FLETCHER (1987) die Steigungsbeziehung (6.3.27) durch die härtere, beidseitige Steigungsbeziehung

$$\left|\bar{f}'(\alpha)\right| \leq -\sigma \bar{f}'(0), \quad \sigma \in (\rho, 1). \tag{6.3.28}$$

Zusammen mit (6.3.25) bilden sie die *Fletcher-Bedingungen*, Bild 6.3.7. Im gewählten Beispiel ist allerdings die rechte Steigungsbeziehung nicht aktiv, wes-

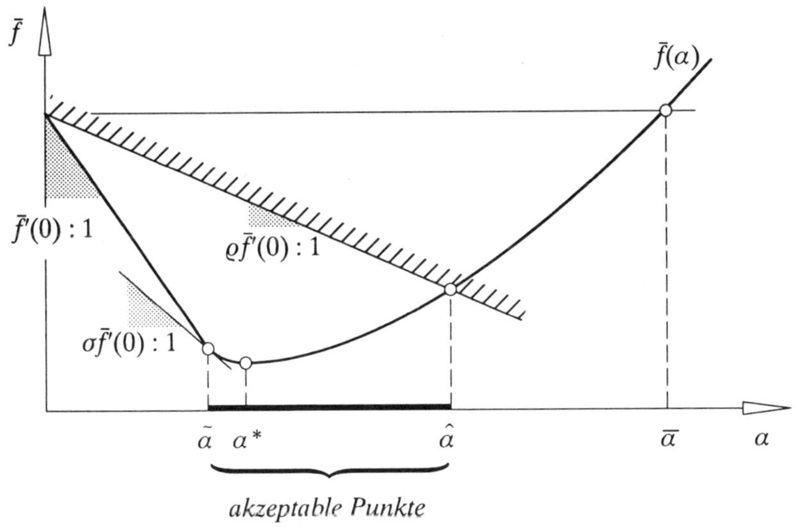

Bild 6.3.6: Wolfe-Powell-Bedingungen

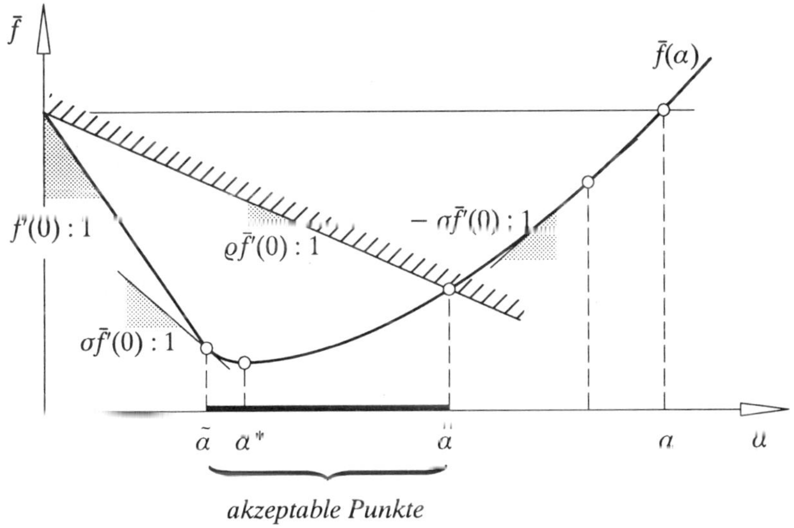

Bild 6.3.7: Fletcher-Bedingungen

halb sich das gleiche Intervall akzeptabler Punkte ergibt wie durch die Wolfe-Powell-Bedingungen. Ein Wert $\sigma < 0.1$ repräsentiert eine recht genaue Liniensuche, höhere Werte eine entsprechend abgeschwächte Liniensuche.

Das Vorgehen von Liniensuchverfahren läßt sich i. allg. ebenfalls in zwei Phasen aufteilen. In einer ersten Phase wird versucht, durch Vergrößern von α ein Minimum der Gütefunktion zwischen Ursprung und aktuellem Wert einzuschließen. In der zweiten Phase wird durch Unterteilung dieses Intervalls ein akzeptabler Punkt gesucht. Von VANDERPLAATS (1984) und FLETCHER (1987) werden eine Reihe von verschiedenen Verfahren beschrieben, weshalb hier auf keine algorithmischen Details eingegangen werden soll. Es bleibt jedoch festzustellen, daß Liniensuchverfahren, die mit Hilfe von Polynomapproximationen 2. und 3. Ordnung für $\bar{f}(\alpha)$ den Minimierer schätzen, wesentlich effizienter sind als reine Suchverfahren.

Manche Liniensuchverfahren erfordern einen Schätzwert f_{min} für das Minimum der Gütefunktion. Dies ist, genauer gesagt, eine untere Schranke für die Gütefunktion, die als Minimum akzeptiert wird. Sie wird benötigt, um das Liniensuchverfahren zu starten und Fälle auszuschließen, in denen die Gütefunktion nach unten nicht beschränkt ist, Bild 6.3.8. In linearer Näherung erhält man dann einen Schätzwert für den Minimierer aus

$$\bar{l}(\alpha) := \bar{f}(0) + \alpha\, \bar{f}'(0) \stackrel{!}{=} f_{min} \tag{6.3.29}$$

mit der Lösung

$$\alpha = \alpha_l^* := \frac{f_{min} - \bar{f}(0)}{\bar{f}'(0)}. \tag{6.3.30}$$

Ein quadratischer Ansatz für $\bar{f}$ mit dem Minimum f_{min} in $\alpha = \alpha_q^*$ lautet

$$\bar{q}(\alpha) := f_{min} + c\left(\alpha - \alpha_q^*\right)^2, \quad c > 0. \tag{6.3.31}$$

Die Randbedingung $\bar{q}'(0) \stackrel{!}{=} \bar{f}'(0)$ liefert

$$c = -\frac{\bar{f}'(0)}{2\,\alpha_q^*} \tag{6.3.32}$$

und damit der Randwert $\bar{q}(0) \stackrel{!}{=} \bar{f}(0)$ den Schätzwert

$$\alpha_q^* = 2\,\frac{f_{min} - \bar{f}(0)}{\bar{f}'(0)} = 2\,\alpha_l^*. \tag{6.3.33}$$

Die Schätzwerte α_l^* und α_q^* sind geeignete Startwerte für die erste Phase des Liniensuchverfahrens, falls nicht, wie beim Newton-Verfahren, geeignetere Startwerte zur Verfügung stehen.

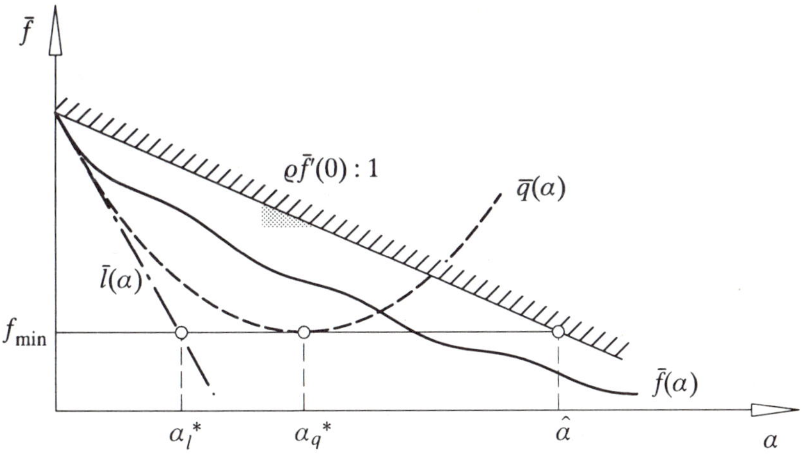

Bild 6.3.8: Schätzwert für das Minimum

Um bei nach unten nicht beschränkten Gütefunktionen ein unbeschränktes Anwachsen der Werte für α zu vermeiden, muß eine obere Grenze gefunden werden. Die Bedingung (6.3.25) ist für die Gütefunktion im Intervall der akzeptablen Punkte eine Abschätzung nach oben. Der Schnittpunkt dieser linearen Funktion mit dem Schätzwert f_{min} ist damit eine obere Schranke $\hat{\alpha}$ für die akzeptablen Punkte:

$$\bar{f}(0) + \hat{\alpha}\,\rho\,\bar{f}'(0) \overset{!}{=} f_{min}\,, \tag{6.3.34}$$

oder

$$\hat{\alpha} = \frac{f_{min} - \bar{f}(0)}{\rho\,\bar{f}'(0)} = \frac{1}{\rho}\,\alpha_l^*. \tag{6.3.35}$$

Falls das Minimum der Gütefunktion unter dem Schätzwert f_{min} liegt, wird die Optimierung vorzeitig mit diesem Wert für das Minimum abgebrochen und muß eventuell mit verringertem Schätzwert neu gestartet werden. Da f_{min} auch eine gewisse Sicherheitsfunktion gegen eine endlose Iteration hat, sollte man diesen Wert nicht zu niedrig ansetzen.

6.4 Quasi-Newton-Verfahren

Eine Schwierigkeit des Newton-Verfahrens ist, daß die positive Definitheit der Hesse-Matrix, welche für die eindeutige Existenz eines Minimums des quadratischen Modells notwendig ist, bei schlechten Startwerten nicht gewährleistet werden kann. Die Idee ist daher, die inverse Hesse-Matrix in Gleichung (6.3.20) zunächst durch eine beliebige, positiv definite Matrix $\boldsymbol{H}^{(\nu)}$ zu ersetzen, denn die Inverse einer positiv definiten Matrix ist ebenfalls positiv definit. Um in der Nähe des Optimums dann die guten Konvergenzeigenschaften des Newton-Verfahrens zu haben, wird die Matrix in jedem Schritt der Iteration derartig modifiziert, daß sie durch Akkumulation von Gradienteninformationen möglichst gegen die inverse Hesse-Matrix konvergiert. Damit erhält man für die Suchrichtung statt (6.3.20) die Beziehung

$$\boldsymbol{s}^{(\nu)} = -\boldsymbol{H}^{(\nu)}\, \nabla f^{(\nu)}. \tag{6.4.1}$$

Aufgrund der positiven Definitheit von $\boldsymbol{H}^{(\nu)}$ folgt daraus allgemein die Abstiegseigenschaft (6.3.1),

$$\boldsymbol{s}^{(\nu)T} \nabla f^{(\nu)} \equiv \nabla f^{(\nu)T} \boldsymbol{s}^{(\nu)} = -\nabla f^{(\nu)T} \boldsymbol{H}^{(\nu)}\, \nabla f^{(\nu)} < 0 \quad \forall \quad \nabla f^{(\nu)}, \tag{6.4.2}$$

und damit die globale Stabilität des Verfahrens.

Setzt man ein Modell 2. Ordnung voraus, so gilt nach (6.3.12) für die Gradienten zweier aufeinanderfolgender Iterationspunkte

$$\nabla f^{(\nu+1)} - \nabla f^{(\nu)} = \nabla^2 f \left(\boldsymbol{p}^{(\nu+1)} - \boldsymbol{p}^{(\nu)} \right), \tag{6.4.3}$$

oder mit den Abkürzungen

$$\delta \boldsymbol{p} := \boldsymbol{p}^{(\nu+1)} - \boldsymbol{p}^{(\nu)} = \alpha^{(\nu)} \boldsymbol{s}^{(\nu)}, \tag{6.4.4}$$

$$\gamma := \nabla f^{(\nu+1)} - \nabla f^{(\nu)}, \tag{6.4.5}$$

die Beziehung

$$\delta \boldsymbol{p} = \left(\nabla^2 f \right)^{-1} \gamma. \tag{6.4.6}$$

Falls die Ersatzmatrix $\boldsymbol{H}^{(\nu+1)}$ für den nächsten Schritt eine verbesserte Approximation der inversen Hesse-Matrix sein soll, hat sie eine (6.4.6) entsprechende Bedingung zu erfüllen:

$$\delta \boldsymbol{p} = \boldsymbol{H}^{(\nu+1)} \gamma. \tag{6.4.7}$$

Diese Vektorgleichung, die man auch als *Quasi-Newton Bedingung* bezeichnet, ist mit h Gleichungen für die h^2 Elemente von $\boldsymbol{H}^{(\nu+1)}$ nur eine schwache Forderung, welche die Matrix $\boldsymbol{H}^{(\nu+1)}$ nicht eindeutig bestimmt und damit Spielraum für eine Reihe von Methoden läßt. Zusätzliche Forderungen sind die Symmetrie und die positive Definitheit.

Mit den h Gleichungen (6.4.7) können nur h Größen eindeutig festgelegt werden, die in einem Vektor $\boldsymbol{u} \in I\!R^h$ zusammengefaßt werden können. Diese Größen lassen sich beispielsweise im dyadischen Produkt $\boldsymbol{u}\boldsymbol{u}^T$ symmetrisch und zumindest positiv semidefinit anordnen, denn für beliebige Vektoren $\boldsymbol{x} \in I\!R^h$ gilt

$$\boldsymbol{x}^T\left(\boldsymbol{u}\boldsymbol{u}^T\right)\boldsymbol{x} = \left(\boldsymbol{x}^T\boldsymbol{u}\right)\left(\boldsymbol{u}^T\boldsymbol{x}\right) = \left(\boldsymbol{x}^T\boldsymbol{u}\right)^2 \geq 0. \tag{6.4.8}$$

Damit bietet sich folgende Rekursionsformel für die Ersatzmatrix $\boldsymbol{H}^{(\nu+1)}$ an:

$$\boldsymbol{H}^{(\nu+1)} := \boldsymbol{H}^{(\nu)} + a\,\boldsymbol{u}\boldsymbol{u}^T. \tag{6.4.9}$$

Dabei wird der dyadische Term lediglich als additive Modifikation benutzt, denn in $\boldsymbol{u}$ ist nur die Krümmungsinformation des aktuellen Schritts $\delta\boldsymbol{p}$ enthalten, während in $\boldsymbol{H}^{(\nu)}$ auf diese Art und Weise auch die Krümmungsinformation vorangegangener Schritte akkumuliert ist. Zur Erleichterung der folgenden Rechnung wird ergänzend der Skalierungsfaktor $a \in I\!R$ eingeführt. Man bezeichnet die Vorschrift (6.4.9) entsprechend dem Rang von $\boldsymbol{u}\boldsymbol{u}^T$ auch als *Rang-eins-Ergänzung*, denn beim dyadischen Produkt sind alle Spalten bzw. Zeilen lediglich unterschiedliche Vielfache des Vektors $\boldsymbol{u}$. Durch Addition des symmetrischen dyadischen Produkts überträgt sich die Symmetrieeigenschaft von $\boldsymbol{H}^{(\nu)}$ auf $\boldsymbol{H}^{(\nu+1)}$. Falls der Skalierungsfaktor nicht negativ wird, $a \geq 0$, folgt mit (6.4.8) aus $\boldsymbol{H}^{(\nu)} > 0$ auch die positive Definitheit von $\boldsymbol{H}^{(\nu+1)}$:

$$\boldsymbol{x}^T\boldsymbol{H}^{(\nu+1)}\boldsymbol{x} = \boldsymbol{x}^T\boldsymbol{H}^{(\nu)}\boldsymbol{x} + a\,\boldsymbol{x}^T\boldsymbol{u}\boldsymbol{u}^T\boldsymbol{x} \geq \boldsymbol{x}^T\boldsymbol{H}^{(\nu)}\boldsymbol{x} > 0 \quad \forall \quad \boldsymbol{x} \neq \boldsymbol{0}. \tag{6.4.10}$$

Zur Bestimmung von $\boldsymbol{u}$ setzt man den Ansatz (6.4.9) in die Quasi-Newton Bedingung (6.4.7) ein:

$$\delta\boldsymbol{p} \stackrel{!}{=} \left(\boldsymbol{H}^{(\nu)} + a\,\boldsymbol{u}\boldsymbol{u}^T\right)\boldsymbol{\gamma} = \boldsymbol{H}^{(\nu)}\boldsymbol{\gamma} + \left(a\,\boldsymbol{u}^T\boldsymbol{\gamma}\right)\boldsymbol{u}. \tag{6.4.11}$$

Mit der Abkürzung

$$c := a\,\boldsymbol{u}^T\boldsymbol{\gamma} \tag{6.4.12}$$

ergibt sich daraus

$$\boldsymbol{u} = \frac{1}{c}\left(\delta\boldsymbol{p} - \boldsymbol{H}^{(\nu)}\boldsymbol{\gamma}\right). \tag{6.4.13}$$

Aus (6.4.12) erkennt man, daß der Längenfaktor c über die freie Konstante a beliebig ist, also ohne Beschränkung der Allgemeinheit eins gesetzt werden kann. Mit

$$a = \frac{1}{\boldsymbol{u}^T \boldsymbol{\gamma}} \tag{6.4.14}$$

und (6.4.13) erhält man dann für den Ansatz (6.4.9) die Rekursionsformel

$$\boldsymbol{H}^{(\nu+1)} = \boldsymbol{H}^{(\nu)} + \frac{\left(\delta \boldsymbol{p} - \boldsymbol{H}^{(\nu)}\boldsymbol{\gamma}\right)\left(\delta \boldsymbol{p} - \boldsymbol{H}^{(\nu)}\boldsymbol{\gamma}\right)^T}{\left(\delta \boldsymbol{p} - \boldsymbol{H}^{(\nu)}\boldsymbol{\gamma}\right)^T \boldsymbol{\gamma}}. \tag{6.4.15}$$

Für diese Modifikation läßt sich nun aber nicht beweisen, daß $\boldsymbol{H}^{(\nu+1)}$ positiv definit ist, denn der Faktor (6.4.14) kann negativ und der Nenner in (6.4.15) sogar null werden. Daher hat diese Modifikation keine praktische Bedeutung.

Der nächstbeste Ansatz ist eine *Rang-zwei-Ergänzung*, d.h.

$$\boldsymbol{H}^{(\nu+1)} := \boldsymbol{H}^{(\nu)} + a\, \boldsymbol{u}\boldsymbol{u}^T + b\, \boldsymbol{v}\boldsymbol{v}^T \tag{6.4.16}$$

mit linear unabhängigen Vektoren $\boldsymbol{u}, \boldsymbol{v} \in \mathbb{R}^h$ und Konstanten $a, b \in \mathbb{R}$, der ebenfalls die Symmetrie von $\boldsymbol{H}^{(\nu)}$ erhält. Eingesetzt in die Quasi-Newton Bedingung (6.4.7) folgt die Bedingung

$$\delta \boldsymbol{p} \overset{!}{=} \boldsymbol{H}^{(\nu)}\boldsymbol{\gamma} + \left(a\, \boldsymbol{u}^T \boldsymbol{\gamma}\right) \boldsymbol{u} + \left(b\, \boldsymbol{v}^T \boldsymbol{\gamma}\right) \boldsymbol{v}, \tag{6.4.17}$$

welche durch die spezielle Wahl

$$\left.\begin{aligned} \boldsymbol{u} &:= \delta \boldsymbol{p}, & a\, \boldsymbol{u}^T \boldsymbol{\gamma} &:= 1, \\ \boldsymbol{v} &:= \boldsymbol{H}^{(\nu)}\boldsymbol{\gamma}, & b\, \boldsymbol{v}^T \boldsymbol{\gamma} &:= -1, \end{aligned}\right\} \tag{6.4.18}$$

offensichtlich erfüllt wird. Damit ergibt sich für (6.4.16) aufgrund der Symmetrie von $\boldsymbol{H}^{(\nu)}$

$$\boldsymbol{H}^{(\nu+1)} = \boldsymbol{H}^{(\nu+1)}_{DFP} := \boldsymbol{H}^{(\nu)} + \frac{\delta \boldsymbol{p}\, \delta \boldsymbol{p}^T}{\delta \boldsymbol{p}^T \boldsymbol{\gamma}} - \frac{\boldsymbol{H}^{(\nu)}\boldsymbol{\gamma}\, \boldsymbol{\gamma}^T \boldsymbol{H}^{(\nu)}}{\boldsymbol{\gamma}^T \boldsymbol{H}^{(\nu)} \boldsymbol{\gamma}}. \tag{6.4.19}$$

Diese Form wurde erstmals von FLETCHER und POWELL (1963), aufbauend auf eine Arbeit von Davidon, angegeben und wird als *Davidon-Fletcher-Powell-Modifikation* bezeichnet.

Für die Anwendung ist wiederum zu gewährleisten, daß $\boldsymbol{H}_{DFP}^{(\nu+1)}$ immer existiert und die positive Definitheit erhalten bleibt. Unter der einschränkenden Bedingung (6.3.27) bzw. allgemeiner

$$\boldsymbol{s}^{(\nu)^T} \nabla f^{(\nu+1)} \geq \sigma \, \boldsymbol{s}^{(\nu)^T} \nabla f^{(\nu)}, \quad \sigma \in (0,1), \tag{6.4.20}$$

läßt sich dies zeigen. Damit ist die Davidon-Fletcher-Powell-Modifikation in Verbindung mit einer Liniensuche, welche die Wolfe-Powell-Bedingungen oder die Fletcher-Bedingungen berücksichtigt, problemlos anwendbar.

Die Existenz von $\boldsymbol{H}_{DFP}^{(\nu+1)}$ erfordert, daß die Nenner der beiden Modifikationsterme von Null verschieden sind. Zunächst folgt aus (6.4.20) für den Nenner des ersten Terms in Gleichung (6.4.19)

$$\delta \boldsymbol{p}^T \boldsymbol{\gamma} = \alpha^{(\nu)} \boldsymbol{s}^{(\nu)^T} \left(\nabla f^{(\nu+1)} - \nabla f^{(\nu)} \right) \geq \alpha^{(\nu)} (\sigma - 1) \boldsymbol{s}^{(\nu)^T} \nabla f^{(\nu)} > 0 \tag{6.4.21}$$

wegen $\alpha > 0$, $\sigma < 1$ und der Abstiegseigenschaft (6.4.2). Aufgrund der positiven Definitheit von $\boldsymbol{H}^{(\nu)}$ ist auch der Nenner des zweiten Terms immer positiv und bereitet keine Probleme.

Die Bedingung (6.4.21) ist auch notwendig und hinreichend dafür, daß $\boldsymbol{H}_{DFP}^{(\nu+1)}$ positiv definit ist. Die Symmetrie von $\boldsymbol{H}_{DFP}^{(\nu+1)}$ ist aufgrund der Symmetrie von $\boldsymbol{H}^{(\nu)}$ und der symmetrischen Additionsterme offensichtlich. Falls $\boldsymbol{H}_{DFP}^{(\nu+1)}$ auch positiv definit ist, muß für beliebige Vektoren $\boldsymbol{a} \in \mathbb{R}^h \setminus \{\boldsymbol{0}\}$ der skalare Ausdruck

$$\begin{aligned} \boldsymbol{a}^T \boldsymbol{H}_{DFP}^{(\nu+1)} \boldsymbol{a} &= \boldsymbol{a}^T \boldsymbol{H}^{(\nu)} \boldsymbol{a} + \frac{\boldsymbol{a}^T \delta \boldsymbol{p} \, \delta \boldsymbol{p}^T \boldsymbol{a}}{\delta \boldsymbol{p}^T \boldsymbol{\gamma}} - \frac{\boldsymbol{a}^T \boldsymbol{H}^{(\nu)} \boldsymbol{\gamma} \, \boldsymbol{\gamma}^T \boldsymbol{H}^{(\nu)} \boldsymbol{a}}{\boldsymbol{\gamma}^T \boldsymbol{H}^{(\nu)} \boldsymbol{\gamma}} \\ &= \boldsymbol{a}^T \boldsymbol{H}^{(\nu)} \boldsymbol{a} - \frac{\left(\boldsymbol{a}^T \boldsymbol{H}^{(\nu)} \boldsymbol{\gamma} \right)^2}{\boldsymbol{\gamma}^T \boldsymbol{H}^{(\nu)} \boldsymbol{\gamma}} + \frac{\left(\delta \boldsymbol{p}^T \boldsymbol{a} \right)^2}{\delta \boldsymbol{p}^T \boldsymbol{\gamma}} \end{aligned} \tag{6.4.22}$$

positiv sein. Setzt man $\boldsymbol{a} := \boldsymbol{\gamma}$, folgt aus der Forderung der positiven Definitheit von $\boldsymbol{H}_{DFP}^{(\nu+1)}$ zunächst die Notwendigkeit der Bedingung (6.4.21):

$$\boldsymbol{\gamma}^T \boldsymbol{H}_{DFP}^{(\nu+1)} \boldsymbol{\gamma} = \delta \boldsymbol{p}^T \boldsymbol{\gamma} \stackrel{!}{>} 0. \tag{6.4.23}$$

Die Umkehrung läßt sich wie folgt zeigen: Da $\boldsymbol{H}^{(\nu)}$ nach Voraussetzung positiv definit ist, existiert eine Cholesky-Zerlegung, $\boldsymbol{H}^{(\nu)} = \boldsymbol{R}^T \boldsymbol{R}$, mit der Rechtsdreiecksmatrix $\boldsymbol{R}$. Mit den Abkürzungen

$$\boldsymbol{b} := \boldsymbol{R} \boldsymbol{a}, \quad \boldsymbol{c} := \boldsymbol{R} \boldsymbol{\gamma}, \tag{6.4.24}$$

folgt dann aus (6.4.22)

$$\begin{aligned}\boldsymbol{a}^T\boldsymbol{H}_{DFP}^{(\nu+1)}\boldsymbol{a} &= \boldsymbol{b}^T\boldsymbol{b}-\frac{\left(\boldsymbol{b}^T\boldsymbol{c}\right)^2}{\boldsymbol{c}^T\boldsymbol{c}}+\frac{\left(\delta\boldsymbol{p}^T\boldsymbol{a}\right)^2}{\delta\boldsymbol{p}^T\boldsymbol{\gamma}}\\ &= \frac{b^2c^2-\left(\boldsymbol{b}^T\boldsymbol{c}\right)^2}{c^2}+\frac{\left(\delta\boldsymbol{p}^T\boldsymbol{a}\right)^2}{\delta\boldsymbol{p}^T\boldsymbol{\gamma}}.\end{aligned} \tag{6.4.25}$$

Wegen

$$\left(\boldsymbol{b}^T\boldsymbol{c}\right)^2=(bc\cos(\boldsymbol{b},\boldsymbol{c}))^2\le(bc)^2 \tag{6.4.26}$$

ist in (6.4.25) der erste Term nicht negativ und wegen der Voraussetzung (6.4.21) der zweite Term ebenfalls nicht. Damit die Summe (6.4.25) null ist, müssen also beide Terme gleichzeitig verschwinden. Für den zweiten Term folgt daraus

$$\delta\boldsymbol{p}^T\boldsymbol{a}=0, \tag{6.4.27}$$

der erste Term verschwindet für

$$\boldsymbol{b}=\lambda\boldsymbol{c},\quad \lambda\in\mathbb{R},\quad \text{oder}\quad \boldsymbol{R}\boldsymbol{a}=\lambda\,\boldsymbol{R}\boldsymbol{\gamma}\quad\text{oder}\quad \boldsymbol{a}=\lambda\boldsymbol{\gamma}. \tag{6.4.28}$$

Wegen $\boldsymbol{a}\neq\boldsymbol{0}$ ist $\lambda\neq 0$. Multipliziert man die letzte Beziehung in (6.4.28) skalar mit $\delta\boldsymbol{p}$, ergibt sich mit (6.4.27)

$$\delta\boldsymbol{p}^T\boldsymbol{a}=\lambda\,\delta\boldsymbol{p}^T\boldsymbol{\gamma}=0\quad\Rightarrow\quad\delta\boldsymbol{p}^T\boldsymbol{\gamma}=0. \tag{6.4.29}$$

Dies ist aber ein Widerspruch zur Voraussetzung (6.4.21). Damit ist die Bedingung $\delta\boldsymbol{p}^T\boldsymbol{\gamma}>0$ auch hinreichend für

$$\boldsymbol{a}^T\boldsymbol{H}_{DFP}^{(\nu+1)}\boldsymbol{a}>0\quad\forall\quad\boldsymbol{a}\neq\boldsymbol{0} \tag{6.4.30}$$

und damit für die positive Definitheit von $\boldsymbol{H}_{DFP}^{(\nu+1)}$.

Die Wahl einer symmetrischen, positiv definiten Startmatrix $\boldsymbol{H}^{(0)}$ ist immer möglich. Im allgemeinen wählt man die Einheitsmatrix, $\boldsymbol{H}^{(0)}:=\boldsymbol{I}$, wodurch der erste Schritt (6.4.1) einem Gradientenschritt (6.3.13) entspricht.

Wegen der Abstiegseigenschaft (6.4.2) ist der in Abschnitt 6.3 beschriebene, allgemeine Algorithmus in Verbindung mit der Suchrichtung (6.4.1), einer Liniensuche, welche die Bedingung (6.3.27) einhält, und der Vorschrift (6.4.19) für die Modifikation von $\boldsymbol{H}^{(\nu)}$ eine globale Optimierungsmethode, die für alle Startwerte zur Verringerung der Gütefunktion führt. Für quadratische Gütefunktionen kann außerdem gezeigt werden, daß $\boldsymbol{H}^{(\nu)}$ gegen die inverse Hesse-Matrix konvergiert, FLETCHER (1987), so daß das Konvergenzverhalten in der Nähe des Minimums sehr gut ist. Entsprechend dem Newton-Verfahren (6.3.18) ist $\alpha = 1$ auch hier ein guter Startwert für die Liniensuche.

Beispiel 6.4.1: Quasi-Newton-Verfahren

Für die quadratische Gütefunktion in Beispiel 6.2.1 konvergiert das Quasi-Newton-Verfahren mit exakter Liniensuche in endlich vielen Schritten. Ausgehend von einem Startpunkt $\boldsymbol{p}^{(0)} = [0.1,\ 1]^T$ ergeben sich folgende Iterationsschritte:

- **0-ter Iterationsschritt**
  Wählt man als Startmatrix die Einheitsmatrix, d.h.

$$\boldsymbol{H}^{(0)} := \boldsymbol{I} = \begin{bmatrix} 1 & 0 \\ 0 & 1 \end{bmatrix},$$

  dann ist der erste Schritt ein Gradientenschritt:

$$\boldsymbol{s}^{(0)} := -\boldsymbol{H}^{(0)}\,\nabla f^{(0)} \equiv -\nabla f^{(0)} = \begin{bmatrix} -2 \\ -2 \end{bmatrix}.$$

  Die Liniensuche erfolgt analog zum 0-ten Iterationsschritt des konjugierten Gradientenverfahrens in Beispiel 6.3.1 auf der Linie

$$\boldsymbol{p}(\alpha) = \boldsymbol{p}^{(0)} + \alpha\,\boldsymbol{s}^{(0)} = \begin{bmatrix} 0.1 - 2\alpha \\ 1 - 2\alpha \end{bmatrix}$$

  und führt ebenfalls zur verbesserten Lösung

$$\boldsymbol{p}^{(1)} = \boldsymbol{p}^{(0)} + \alpha^{(0)}\,\boldsymbol{s}^{(0)} = \begin{bmatrix} -9/110 \\ 9/11 \end{bmatrix}.$$

- **1-ter Iterationsschritt**
  Mit den Abkürzungen

$$\delta\boldsymbol{p} := \boldsymbol{p}^{(1)} - \boldsymbol{p}^{(0)} = \begin{bmatrix} -9/110 \\ 9/11 \end{bmatrix} - \begin{bmatrix} 1/10 \\ 1 \end{bmatrix} = -\frac{2}{11}\begin{bmatrix} 1 \\ 1 \end{bmatrix},$$

$$\boldsymbol{\gamma} := \nabla f^{(1)} - \nabla f^{(0)} = \begin{bmatrix} -18/11 \\ 18/11 \end{bmatrix} - \begin{bmatrix} 2 \\ 2 \end{bmatrix} = -\frac{4}{11}\begin{bmatrix} 10 \\ 1 \end{bmatrix}$$

  und den Zwischenergebnissen

$$\delta\boldsymbol{p}^T\boldsymbol{\gamma} = \frac{8}{11}, \quad \boldsymbol{H}^{(0)}\boldsymbol{\gamma} \equiv \boldsymbol{\gamma}, \quad \boldsymbol{\gamma}^T\boldsymbol{H}^{(0)}\boldsymbol{\gamma} = \frac{2^4\cdot 101}{11^2}$$

ergibt sich aus (6.4.19) als verbesserte Approximation der Hesse-Matrix

$$\boldsymbol{H}^{(1)} = \frac{1}{2222}\begin{bmatrix} 123 & -119 \\ -119 & 2301 \end{bmatrix}.$$

Daraus folgt für die Suchrichtung

$$\boldsymbol{s}^{(1)} := -\boldsymbol{H}^{(1)}\,\nabla f^{(1)} = \frac{18}{101}\begin{bmatrix} 1 \\ -10 \end{bmatrix}.$$

Die Funktion auf der Linie

$$\boldsymbol{p}(\alpha) = \boldsymbol{p}^{(1)} + \alpha\,\boldsymbol{s}^{(1)} = \begin{bmatrix} -\dfrac{9}{110} & + & \dfrac{18}{101}\alpha \\ \dfrac{9}{11} & - & \dfrac{180}{101}\alpha \end{bmatrix}$$

lautet

$$\bar{f}(\alpha) = \frac{3^4}{10\cdot 11} - \frac{2^2\cdot 3^4}{101}\,\alpha + \frac{2^2\cdot 3^4\cdot 10\cdot 11}{101^2}\,\alpha^2.$$

Aus der Bedingung

$$\bar{f}'(\alpha^{(1)}) = -\frac{2^2\cdot 3^4}{101} + \frac{2^3\cdot 3^4\cdot 10\cdot 11}{101^2}\,\alpha^{(1)} \stackrel{!}{=} 0$$

folgt $\alpha^{(1)} = 101/220$. Eingesetzt in die Liniengleichung erhält man

$$\boldsymbol{p}^{(2)} = \boldsymbol{0} \equiv \boldsymbol{p}^*,$$

und damit Konvergenz in zwei Schritten. Die weitere Rechnung liefert

$$\begin{aligned}
\delta\boldsymbol{p} := \boldsymbol{p}^{(2)} - \boldsymbol{p}^{(1)} &= -\frac{9}{110}\begin{bmatrix} -1 \\ 10 \end{bmatrix}, \\
\boldsymbol{\gamma} := \nabla f^{(2)} - \nabla f^{(1)} &= -\frac{18}{11}\begin{bmatrix} -1 \\ 1 \end{bmatrix}, \\
\delta\boldsymbol{p}^T\boldsymbol{\gamma} &= \frac{2\cdot 3^4}{10\cdot 11}, \\
\boldsymbol{H}^{(1)}\boldsymbol{\gamma} &= \frac{18}{101}\begin{bmatrix} 1 \\ -10 \end{bmatrix}, \\
\boldsymbol{\gamma}^T\boldsymbol{H}^{(0)}\boldsymbol{\gamma} &= \frac{2^2\cdot 3^4}{101},
\end{aligned}$$

und damit auch Konvergenz der Ersatzmatrix $\boldsymbol{H}^{(2)}$ gegen die inverse Hesse-Matrix:

$$\boldsymbol{H}^{(2)} = \begin{bmatrix} 1/20 & 0 \\ 0 & 1/2 \end{bmatrix} \equiv \left(\nabla^2 f\right)^{-1}.$$

Dies ist eine allgemeine Eigenschaft des Quasi-Newton-Verfahrens mit exakter Liniensuche bei quadratischen Gütefunktionen, BUNDAY (1984).

Statt $\boldsymbol{H}^{(\nu)}$ kann man auch eine Ersatzmatrix $\boldsymbol{B}^{(\nu)}$ für die Hesse-Matrix selbst einführen und erhält dann entsprechend Gleichung (6.3.20) für die Suchrichtung das Gleichungssystem

$$\boldsymbol{B}^{(\nu)}\boldsymbol{s}^{(\nu)} = -\nabla f^{(\nu)}. \tag{6.4.31}$$

Legt man wieder ein Modell 2. Ordnung zugrunde, in dem $\boldsymbol{B}$ die symmetrische, positiv definite Matrix $\boldsymbol{G}$ repräsentiert, muß diese Matrix $\boldsymbol{B}$ ebenfalls der Bedingung (6.3.12) genügen. Mit den Abkürzungen (6.4.4) und (6.4.5) folgt daraus die der Gleichung (6.4.7) entsprechende Beziehung

$$\boldsymbol{B}^{(\nu+1)}\delta\boldsymbol{p} = \boldsymbol{\gamma}. \tag{6.4.32}$$

Man bezeichnet die Gleichungen (6.4.7) und (6.4.32) als *dual* zueinander, weil durch Vertauschung von $\delta\boldsymbol{p} \leftrightarrow \boldsymbol{\gamma}$ und $\boldsymbol{B}^{(\nu+1)} \leftrightarrow \boldsymbol{H}^{(\nu+1)}$ die Beziehungen ineinander überführt werden können. Damit erhält man durch die gleichen Vertauschungen in (6.4.19) die Rekursionsformel

$$\boldsymbol{B}^{(\nu+1)}_{BFGS} := \boldsymbol{B}^{(\nu)} + \frac{\boldsymbol{\gamma}\boldsymbol{\gamma}^T}{\boldsymbol{\gamma}^T\delta\boldsymbol{p}} - \frac{\boldsymbol{B}^{(\nu)}\delta\boldsymbol{p}\,\delta\boldsymbol{p}^T\boldsymbol{B}^{(\nu)}}{\delta\boldsymbol{p}^T\boldsymbol{B}^{(\nu)}\,\delta\boldsymbol{p}}, \tag{6.4.33}$$

die man als *Broyden-Fletcher-Goldfarb-Shanno-Modifikation* bezeichnet. Da zur Bestimmung der Suchrichtung in (6.4.31) die Matrix $\boldsymbol{B}^{(\nu)}$ invertiert werden muß, ist es numerisch günstiger, anstatt von $\boldsymbol{B}^{(\nu)}$ selbst die Cholesky-Faktoren von $\boldsymbol{B}^{(\nu)}$ zu modifizieren, GILL, MURRAY, SAUNDERS und WRIGHT (1984).

Weitere Formen lassen sich durch analytische Inversion von (6.4.19) oder (6.4.33) und Kombination dieser Formen finden, FLETCHER (1987). Es ergeben sich aus diesen Erweiterungen allerdings keine wesentlichen Vorteile. Vergleiche von Fletcher zeigen außerdem, daß es ungünstig ist, sehr ungenaue Liniensuchen durchzuführen und daß die Fletcher-Bedingungen (6.3.25) und (6.3.28) für akzeptable Linien-Minima etwas günstiger sind als die Wolfe-Powell-Bedingungen (6.3.25) und (6.3.27).

7 Parameteroptimierung mit Nebenbedingungen

Die Berücksichtigung von Nebenbedingungen kompliziert sowohl die theoretischen Grundlagen als auch die algorithmische Umsetzung in Optimierungsprogramme. Daher findet man in diesem Bereich eine Reihe von speziellen Lösungsverfahren für vereinfachte Probleme, Tabelle 7.1.

Optimierungsproblem	**Gütefunktion**	**Nebenbedingungen**
Lineare Programmierung	linear	linear
Quadratische Programmierung	quadratisch	linear
Nichtlineare Optimierung mit linearen Nebenbedingungen	allgemein nichtlinear	linear
Nichtlineare Optimierung	allgemein nichtlinear	allgemein nichtlinear

Tabelle 7.1: Optimierung mit Nebenbedingungen

Die Probleme der Linearen und Quadratischen Programmierung lassen sich exakt lösen. Allgemein nichtlineare Gütefunktionen können dagegen nur approximativ minimiert werden. Das hier interessierende Problem der nichtlinearen Optimierung wird auf die vereinfachten Problemstellungen zurückgeführt. Die Art der Problemreduktion bestimmt wesentlich die Effizienz des Optimierungsalgorithmus, und die Suche nach geeigneten Verfahren ist noch immer Teil der Forschung. In den letzten Jahren hat sich jedoch herauskristallisiert, daß die Reduktion auf quadratische Teilprobleme anderen Verfahren überlegen ist. Daher werden im folgenden die Lagrange-Newton-Verfahren detaillierter als andere Methoden betrachtet.

7.1 Problemstellung

Das Standardproblem der nichtlinearen Parameteroptimierung wurde bereits in Abschnitt 4.2 formuliert. Zur Vereinfachung der Schreibweise werden jedoch im folgenden die Schranken als allgemeine Ungleichungsnebenbedingungen behandelt. Das Optimierungsproblem lautet dann:

Gesucht ist ein Parametervektor $\boldsymbol{p} \in \mathcal{P}$, der eine skalare Gütefunktion $f(\boldsymbol{p})$ minimiert. Der Bereich der zulässigen Parameterpunkte ist durch Gleichungs- und Ungleichungsnebenbedingungen definiert:

$$\mathcal{P} := \Big\{ \boldsymbol{p} \in \mathbb{R}^h \Big| \; \boldsymbol{g}(\boldsymbol{p}) = \boldsymbol{0}, \; \boldsymbol{h}(\boldsymbol{p}) \leq \boldsymbol{0}, \quad \boldsymbol{g} : \mathbb{R}^h \to \mathbb{R}^l, \; \boldsymbol{h} : \mathbb{R}^h \to \mathbb{R}^m \Big\}. \tag{7.1.1}$$

Gleichungsnebenbedingungen reduzieren die Dimension des zulässigen Parameterraums jeweils um eins. Wenn die Gleichungen voneinander unabhängig sind, muß

$$l < h \tag{7.1.2}$$

sein, damit das Problem sinnvoll gestellt ist. Im Fall von h Gleichungsbedingungen wird die Lösung i. allg. allein durch die Nebenbedingungen festgelegt, das Gütekriterium spielt keine Rolle. Ungleichungen reduzieren die Dimension des zulässigen Parameterraums i. allg. nicht, für ungeeignet gestellte Probleme existiert jedoch keine Lösung, Bild 7.1.1.

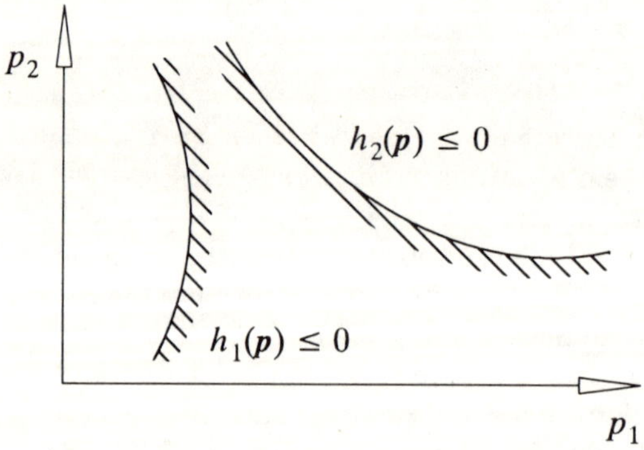

Bild 7.1.1: Nicht-Existenz von zulässigen Punkten

Die Definitionen (6.1.1)–(6.1.3) müssen in Anwesenheit von Nebenbedingungen etwas modifiziert werden. Ein Parameterpunkt p^* ist ein *globaler Minimierer*, wenn gilt

$$f(p^*) \leq f(p) \quad \forall \quad p \in \mathcal{P}. \tag{7.1.3}$$

Dabei ergeben sich die gleichen Existenz- und Eindeutigkeitsprobleme wie bei der Optimierung ohne Nebenbedingungen. Allerdings können Nebenbedingungen auch für unbeschränkte Gütefunktionen Lösungen erzeugen, Bild 7.1.2a, oder bei Gütefunktionen mit einem eindeutigen Minimum zu mehrdeutigen Lösungen führen, Bild 7.1.2b.

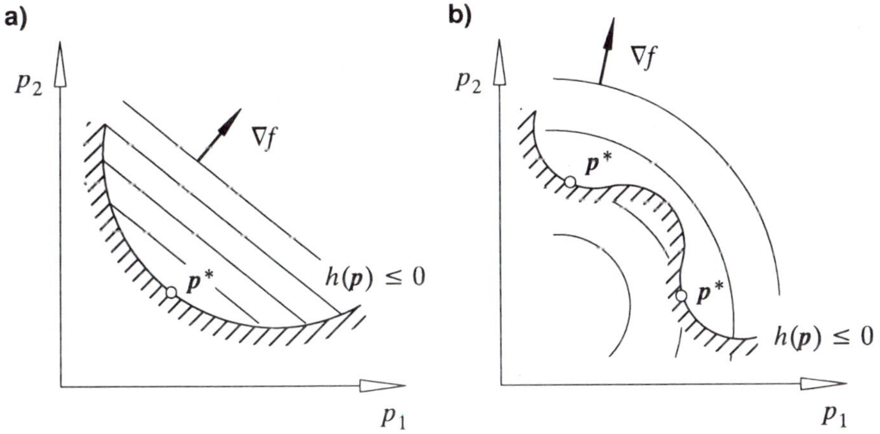

Bild 7.1.2: Einfluß von Nebenbedingungen auf die Existenz und Eindeutigkeit von Minima

Eine geeignete Arbeitsdefinition wird daher ähnlich wie bei der Optimierung ohne Nebenbedingungen die des lokalen Minimums sein:

Ein Parameterpunkt p^* ist ein *lokaler Minimierer*, wenn eine offene Umgebung $\mathcal{U} \subset I\!R^h$ von p^* existiert, so daß gilt

$$f(p^*) \leq f(p) \quad \forall \quad p \in \mathcal{U} \cap \mathcal{P}. \tag{7.1.4}$$

Um den globalen Minimierer zu finden, muß wie beim unrestringierten Optimierungsproblem eine Minimierung mit verschiedenen Anfangsentwürfen durchgeführt werden. Im allgemeinen wird man allerdings lokale Minima akzeptieren.

7.2 Theoretische Grundlagen

Wie bei der unrestringierten Optimierung können aufgrund der Eigenschaften lokaler Minima notwendige und hinreichende Bedingungen formuliert werden. Dabei spielen neben der Gütefunktion auch die Nebenbedingungen eine wesentliche Rolle, wie die Beispiele in Bild 7.1.2 zeigen.

Nebenbedingungen beschränken den Bereich zulässiger Parameterpunkte und verhindern dadurch unter Umständen eine mögliche weitere Verringerung der Funktionswerte von $f(\boldsymbol{p})$. Bei einer lokalen Betrachtung eines Punktes $\boldsymbol{p}_0$ spielen allerdings nur solche Begrenzungen eine Rolle, auf denen der Punkt liegt. Allgemein bezeichnet man solche Nebenbedingungen, die mit Gleichheitszeichen erfüllt sind, d.h. $g_i(\boldsymbol{p}_0) = 0$ bzw. $h_j(\boldsymbol{p}_0) = 0$, als *aktiv.* Nichterfüllte Nebenbedingungen, d.h. $g_i(\boldsymbol{p}_0) \neq 0$ oder $h_j(\boldsymbol{p}_0) > 0$, heißen *verletzt.* Ungleichungsnebenbedingungen mit $h_j(\boldsymbol{p}_0) < 0$ sind am Punkt $\boldsymbol{p}_0$ *inaktiv* und haben keinen Einfluß auf eine lokale Betrachtung.

Bild 7.2.1 zeigt Höhenlinien einer Gütefunktion mit dem Minimierer $\bar{\boldsymbol{p}}$ des unrestringierten Optimierungsproblems im Ursprung und zwei Ungleichungsnebenbedingungen. Am restringierten Optimum $\boldsymbol{p}^*$ ist nur die erste Nebenbedingung aktiv, die zweite ist inaktiv. Eine Vernachlässigung der Bedingung $h_2(\boldsymbol{p}) \leq 0$ und die Behandlung der anderen Nebenbedingung als Gleichung würde zum selben Minimum führen und das Optimierungsproblem entscheidend vereinfachen.

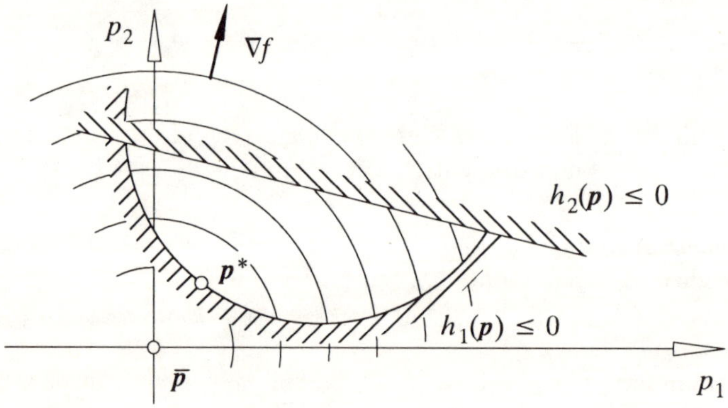

Bild 7.2.1: Minima mit und ohne Nebenbedingungen

Theoretisch ist es sogar möglich, einzelne Entwurfsvariablen mit Hilfe der aktiven Nebenbedingungen zu eliminieren und das Optimierungsproblem auf eine Parameteroptimierung ohne Nebenbedingungen zu reduzieren. Da die Nebenbedingungen aber i. allg. nichtlineare Gleichungen sind und a priori auch nicht bekannt ist, welche der Ungleichungsnebenbedingungen am Minimum aktiv sind, ist diese Elimination praktisch nicht durchführbar. Es sind daher Bedingungen zu entwickeln, die alle Nebenbedingungen explizit berücksichtigen.

Neben dem Gradienten (6.2.1) und der Hesse-Matrix (6.2.2) der Gütefunktion werden für die folgenden Herleitungen auch die Gradienten und Hesse-Matrizen der Nebenbedingungsfunktionen benötigt, die analog definiert sind:

$$\nabla g_i := \frac{\partial g_i}{\partial \boldsymbol{p}}, \quad \nabla^2 g_i := \frac{\partial^2 g_i}{\partial \boldsymbol{p}\, \partial \boldsymbol{p}}, \quad i = 1(1)l, \tag{7.2.1}$$

$$\nabla h_j := \frac{\partial h_j}{\partial \boldsymbol{p}}, \quad \nabla^2 h_j := \frac{\partial^2 h_j}{\partial \boldsymbol{p}\, \partial \boldsymbol{p}}, \quad j = 1(1)m. \tag{7.2.2}$$

Im folgenden soll gefordert werden, daß alle in einem betrachteten Punkt $\boldsymbol{p}_0$ aktiven Nebenbedingungen in linearer Näherung unabhängig sind. Dies drückt folgende Definition aus:

Ein Punkt $\boldsymbol{p}_0 \in \mathcal{P}$ heißt *regulär*, wenn die Gradienten aller in $\boldsymbol{p}_0$ aktiven Nebenbedingungen voneinander linear unabhängig sind.

Diese Einschränkung wird sich für das weitere Vorgehen als sehr konstruktiv erweisen, sie schließt aber beispielsweise die Optimierungsprobleme in Bild 7.2.2 aus, die beide die eindeutige Lösung $\boldsymbol{p}^* = \boldsymbol{0}$ haben. Im ersten Fall verschwindet der Gradient der einzigen aktiven Nebenbedingung in $\boldsymbol{p}^*$, im zweiten Fall sind die Gradienten der beiden aktiven Nebenbedingungen in $\boldsymbol{p}^*$ kollinear. Das Problem des verschwindenden Gradienten ergibt sich auch bei der Behandlung von punktweisen Nebenbedingungen als funktionale Nebenbedingungen, Bestle (1989).

Die Regularität eines Punktes wird bei der Definition von zulässigen Parametervariationen mit Hilfe von Taylor-Approximationen 1. Ordnung benötigt. Eine Taylor-Reihenentwicklung der Funktionen $g_i(\boldsymbol{p})$ bis zu Gliedern 1. Ordnung liefert entsprechend Gleichung (6.2.10)

$$g_i(\boldsymbol{p}) = g_i(\boldsymbol{p}_0) + (\boldsymbol{p} - \boldsymbol{p}_0)^T \nabla g_{i0} + \dots \tag{7.2.3}$$

Sind $\boldsymbol{p}_0$ und $\boldsymbol{p}$ zulässige Parameterpunkte, d.h. $g_i(\boldsymbol{p}_0) = g_i(\boldsymbol{p}) = 0$, dann genügen zulässige Parametervariationen $\delta\boldsymbol{p} = \boldsymbol{p} - \boldsymbol{p}_0$ in linearer Näherung der Bedingung

$$\delta\boldsymbol{p}^T \nabla g_{i0} = 0. \tag{7.2.4}$$

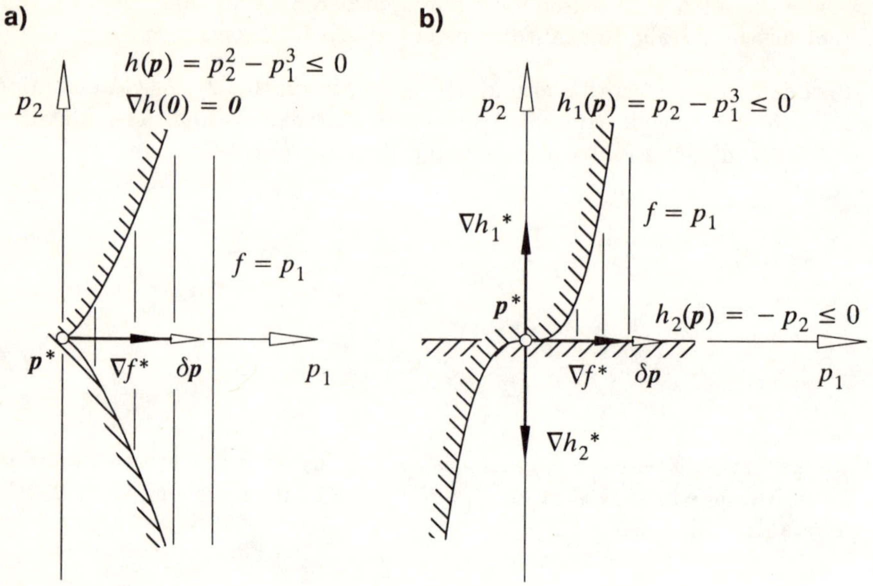

Bild 7.2.2: Nichtreguläre Optima mit verschwindendem Gradienten (a) und kollinearen Gradienten (b)

Die zulässigen Parametervariationen liegen in der Tangentialfläche an die Hyperfläche $g_i(\boldsymbol{p}) = 0$ im Punkt $\boldsymbol{p}_0$, der Gradient steht senkrecht darauf, Bild 7.2.3a. An einem nichtregulären Punkt, an dem der Gradient von $g_i(\boldsymbol{p})$ beispielsweise verschwindet, würde die Bedingung (7.2.4) keine Einschränkung ergeben. Dort müßten Glieder höherer Ordnung in der Taylor-Reihe (7.2.3) herangezogen werden.

Analog erhält man für eine Funktion $h_j(\boldsymbol{p})$

$$\begin{aligned} h_j(\boldsymbol{p}) &= h_j(\boldsymbol{p}_0) + (\boldsymbol{p} - \boldsymbol{p}_0)^T \, \nabla h_{j0} + \ldots \\ &= h_j(\boldsymbol{p}_0) + \delta \boldsymbol{p}^T \, \nabla h_{j0} + \ldots \end{aligned} \tag{7.2.5}$$

Ist die Nebenbedingung im Punkt $\boldsymbol{p}_0$ aktiv, d.h. $h_j(\boldsymbol{p}_0) = 0$, und $\boldsymbol{p}$ ein zulässiger Punkt, $h_j(\boldsymbol{p}) \leq 0$, dann gilt in linearer Näherung für die Parametervariation $\delta \boldsymbol{p}$

$$\delta \boldsymbol{p}^T \, \nabla h_{j0} \leq 0. \tag{7.2.6}$$

Alle zulässigen Parametervariationen weisen damit in den $\nabla h_j(\boldsymbol{p}_0)$ entgegengesetzten Halbraum, Bild 7.2.3b.

Auch hier ist die Regularität des Punktes $\boldsymbol{p}_0$ eine wichtige Voraussetzung für die Festlegung von zulässigen Parametervariationen durch die Ungleichung (7.2.6).

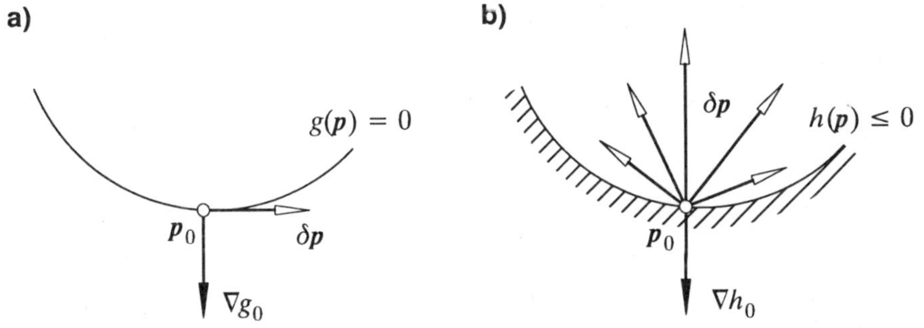

Bild 7.2.3: Zulässige Parametervariationen für Gleichungsnebenbedingungen (a) und Ungleichungsnebenbedingungen (b)

Verschwindet der Gradient $\nabla h_j(\boldsymbol{p}_0)$, dann sind nach (7.2.6) alle Parametervariationen zulässig, was im Widerspruch zur nichtlinearen Betrachtung stehen kann, Bild 7.2.2a. Auch bei linear abhängigen Gradienten ergibt sich aus der Bedingung 1. Ordnung ein falsches Bild. In dem in Bild 7.2.2b dargestellten Beispiel sind im Punkt $\boldsymbol{p}^* = \boldsymbol{0}$ die Gradienten der beiden aktiven Nebenbedingungen linear abhängig. Entsprechend der Bedingung (7.2.6) wären beide Richtungen $\delta\boldsymbol{p}_{1,2} = [\pm\delta p,\ 0]^T$, $\delta p > 0$, zulässig, tatsächlich ist jedoch nur $\delta\boldsymbol{p} = [\delta p,\ 0]^T$ eine mit den Nebenbedingungen verträgliche Parameteränderung.

7.2.1 Bedingungen 1. Ordnung

Zur Herleitung von notwendigen Bedingungen 1. Ordnung betrachtet man wie bei der Optimierung ohne Nebenbedingungen die Taylor-Reihe (6.2.9) für die Gütefunktion um einen zulässigen Parameterpunkt $\boldsymbol{p}_0 \subset \mathcal{P}$ bis zu Gliedern 1. Ordnung,

$$f(\boldsymbol{p}_0 + \delta\boldsymbol{p}) \approx f(\boldsymbol{p}_0) + \delta\boldsymbol{p}^T\, \nabla f_0\,. \tag{7.2.7}$$

Falls $\boldsymbol{p}_0 = \boldsymbol{p}^*$ ein lokaler Minimierer ist, folgt aus der Definition (7.1.4), daß der lineare Term für alle zulässigen, genügend kleinen Parametervariationen nicht negativ ist,

$$\delta\boldsymbol{p}^T\, \nabla f^* \geq 0 \tag{7.2.8}$$

mit $\nabla f^* := \nabla f(\boldsymbol{p}^*)$. Im Unterschied zum unrestringierten Problem sind die zulässigen Parametervariationen nicht frei, sondern genügen den Bedingungen (7.2.4) und (7.2.6).

Beschränkt man sich zunächst nur auf Gleichungsnebenbedingungen, läßt sich die Bedingung (7.2.8) weiter einschränken. Es sei $\boldsymbol{p}^*$ ein lokaler Minimierer und $\delta\boldsymbol{p}$ eine zulässige Parametervariation, für die $\delta\boldsymbol{p}^T\,\nabla f^* > 0$ gilt. Dann ist entsprechend Gleichung (7.2.4) auch $\delta\boldsymbol{p}' := -\delta\boldsymbol{p}$ eine zulässige Parametervariation. Diese ist jedoch wegen

$$\delta\boldsymbol{p}'^T\,\nabla f^* = -\delta\boldsymbol{p}^T\,\nabla f^* < 0 \tag{7.2.9}$$

eine zulässige Abstiegsrichtung, was im Widerspruch zu der Voraussetzung steht, daß $\boldsymbol{p}^*$ ein lokaler Minimierer ist. Als notwendige Bedingung 1. Ordnung für einen lokalen Minimierer bleibt damit nur das Gleichheitszeichen in (7.2.8), d.h.

$$\delta\boldsymbol{p}^T\,\nabla f^* = 0 \quad \forall \quad \delta\boldsymbol{p}: \;\; \delta\boldsymbol{p}^T\nabla g_i^* = 0, \quad i = 1(1)l. \tag{7.2.10}$$

Faßt man die Gradienten ∇g_i^* in einer $l \times h$–Matrix

$$\boldsymbol{A} := \begin{bmatrix} \nabla g_1^{*T} \\ \vdots \\ \nabla g_l^{*T} \end{bmatrix} \equiv \frac{\partial \boldsymbol{g}}{\partial \boldsymbol{p}} \tag{7.2.11}$$

zusammen, läßt sich die notwendige Bedingung für ein lokales Minimum auch folgendermaßen formulieren:

$$\nabla f^{*T}\,\delta\boldsymbol{p} = 0 \quad \forall \quad \delta\boldsymbol{p}: \;\; \boldsymbol{A}\,\delta\boldsymbol{p} = \boldsymbol{0}. \tag{7.2.12}$$

Nach Satz 2.2 der Variationsrechnung existieren dann Lagrange Multiplikatoren $\boldsymbol{\lambda}^* \in \mathbb{R}^l$, so daß gilt

$$\left(\nabla f^{*T} - \boldsymbol{\lambda}^{*T}\,\boldsymbol{A}\right)\delta\boldsymbol{p} = 0 \quad \forall \quad \delta\boldsymbol{p} \in \mathbb{R}^h \tag{7.2.13}$$

oder mit Satz 2.1 der Variationsrechnung

$$\nabla f^* - \boldsymbol{A}^T\boldsymbol{\lambda}^* = \nabla f^* - \sum_{i=1}^{l} \lambda_i^*\,\nabla g_i^* = \boldsymbol{0}. \tag{7.2.14}$$

Da der lokale Minimierer $\boldsymbol{p}^*$ auch ein zulässiger Punkt ist, muß er außerdem die nichtlinearen Gleichungsnebenbedingungen erfüllen. Die Gütefunktion hat damit in $\boldsymbol{p}^*$ nur dann ein lokales Minimum, wenn $(\boldsymbol{p}^*, \boldsymbol{\lambda}^*)$ das nichtlineare Gleichungssystem

$$\left.\begin{aligned} \frac{\partial f}{\partial \boldsymbol{p}} - \left(\frac{\partial \boldsymbol{g}}{\partial \boldsymbol{p}}\right)^T \boldsymbol{\lambda} &= 0, \\ \boldsymbol{g}(\boldsymbol{p}) &= 0 \end{aligned}\right\} \tag{7.2.15}$$

erfüllt. Mit der Lagrange Funktion

$$L(\boldsymbol{p}, \boldsymbol{\lambda}) := f(\boldsymbol{p}) - \boldsymbol{\lambda}^T \boldsymbol{g}(\boldsymbol{p}) = f(\boldsymbol{p}) - \sum_{i=1}^{l} \lambda_i \, g_i(\boldsymbol{p}) \tag{7.2.16}$$

sind diese Bedingungen äquivalent zu

$$\left.\frac{\partial L}{\partial \boldsymbol{p}}\right|_{\boldsymbol{p}^*,\, \boldsymbol{\lambda}^*} = 0, \qquad \left.\frac{\partial L}{\partial \boldsymbol{\lambda}}\right|_{\boldsymbol{p}^*} = 0, \tag{7.2.17}$$

d.h. der Punkt $(\boldsymbol{p}^*, \boldsymbol{\lambda}^*)$ ist im Sinne einer Optimierung ohne Nebenbedingungen ein stationärer Punkt der Lagrange Funktion.

Die Beziehung (7.2.14) läßt sich auch geometrisch interpretieren, Bild 7.2.4. Sie drückt aus, daß eine Linearkombination

$$\nabla f^* = \sum_{i=1}^{l} \lambda_i^* \, \nabla g_i^* \tag{7.2.18}$$

für ∇f^* existieren muß. Im Punkt $\boldsymbol{p}_0$ beispielsweise sind ∇f_0 und ∇g_0 nicht kollinear. Daher läßt sich hier eine zulässige Parametervariation $\delta \boldsymbol{p} \perp \nabla g_0$ finden, die zur Verringerung der Gütefunktion führt, $\delta \boldsymbol{p}_0^T \, \nabla f_0 < 0$. Im Minimierer $\boldsymbol{p}^*$ dagegen sind ∇f^* und ∇g^* kollinear, weshalb die zu ∇g^* orthogonalen zulässigen Parametervariationen gleichzeitig auch senkrecht auf ∇f^* stehen und damit keine weitere Verbesserung möglich ist. Die einzelnen Terme $\lambda_i^* \, \nabla g_i^*$ können als Strafterme interpretiert werden, die aus der Nebenbedingung resultieren. Denn ohne die Nebenbedingungen könnten die Werte der Gütefunktion durch Parametervariationen mit Komponenten entgegen ihrer Gradientenrichtung weiter verringert werden.

Bevor notwendige Bedingungen für das allgemeine Optimierungsproblem formuliert werden, sollen die Ungleichungsnebenbedingungen in etwas verallgemeinerter Form ebenfalls isoliert betrachtet werden,

$$h_j(\boldsymbol{p}) \leq -\varepsilon_j, \quad \varepsilon_j \geq 0, \quad j = 1(1)m. \tag{7.2.19}$$

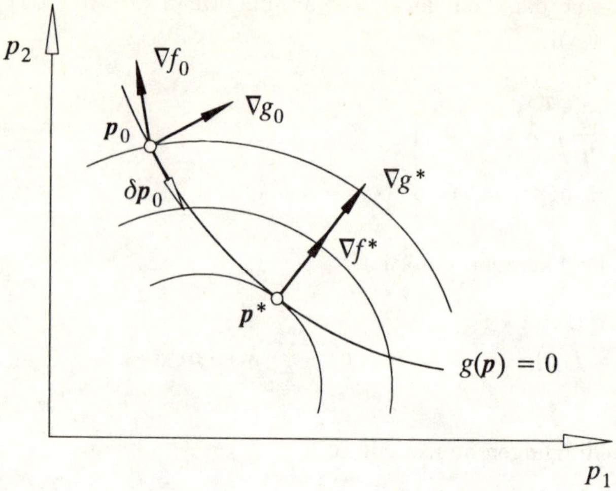

Bild 7.2.4: Lokales Minimum bei Gleichungsnebenbedingungen

Durch Einführen von sogenannten *Spielvariablen (slack variables)* $u_j^2 \geq 0$, $j = 1(1)m$, lassen sich diese Ungleichungen in Gleichungen überführen:

$$h_j(\boldsymbol{p}) + \varepsilon_j + u_j^2 = 0, \quad j = 1(1)m. \tag{7.2.20}$$

Ergänzt man den Vektor der Entwurfsvariablen um diese Spielvariablen, erhält man für die Lagrange Funktion (7.2.16) mit den Lagrange Multiplikatoren $\boldsymbol{\mu} \in \mathbb{R}^m$

$$L(\boldsymbol{p}, \boldsymbol{u}, \boldsymbol{\mu}) = f(\boldsymbol{p}) - \sum_{j=1}^{m} \mu_j \left[h_j(\boldsymbol{p}) + \varepsilon_j + u_j^2\right]. \tag{7.2.21}$$

Die notwendigen Bedingungen (7.2.17) lauten dann

$$\frac{\partial L}{\partial p_k} = \frac{\partial f}{\partial p_k} - \sum_{j=1}^{m} \mu_j \frac{\partial h_j}{\partial p_k} = 0, \quad k = 1(1)h, \tag{7.2.22}$$

$$\frac{\partial L}{\partial u_j} = -2\,\mu_j\,u_j = 0, \quad j = 1(1)m, \tag{7.2.23}$$

$$\frac{\partial L}{\partial \mu_j} = -\left(h_j + \varepsilon_j + u_j^2\right) = 0, \quad j = 1(1)m. \tag{7.2.24}$$

Durch Multiplikation von (7.2.23) mit $u_j/2$ erhält man mit (7.2.24)

$$-\mu_j u_j^2 = \mu_j(h_j + \varepsilon_j) = 0, \quad j = 1(1)m. \tag{7.2.25}$$

Man bezeichnet diese Beziehungen als *Komplementärbedingungen*. Sie drücken aus, daß nicht beide Faktoren gleichzeitig von Null verschieden sein können. Ist eine Nebenbedingung (7.2.19) inaktiv, d.h. $h_j + \varepsilon_j < 0$, dann kann der entsprechende Term in den Gleichungen (7.2.22) mit dem Lagrange Multiplikator $\mu_j = 0$ vernachlässigt werden, die Nebenbedingung spielt am Optimum keine Rolle. Ergibt sich aus den notwendigen Bedingungen dagegen $\mu_j \neq 0$, dann ist die Nebenbedingung am Optimum aktiv, $h_j + \varepsilon_j = 0$.

Das Vorzeichen der Lagrange Multiplikatoren μ_j ist bei Ungleichungen nicht frei. Um dies zu zeigen, seien die Schranken ε_n als variabel betrachtet. Ist $(\boldsymbol{p}^*, \boldsymbol{u}^*, \boldsymbol{\mu}^*)$ eine Lösung des Gleichungssystems (7.2.22)–(7.2.24), dann gilt

$$\begin{aligned} \frac{df(\boldsymbol{p}^*)}{d\varepsilon_n} &= \sum_{k=1}^{h} \left.\frac{\partial f}{\partial p_k}\right|_{\boldsymbol{p}^*} \frac{dp_k^*}{d\varepsilon_n} = \sum_{k=1}^{h}\sum_{j=1}^{m} \mu_j^* \left.\frac{\partial h_j}{\partial p_k}\right|_{\boldsymbol{p}^*} \frac{dp_k^*}{d\varepsilon_n} \\ &= \sum_{j=1}^{m} \mu_j^* \sum_{k=1}^{h} \left.\frac{\partial h_j}{\partial p_k}\right|_{\boldsymbol{p}^*} \frac{dp_k^*}{d\varepsilon_n} . \end{aligned} \tag{7.2.26}$$

Für die inaktiven Bindungen ist $\mu_j^* = 0$, für die aktiven Bindungen erhält man durch Differentiation der Gleichung $h_j(\boldsymbol{p}^*) = -\varepsilon_j$ nach den Schranken ε_n

$$\frac{dh_j(\boldsymbol{p}^*)}{d\varepsilon_n} = \sum_{k=1}^{h} \left.\frac{\partial h_j}{\partial p_k}\right|_{\boldsymbol{p}^*} \frac{dp_k^*}{d\varepsilon_n} \equiv -\frac{d\varepsilon_j}{d\varepsilon_n} = -\delta_{jn} . \tag{7.2.27}$$

Eingesetzt in (7.2.26) bleibt

$$\frac{df(\boldsymbol{p}^*)}{d\varepsilon_n} = -\sum_{j=1}^{m} \mu_j^* \delta_{jn} = -\mu_n^* . \tag{7.2.28}$$

Erhöht man die Schranke ε_n, schränkt man den zulässigen Parameterraum ein. Der Minimierer $\boldsymbol{p}^*$ wird dadurch ins Innere des ursprünglich zulässigen Parameterraums verschoben und ist damit ein zulässiger Punkt des ursprünglichen Problems. Da $\boldsymbol{p}^*$ aber ein lokaler Minimierer ist, kann die Gütefunktion dadurch nicht verringert werden. Daraus folgt

$$\frac{df(\boldsymbol{p}^*)}{d\varepsilon_n} \geq 0, \quad n = 1(1)m, \tag{7.2.29}$$

oder mit (7.2.28)

$$\mu_j^* \leq 0, \quad j = 1(1)m. \tag{7.2.30}$$

Als notwendige Bedingungen für ein lokales Minimum bleiben damit die Gleichungen und Ungleichungen (7.2.19), (7.2.22), (7.2.25) und (7.2.30):

$$\frac{\partial f}{\partial \boldsymbol{p}} - \left(\frac{\partial \boldsymbol{h}}{\partial \boldsymbol{p}}\right)^T \boldsymbol{\mu} = \mathbf{0}, \tag{7.2.31}$$

$$\boldsymbol{h}(\boldsymbol{p}) \leq -\boldsymbol{\varepsilon}, \tag{7.2.32}$$

$$\mu_j(h_j + \varepsilon_j) = 0, \quad j = 1(1)m, \tag{7.2.33}$$

$$\boldsymbol{\mu} \leq \mathbf{0}. \tag{7.2.34}$$

Auch diese Beziehungen lassen sich geometrisch veranschaulichen, Bild 7.2.5. Die Gleichung (7.2.31) drückt wieder die Linearkombination des Gradienten der Gütefunktion mit den Gradienten der aktiven Nebenbedingungen aus. Ist $\boldsymbol{p}^*$ ein lokaler Randminimierer, dann muß der Gradient ∇f^* ins Innere des zulässigen Parameterraumes weisen, denn sonst gäbe es eine zulässige Parametervariation, die den Wert der Gütefunktion weiter verringert.

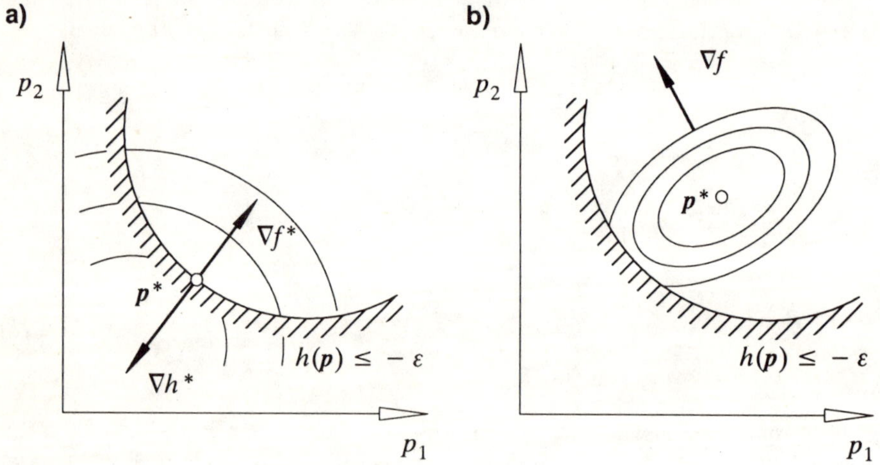

Bild 7.2.5: Mögliche lokale Minima der Optimierung mit Ungleichungsnebenbedingungen: Randminimum (a) und freies Minimum (b)

Da die Gradienten von Ungleichungsnebenbedingungen ins Äußere weisen, sind die Koeffizienten dieser Linearkombination i. allg. negativ, was durch (7.2.34) ausgedrückt wird. Die Lagrange Multiplikatoren sind dann ein direktes Maß für den Gewinn in der Gütefunktion, falls die Nebenbedingungen gelockert werden, siehe Gleichung (7.2.28). Ist $\boldsymbol{p}^*$ dagegen ein lokaler Minimierer im Inneren des zulässigen Parameterraumes, $h_j(\boldsymbol{p}^*) < -\varepsilon_j$, $j = 1(1)m$, dann verschwinden nach (7.2.33) alle Lagrange Multiplikatoren und aus den Gleichungen (7.2.31) folgen die notwendigen Bedingungen (6.2.13) für die Optimierung ohne Nebenbedingungen. Mögliche Lösungen der Komplementärbedingung (7.2.33) sind in Bild 7.2.6 dargestellt. Falls beide Faktoren verschwinden, bezeichnet man die zugehörige Nebenbedingung als *schwach aktiv*, Bild 7.2.6b.

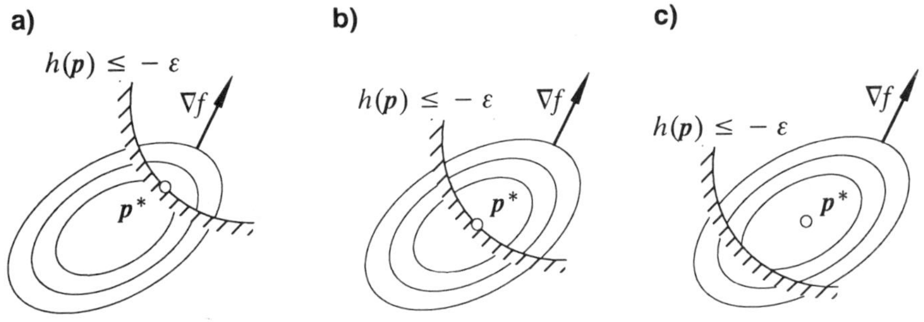

Bild 7.2.6: Verschiedene Lösungen der Komplementärbedingung:
a) aktive Nebenbedingung $\mu^* < 0,\ h^* = -\varepsilon$,
b) schwach aktive Nebenbedingung $\mu^* = 0,\ h^* = -\varepsilon$,
c) inaktive Nebenbedingung $\mu^* = 0,\ h^* < -\varepsilon$

Die Beziehungen (7.2.15) und (7.2.31)–(7.2.34) können zu den notwendigen Kuhn-Tucker Bedingungen für das allgemeine Optimierungsproblem zusammengefaßt werden, wobei $\varepsilon_j \equiv 0$ gesetzt ist:

Satz 7.1: Notwendige Bedingung 1. Ordnung

Ist $\boldsymbol{p}^*$ ein regulärer Punkt und lokaler Minimierer des nichtlinearen Optimierungsproblems, dann existieren Lagrange Multiplikatoren $\boldsymbol{\lambda}^* \in \mathbb{R}^l$ und $\boldsymbol{\mu}^* \in \mathbb{R}^m$ derart, daß $\boldsymbol{p}^*$, $\boldsymbol{\lambda}^*$ und $\boldsymbol{\mu}^*$ folgendes System erfüllen:

$$\frac{\partial f}{\partial \boldsymbol{p}} - \sum_{i=1}^{l} \lambda_i \frac{\partial g_i}{\partial \boldsymbol{p}} - \sum_{j=1}^{m} \mu_j \frac{\partial h_j}{\partial \boldsymbol{p}} = 0, \qquad (7.2.35)$$

$$\boldsymbol{g}(\boldsymbol{p}) = 0, \qquad (7.2.36)$$

$$\boldsymbol{h}(\boldsymbol{p}) \leq 0, \qquad (7.2.37)$$

$$\boldsymbol{\mu} \leq 0, \qquad (7.2.38)$$

$$\mu_j h_j(\boldsymbol{p}) = 0, \quad j = 1(1)m. \qquad (7.2.39)$$

Punkte, die diese notwendigen Bedingungen erfüllen, heißen *Kuhn-Tucker (KT) Punkte.*

Die Voraussetzung, daß $\boldsymbol{p}^*$ ein regulärer Punkt ist, wurde bei der Definition von zulässigen Parametervariationen durch Bedingungen 1. Ordnung benutzt. Da die Kuhn-Tucker Bedingungen darauf aufbauen, ist z.B. die Bedingung (7.2.35) für nichtreguläre Punkte auch nicht notwendig. In Bild 7.2.2a ist $\nabla h^* = \mathbf{0}$, es existiert kein (endlicher) Lagrange Multiplikator, um ∇f^* aus ∇h^* darzustellen. In Bild 7.2.2b sind die Gradienten der Nebenbedingungen linear abhängig, auch hier läßt sich ∇f^* nicht aus ∇h_1^* und ∇h_2^* linear kombinieren.

Durch Einführung der Lagrange Funktion

$$L(\boldsymbol{p}, \boldsymbol{\lambda}, \boldsymbol{\mu}) := f(\boldsymbol{p}) - \sum_{i=1}^{l} \lambda_i \, g_i(\boldsymbol{p}) - \sum_{j=1}^{m} \mu_j \, h_j(\boldsymbol{p}) \tag{7.2.40}$$

können die Kuhn-Tucker Bedingungen auch in der Form

$$\left.\begin{aligned} &\frac{\partial L}{\partial \boldsymbol{p}} = \mathbf{0}, \quad \frac{\partial L}{\partial \boldsymbol{\lambda}} = \mathbf{0}, \quad \frac{\partial L}{\partial \boldsymbol{\mu}} \geq \mathbf{0}, \\ &\boldsymbol{\mu} \leq 0, \quad \mu_j \, h_j = 0, \quad j = 1(1)m, \end{aligned}\right\} \tag{7.2.41}$$

geschrieben werden.

Wie die notwendigen Bedingungen bei der Optimierung ohne Nebenbedingungen können auch die Kuhn-Tucker Bedingungen i. allg. nicht direkt zur Bestimmung von Kandidaten für mögliche Optima verwendet werden, da sie nichtlinear in den Entwurfsvariablen sind. Hinzu kommt mit (7.2.39) ein kombinatorisches Problem. Für jede Ungleichungsnebenbedingung müssen die beiden Fälle $\mu_j = 0$ und $\mu_j < 0$ untersucht werden, die Bedingungen (7.2.35)–(7.2.37) sind also für insgesamt 2^m Fälle auszuwerten.

Beispiel 7.2.1: Tilgerauslegung

In Beispiel 4.3.1 wird die Tilgerauslegung für eine durch Unwucht erregte Maschine als Vektoroptimierungsproblem formuliert. Um dieses zu lösen, kann es mit Hilfe verschiedener Methoden auf skalare Standardprobleme der Parameteroptimierung zurückgeführt werden. Mit der Min-Max-Methode ergibt sich zunächst das skalare Ersatzproblem (4.3.20) zur Bestimmung einer Pareto-optimalen Lösung:

$$\min_{\boldsymbol{p} \in \mathcal{P}} \max \left\{ \mu f_1 - 1, \ \frac{f_2}{2} - 1 \right\}$$

$$\text{mit} \quad \mathcal{P} = \left\{ \boldsymbol{p} \in I\!R^2 \,\middle|\, 1 \leq p_1 \leq \mu, \ 1 \leq p_2 \leq \mu \right\}. \tag{7.2.42}$$

Dieses kann entsprechend (4.3.13) durch Einführen einer zusätzlichen Entwurfsvariablen p_3 in ein Standardproblem umgeformt werden:

$$\min_{\bar{\boldsymbol{p}} \in \bar{\mathcal{P}}} p_3$$

$$\text{mit} \quad \bar{\mathcal{P}} := \left\{ \begin{bmatrix} p_1 \\ p_2 \\ p_3 \end{bmatrix} \in \mathcal{P} \times I\!R \;\middle|\; \mu f_1 - 1 \leq p_3\,,\; \frac{f_2}{2} - 1 \leq p_3 \right\},$$

oder ausgeschrieben mit den Gütekriterien (4.3.17)

$$\min_{\bar{\boldsymbol{p}} \in \bar{\mathcal{P}}} p_3 \quad \text{mit}$$

$$\bar{\mathcal{P}} := \left\{ \begin{bmatrix} p_1 \\ p_2 \\ p_3 \end{bmatrix} \in I\!R^3 \;\middle|\; \begin{array}{l} h_1 := \dfrac{\mu}{p_1} - 1 - p_3 \leq 0, \\ h_2 := \dfrac{1}{2}(p_1 + p_2) - 1 - p_3 \leq 0, \\ h_3 := 1 - p_1 \leq 0,\; h_4 := p_1 - \mu \leq 0, \\ h_5 := 1 - p_2 \leq 0,\; h_6 := p_2 - \mu \leq 0 \end{array} \right\}.$$

Zur Bestimmung eines möglichen Minimierers können die notwendigen Kuhn-Tucker Bedingungen (7.2.41) herangezogen werden. Die Lagrange Funktion lautet für das gestellte Problem

$$\begin{aligned} L(\boldsymbol{p}, \boldsymbol{\mu}) &:= f(\boldsymbol{p}) - \boldsymbol{\mu}^T \boldsymbol{h}(\boldsymbol{p}) \\ &= p_3 - \mu_1 \left(\frac{\mu}{p_1} - 1 - p_3 \right) - \mu_2 \left(\frac{1}{2}(p_1 + p_2) - 1 - p_3 \right) \\ &\quad - \mu_3 (1 - p_1) - \mu_4 (p_1 - \mu) - \mu_5 (1 - p_2) - \mu_6 (p_2 - \mu) \end{aligned}$$

mit den Lagrange Multiplikatoren μ_j, $j = 1(1)6$, die nicht mit dem Problemparameter μ zu verwechseln sind.

Entsprechend den sechs Komplementärbedingungen $\mu_j\, h_j = 0$, $j = 1(1)6$, die mit den Ungleichungsnebenbedingungen verknüpft sind, gibt es $2^6 = 64$ Kombinationsmöglichkeiten aktiver und inaktiver Nebenbedingungen. Setzt man die graphische Lösung in Bild 4.3.10e als bekannt voraus, dann entspricht dem Pareto-optimalen Rand eine aktive Nebenbedingung h_5. Die Nebenbedingungen h_3, h_4 und h_6, die den übrigen Rändern von $\mathcal{P}$ entsprechen, sind dagegen inaktiv, d.h.

$$h_3 < 0, \quad h_4 < 0, \quad h_6 < 0 \quad \text{oder} \quad \mu_3 = \mu_4 = \mu_6 = 0.$$

Für die beiden Nebenbedingungen h_1 und h_2, die aus der Maximumsbildung in (7.2.42) resultieren, wird angenommen, daß sie aktiv sind. Damit reduzieren sich die Kuhn-Tucker Bedingungen (7.2.41) auf die sechs Gleichungen

$$\frac{\partial L}{\partial p_1} = \frac{\mu_1 \mu}{p_1^2} - \frac{\mu_2}{2} = 0, \qquad (7.2.43)$$

$$\frac{\partial L}{\partial p_2} = -\frac{\mu_2}{2} + \mu_5 = 0, \qquad (7.2.44)$$

$$\frac{\partial L}{\partial p_3} = 1 + \mu_1 + \mu_2 = 0, \qquad (7.2.45)$$

$$\frac{\partial L}{\partial \mu_1} = -h_1 = -\left(\frac{\mu}{p_1} - 1 - p_3\right) = 0, \qquad (7.2.46)$$

$$\frac{\partial L}{\partial \mu_2} = -h_2 = -\left(\frac{1}{2}(p_1 + p_2) - 1 - p_3\right) = 0, \qquad (7.2.47)$$

$$\frac{\partial L}{\partial \mu_5} = -h_5 = -(1 - p_2) = 0 \qquad (7.2.48)$$

zur Bestimmung eines möglichen Minimierers $\boldsymbol{p}^* = [p_1^*, p_2^*, p_3^*]^T$ und der zugehörigen Lagrange Multiplikatoren μ_1^*, μ_2^* und μ_5^*, die den Ungleichungen

$$\mu_1 \leq 0, \quad \mu_2 \leq 0, \quad \mu_5 \leq 0 \qquad (7.2.49)$$

genügen müssen. Die Ungleichungen dienen lediglich zur Überprüfung der Annahmen über aktive und inaktive Nebenbedingungen. Falls der Lagrange Multiplikator einer Ungleichungsnebenbedingung am berechneten Lösungspunkt positiv ist, stimmen die Annahmen über aktive und inaktive Nebenbedingungen nicht. Es ist dann eine andere Kombination von aktiven Nebenbedingungen zu wählen und der zugehörige Minimierer erneut zu bestimmen.

Zunächst ergibt sich aus Gleichung (7.2.48)

$$p_2 = 1.$$

Mit diesem Wert erhält man durch Einsetzen von (7.2.46) in (7.2.47) als einzige positive Lösung

$$p_1 = \frac{1}{2}\left(\sqrt{8\,\mu + 1} - 1\right).$$

Aus (7.2.46) folgt schließlich

$$p_3 = \frac{\mu}{p_1} - 1 = \frac{2\,\mu}{\sqrt{8\,\mu + 1} - 1} - 1.$$

Für das maximale Massenverhältnis $\mu = 4$ ist damit die Lösung

$$p^* = \begin{bmatrix} 2.37 \\ 1 \\ 0.69 \end{bmatrix},$$

die mit der graphischen Lösung in Bild 4.3.11 übereinstimmt. Die zugehörigen Lagrange Multiplikatoren, die sich aus (7.2.43)–(7.2.45) ergeben,

$$\mu_1 = -0.41, \quad \mu_2 = -0.59, \quad \mu_5 = -0.29,$$

sind alle negativ. Damit sind die Annahmen über den Zustand der Ungleichungsnebenbedingungen am Minimum bestätigt, und der Lösungspunkt kann als Kandidat für einen lokalen Minimierer akzeptiert werden.

7.2.2 Bedingungen 2. Ordnung

Zur Formulierung von Bedingungen 2. Ordnung müssen quadratische Terme in den Taylor-Reihen berücksichtigt werden. Dabei genügt es nicht, nur die Krümmung der Gütefunktion zu berücksichtigen und die Nebenbedingungen in linearer Näherung zu betrachten, denn oft ist erst die Krümmung der aktiven Nebenbedingungsfunktionen für die Eigenschaften eines Punktes entscheidend. Bei gleicher Gütefunktion in Bild 7.2.7 ist der KT-Punkt p_0 im ersten Fall ein lokaler Minimierer, im zweiten Fall ist die Lösung nicht eindeutig, und im dritten Fall existiert kein lokales Minimum.

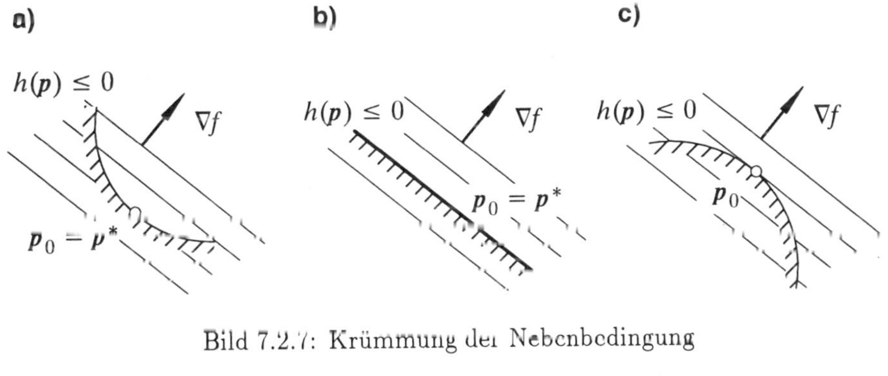

Bild 7.2.7: Krümmung der Nebenbedingung

Selbst wenn die Hesse-Matrix $\nabla^2 f$ positiv definit ist, muß ein KT-Punkt keine Lösung des Optimierungsproblems sein, Bild 7.2.8. Beide Punkte, p_1 und p_2, erfüllen die Kuhn-Tucker Bedingungen. Aufgrund der Krümmung von $h(p) = 0$

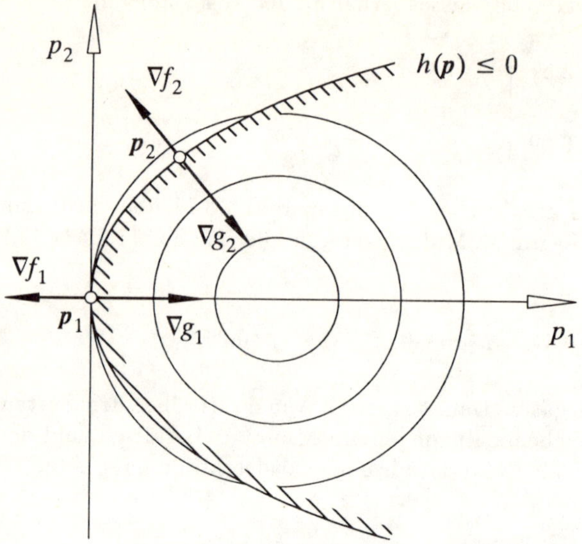

Bild 7.2.8: Einfluß der Krümmung einer Nebenbedingung auf die Eigenschaften eines KT-Punktes

ist jedoch $\boldsymbol{p}_1 = \mathbf{0}$ kein Minimierer, sondern die Gütefunktion hat in $\boldsymbol{p}_2$ ihr Minimum.

Die Gütefunktion und die Nebenbedingungen werden in der Lagrange Funktion (7.2.40) geeignet zusammengefaßt. Zunächst sei wieder der vereinfachte Fall betrachtet, daß nur Gleichungsnebenbedingungen vorliegen. Ist $\boldsymbol{p}^*$ ein KT-Punkt und $\delta\boldsymbol{p}$ eine zulässige Parametervariation, d.h. $\boldsymbol{p}^* + \delta\boldsymbol{p}$ ebenfalls ein zulässiger Punkt, dann gilt wegen $\boldsymbol{g}(\boldsymbol{p} + \delta\boldsymbol{p}) = \mathbf{0}$

$$\begin{aligned} L(\boldsymbol{p}^* + \delta\boldsymbol{p}, \boldsymbol{\lambda}^*) &= f(\boldsymbol{p}^* + \delta\boldsymbol{p}) - \boldsymbol{\lambda}^{*T}\boldsymbol{g}(\boldsymbol{p}^* + \delta\boldsymbol{p}) \\ &\equiv f(\boldsymbol{p}^* + \delta\boldsymbol{p}). \end{aligned} \tag{7.2.50}$$

Damit sind die Taylor-Reihen für die Gütefunktion und die Lagrange Funktion für zulässige Parametervariationen identisch,

$$f(\boldsymbol{p}^* + \delta\boldsymbol{p}) = L(\boldsymbol{p}^*, \boldsymbol{\lambda}^*) + \delta\boldsymbol{p}^T \left.\frac{\partial L}{\partial \boldsymbol{p}}\right|_{\boldsymbol{p}^*, \boldsymbol{\lambda}^*} + \frac{1}{2}\,\delta\boldsymbol{p}^T \left.\frac{\partial^2 L}{\partial \boldsymbol{p}\,\partial \boldsymbol{p}}\right|_{\boldsymbol{p}^*, \boldsymbol{\lambda}^*} \delta\boldsymbol{p} + \ldots \tag{7.2.51}$$

Mit $L(\boldsymbol{p}^*, \boldsymbol{\lambda}^*) \equiv f(\boldsymbol{p}^*)$, der notwendigen Bedingung (7.2.17) für ein lokales

Minimum in $\boldsymbol{p}^*$ und der Hesse-Matrix der Lagrange Funktion (7.2.16),

$$\boldsymbol{W}^* := \nabla^2 L(\boldsymbol{p}^*, \boldsymbol{\lambda}^*) = \nabla^2 f(\boldsymbol{p}^*) - \sum_{i=1}^{l} \lambda_i^* \nabla^2 g_i(\boldsymbol{p}^*), \tag{7.2.52}$$

erhält man daraus

$$f(\boldsymbol{p}^* + \delta\boldsymbol{p}) = f(\boldsymbol{p}^*) + \frac{1}{2}\delta\boldsymbol{p}^T \boldsymbol{W}^* \delta\boldsymbol{p} + \dots \tag{7.2.53}$$

Aus der Definition (7.1.4) eines lokalen Minimierers folgt, daß der Term 2. Ordnung für alle zulässigen Parametervariationen nicht negativ ist, wobei die zulässigen Parametervariationen in erster Näherung durch (7.2.4) gegeben sind:

$$\delta\boldsymbol{p}^T \boldsymbol{W}^* \delta\boldsymbol{p} \geq 0 \quad \forall \quad \delta\boldsymbol{p}: \quad \delta\boldsymbol{p}^T \nabla g_i^* = 0, \quad i = 1(1)l. \tag{7.2.54}$$

Die Hesse-Matrix (7.2.52) muß damit an einem regulären, lokalen Minimierer $\boldsymbol{p}^*$ im Unterraum der zulässigen Parametervariationen positiv semidefinit sein. Dies verlangt jedoch nicht, daß $\boldsymbol{W}^*$ selbst positiv semidefinit ist, wie ein einfaches Beispiel zeigt:

Beispiel 7.2.2: Notwendige Bedingung 2. Ordnung

Zu minimieren ist die Funktion

$$f(\boldsymbol{p}) := -\mathrm{e}^{-p_1}$$

unter der Nebenbedingung

$$g(\boldsymbol{p}) = p_1 - p_2^2 = 0.$$

Aus der notwendigen Bedingung 1. Ordnung erhält man den KT-Punkt $\boldsymbol{p}^* = \boldsymbol{0}$, der offensichtlich auch ein globaler Minimierer ist, und den Lagrange Multiplikator $\lambda^* = 1$. Die Hesse-Matrix der Lagrange Funktion

$$L = -\mathrm{e}^{-p_1} - \lambda\left(p_1 - p_2^2\right)$$

ist am Minimum indefinit,

$$\boldsymbol{W}^* = \begin{bmatrix} -e^{-p_1} & 0 \\ 0 & 2\lambda \end{bmatrix}_{\boldsymbol{p}=\boldsymbol{0},\ \lambda=1} = \begin{bmatrix} -1 & 0 \\ 0 & 2 \end{bmatrix},$$

da ein Eigenwert negativ, der andere positiv ist. Für zulässige Parametervariationen,

$$\delta \boldsymbol{p}^T \nabla \boldsymbol{g}^* = \delta \boldsymbol{p}^T \begin{bmatrix} 1 \\ 0 \end{bmatrix} = 0 \quad \Rightarrow \quad \delta \boldsymbol{p} = \begin{bmatrix} 0 \\ \delta p \end{bmatrix},$$

erhält man jedoch

$$\delta \boldsymbol{p}^T \boldsymbol{W}^* \delta \boldsymbol{p} = 2\,\delta p^2 \geq 0,$$

d.h. die notwendige Bedingung 2. Ordnung ist an der Stelle $\boldsymbol{p}^* = \boldsymbol{0}$ erfüllt, obwohl die Hesse-Matrix der Lagrange Funktion indefinit ist.

Weiterhin kann man aus (7.2.53) auch eine hinreichende Bedingung ableiten: Falls $\boldsymbol{p}^*$ ein KT-Punkt ist und der Term 2. Ordnung für alle zulässigen Parametervariationen $\delta \boldsymbol{p} \neq \boldsymbol{0}$ größer als Null ist, d.h.

$$\delta \boldsymbol{p}^T \boldsymbol{W}^* \delta \boldsymbol{p} > 0 \quad \forall \quad \delta \boldsymbol{p} \neq \boldsymbol{0}: \quad \delta \boldsymbol{p}^T \nabla g_i^* = 0, \quad i = 1(1)l, \tag{7.2.55}$$

dann ist $\boldsymbol{p}^*$ nach Definition (7.1.4) ein lokaler Minimierer.

Diese Aussagen sind auf Ungleichungsnebenbedingungen übertragbar. Aus (7.2.35) erhält man für $l = 0$ an einem KT-Punkt

$$\nabla f^* = \sum_{j=1}^{m} \mu_j^* \nabla h_j^*. \tag{7.2.56}$$

Für das Skalarprodukt mit einer zulässigen Parametervariation ergibt sich folgende Abschätzung:

$$\begin{aligned} \nabla f^{*T} \delta \boldsymbol{p} &= \sum_{j=1}^{m} \mu_j^* \nabla h_j^{*T} \delta \boldsymbol{p} \\ &= \sum_{\substack{j=1 \\ j \neq n}}^{m} \mu_j^* \nabla h_j^{*T} \delta \boldsymbol{p} + \mu_n^* \nabla h_n^{*T} \delta \boldsymbol{p} \geq \mu_n^* \nabla h_n^{*T} \delta \boldsymbol{p}, \end{aligned} \tag{7.2.57}$$

wobei $h_n(\boldsymbol{p}) \leq 0$ eine beliebige aktive Nebenbedingung sei. Die Abschätzung folgt unmittelbar aus der Bedingung (7.2.6) für zulässige Parametervariationen und den Bedingungen (7.2.38) für die Lagrange Multiplikatoren. Wählt man für eine solche Nebenbedingung eine ins Innere des zulässigen Parameterraumes weisende Parametervariation, $\nabla h_n^T \delta \boldsymbol{p} < 0$, folgt daraus

$$\nabla f^{*T} \delta \boldsymbol{p} \geq \mu_n^* \nabla h_n^{*T} \delta \boldsymbol{p} > 0, \tag{7.2.58}$$

d.h. der Term 1. Ordnung in einer Taylor-Reihe (6.2.9) verschwindet nicht und ist damit maßgebend. Eine solche Richtung vergrößert entsprechend dieser Abschätzung den Wert der Gütefunktion, $\boldsymbol{p}^*$ ist in dieser Richtung schon in linearer Näherung ein lokaler Minimierer. Nur für Parametervariationen, für die $\nabla h_n^T \, \delta\boldsymbol{p} = 0$ gilt, ist der Term 2. Ordnung für die Eigenschaften des betrachteten Parameterpunktes entscheidend. Dann aber können Ungleichungen wie Gleichungen behandelt werden und führen zu den gleichen Ergebnissen.

Ist die Ungleichung $h_n(\boldsymbol{p}) \leq 0$ nur schwach aktiv, d.h. $\mu_n^* = 0$, dann existieren auch zulässige Parametervariationen mit $\nabla h_n^{*T} \, \delta\boldsymbol{p} < 0$, für die der lineare Term (7.2.58) verschwindet und der Term 2. Ordnung maßgebend ist. Um solche Fälle mit einzuschließen, definiert man die Menge der *stationären Parametervariationen* durch

$$\mathcal{G}^* := \left\{ \delta\boldsymbol{p} \in I\!R^h \,\middle|\, \begin{array}{ll} \delta\boldsymbol{p} \neq \boldsymbol{0}, & \delta\boldsymbol{p}^T \, \nabla g_i^* = 0, \quad i = 1(1)l, \\ & \delta\boldsymbol{p}^T \, \nabla h_j^* = 0 \quad \forall \quad j : \; h_j^* = 0 \wedge \mu_j^* < 0, \\ & \delta\boldsymbol{p}^T \, \nabla h_j^* \leq 0 \quad \forall \quad j : \; h_j^* = 0 \wedge \mu_j^* = 0 \end{array} \right\}. \tag{7.2.59}$$

Mit der Hesse-Matrix der Lagrange Funktion (7.2.40),

$$\boldsymbol{W} := \nabla^2 L(\boldsymbol{p}, \boldsymbol{\lambda}, \boldsymbol{\mu}) = \nabla^2 f(\boldsymbol{p}) - \sum_{i=1}^{l} \lambda_i \, \nabla^2 g_i(\boldsymbol{p}) - \sum_{j=1}^{m} \mu_j \, \nabla^2 h_j(\boldsymbol{p}), \tag{7.2.60}$$

können dann notwendige und hinreichende Bedingungen 2. Ordnung angegeben werden:

Satz 7.2: Notwendige Bedingung 2. Ordnung

Ist $\boldsymbol{p}^*$ ein regulärer, lokaler Minimierer des nichtlinearen Optimierungsproblems, dann erfüllt er die Kuhn-Tucker Bedingungen, und weiterhin gilt

$$\delta\boldsymbol{p}^T \, \boldsymbol{W}^* \, \delta\boldsymbol{p} \geq 0 \quad \forall \quad \delta\boldsymbol{p} \in \mathcal{G}^*. \tag{7.2.61}$$

Satz 7.3: Hinreichende Bedingung 2. Ordnung

Erfüllt $\boldsymbol{p}^*$ die Kuhn-Tucker Bedingungen und gilt

$$\delta\boldsymbol{p}^T \, \boldsymbol{W}^* \, \delta\boldsymbol{p} > 0 \quad \forall \quad \delta\boldsymbol{p} \in \mathcal{G}^*, \tag{7.2.62}$$

dann ist $\boldsymbol{p}^*$ eine strikte, lokale Lösung des nichtlinearen Optimierungsproblems.

Strenge Beweise für diese Sätze unter abgeschwächten Voraussetzungen findet man z.B. bei FLETCHER (1987).

Wie schon erwähnt, ist eine Auswertung dieser Bedingungen zur Bestimmung lokaler Minima wegen der Nichtlinearität i. allg. nicht möglich. Optimierungsverfahren zur Lösung des nichtlinearen Optimierungsproblems haben daher ebenfalls die in Abschnitt 4.2 beschriebene, iterative Struktur.

7.3 Optimierungsstrategien

Bei der Optimierung mit Nebenbedingungen sind zwei, sich i. allg. widersprechende Teilaufgaben zu lösen: die Gütefunktion soll minimiert und die Nebenbedingungen sollen erfüllt werden. Ein möglicher Weg ist, zunächst einen zulässigen Entwurf $\boldsymbol{p} \in \mathcal{P}$ zu finden und ausgehend von diesem verbesserte, ebenfalls zulässige Parameterpunkte zu suchen. Es ist jedoch günstiger, beide Ziele gleichzeitig zu verfolgen. Dann muß eine Balance zwischen den beiden Teilaufgaben gefunden werden und ebenso eine geeignete Funktion, welche die Verbesserung des Entwurfs bezüglich beider Anforderungen bewertet.

Der erste erfolgreiche Ansatz zur Lösung des allgemeinen Optimierungsproblems waren die *Sequential Unconstrained Minimization Techniques (SUMT)*, FIACCO und MCCORMICK (1968). Wie der Name schon sagt, wird hier das Optimierungsproblem auf die Minimierung einer Pseudo-Gütefunktion ohne Nebenbedingungen zurückgeführt. Die Pseudo-Gütefunktion hat die allgemeine Struktur

$$\Phi(\boldsymbol{p}, r) := f(\boldsymbol{p}) + r\,\sigma(\boldsymbol{p}), \quad r \geq 0, \tag{7.3.1}$$

d.h. die ursprüngliche Gütefunktion wird um einen skalaren Strafterm erweitert, der aus einem Gewichtungsfaktor r und einer Bewertungsfunktion für die Verletzung der Nebenbedingungen besteht. Ausgehend von einem (zulässigen oder unzulässigen) Anfangsentwurf wird die Pseudo-Gütefunktion für einen geeignet gewählten Gewichtungsfaktor mit den Methoden aus Kapitel 6 minimiert. Um die Nebenbedingungen dann eventuell besser zu erfüllen, wird dieser Parameterpunkt als Startwert für eine erneute Minimierung von (7.3.1) mit erhöhtem Gewichtungsfaktor r verwendet. Die so erhaltenen, verbesserten Lösungen sind dann jeweils wieder geeignete Startwerte für erneute Minimierungen mit erhöhtem Gewichtungsfaktor, bis die Nebenbedingungen genügend genau erfüllt und vorgegebene Konvergenzkriterien befriedigt sind. Die Form der Straffunktion $\sigma(\boldsymbol{p})$ richtet sich nach der Art der Nebenbedingung.

Gleichungsnebenbedingungen können durch quadratische Straffunktionen

$$\sigma(\boldsymbol{p}) := \sum_{i=1}^{l} g_i^2(\boldsymbol{p}) \tag{7.3.2}$$

berücksichtigt werden. Für zulässige Parameterpunkte, $g_i(\boldsymbol{p})=0$, verschwindet die Straffunktion, und die Pseudo-Gütefunktion (7.3.1) ist für alle r identisch mit der ursprünglichen Gütefunktion. Dies bedeutet aber leider nicht, daß die SUMT auch tatsächlich stets zum Minimum des nichtlinearen Optimierungsproblems führen. Nach Satz 6.1 gilt nämlich für einen lokalen Minimierer $\bar{\boldsymbol{p}}$ der Pseudo-Gütefunktion (7.3.1)

$$\nabla\Phi(\bar{\boldsymbol{p}}) = \nabla f(\bar{\boldsymbol{p}}) + 2\,r \sum_{i=1}^{l} g_i(\bar{\boldsymbol{p}})\,\nabla g_i(\bar{\boldsymbol{p}}) \stackrel{!}{=} 0. \tag{7.3.3}$$

Wäre $\bar{\boldsymbol{p}}$ auch ein zulässiger Entwurf, d.h. $g_i(\bar{\boldsymbol{p}})=0$, $i=1(1)l$, müßte daraus am Optimum

$$\nabla f(\boldsymbol{p}) = \mathbf{0} \tag{7.3.4}$$

folgen. Tatsächlich gilt am Optimum $\boldsymbol{p}^*$ nach Satz 7.1 aber Gleichung (7.2.18) mit i. allg. nicht verschwindenden Lagrange Multiplikatoren. Der Minimierer $\bar{\boldsymbol{p}}$ der Pseudo-Gütefunktion (7.3.1) wird daher verschieden vom Optimum $\boldsymbol{p}^*$ des ursprünglichen Optimierungsproblems sein. Nur für einen genügend großen Gewichtungsfaktor r strebt die Lösung der SUMT gegen einen zulässigen Parameterpunkt und damit gegen das Optimum $\boldsymbol{p}^*$. Man kann jedoch zeigen, daß das Problem dann schlecht konditioniert ist, FLETCHER (1987). Damit die Nebenbedingungen durch die Straffunktion (7.3.2) etwa gleichwertig berücksichtigt werden, sollten sie vor der Optimierung skaliert werden.

Für Ungleichungsnebenbedingungen gibt es eine Reihe von verschiedenen Straffunktionen, es ergeben sich aber auch hier die oben erwähnten Schwierigkeiten. *Äußere Straffunktionen* verschwinden im Innern des zulässigen Parameterraums und belegen die Verletzung der Nebenbedingungen ähnlich wie (7.3.2) mit Strafe:

$$\sigma(\boldsymbol{p}) := \sum_{j=1}^{m} \{\max[0,\, h_j(\boldsymbol{p})]\}^2 . \tag{7.3.5}$$

Für die in Bild 7.3.1a dargestellte Gütefunktion und Nebenbedingung erhält man in Abhängigkeit des Gewichtungsfaktors r die Pseudo-Gütefunktionen in Bild 7.3.1b.

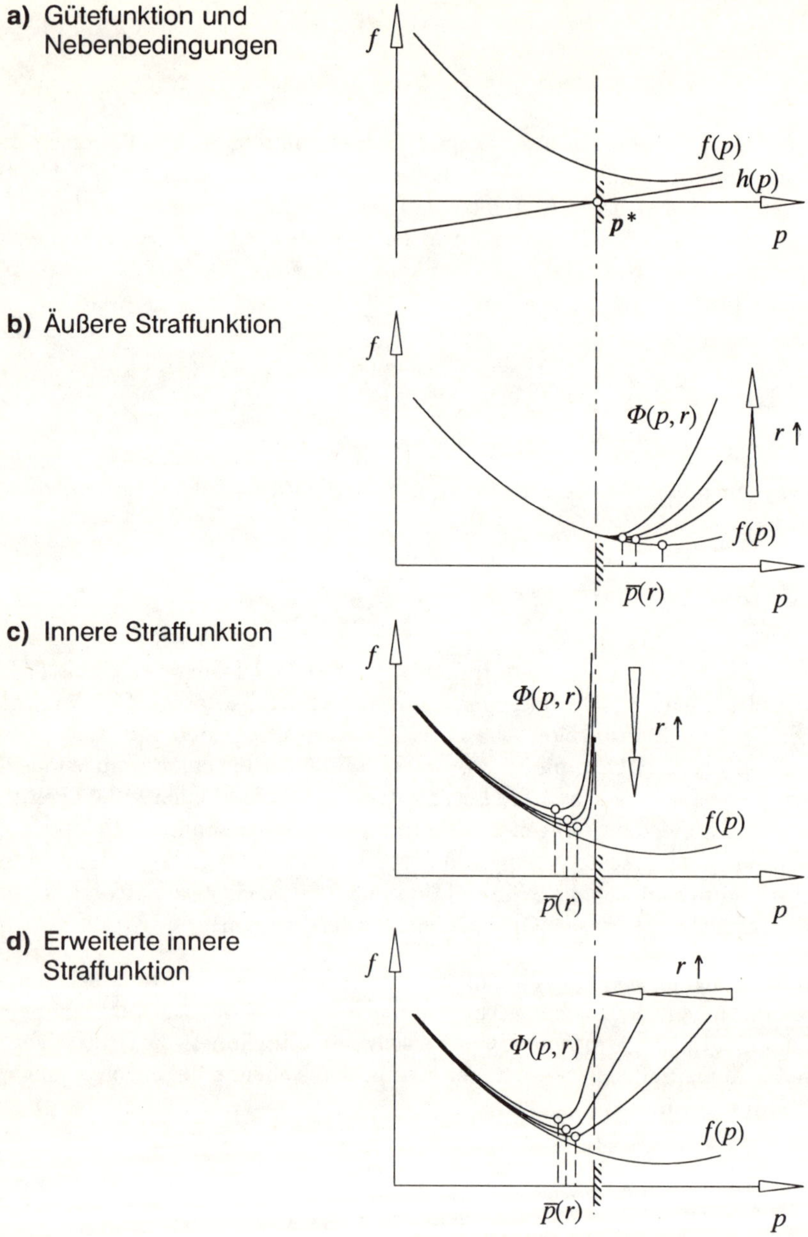

Bild 7.3.1: Definition von Pseudo-Gütefunktionen

Die Minimierung der Pseudo-Gütefunktion produziert auch hier i. allg. eine Folge von unzulässigen Parameterpunkten $\boldsymbol{p}$, die nur für $r \to \infty$ gegen einen zulässigen Punkt konvergiert. Falls dies zu Schwierigkeiten führt, können *innere Straffunktionen* verwendet werden, die Barrieren am Rand des zulässigen Parameterraums aufbauen, Bild 7.3.1c:

$$\sigma(\boldsymbol{p}) := -\frac{1}{r^2} \sum_{j=1}^{m} \frac{1}{h_j(\boldsymbol{p})} . \tag{7.3.6}$$

Alle erhaltenen Minima sind hier zulässig, die Unstetigkeit am Rand macht aber zusätzliche Schwierigkeiten: Das Optimierungsverfahren muß mit einem zulässigen Entwurf gestartet werden, für die Liniensuche sind spezielle Verfahren zu verwenden, welche die Barrieren nicht untertunneln.

Erweiterte innere Straffunktionen vermeiden die Unstetigkeit, indem sie die inneren Straffunktionen in Randnähe stetig differenzierbar in den unzulässigen Parameterbereich fortsetzen. Eine lineare Fortsetzung für eine einzelne Ungleichung $h_j(\boldsymbol{p}) \leq 0$ beispielsweise ist

$$\sigma(\boldsymbol{p}) := \frac{1}{r^2} \begin{cases} -\dfrac{1}{h_j} & \text{für} \quad h_j \leq -\varepsilon, \\[2ex] \dfrac{2}{\varepsilon} + \dfrac{h_j}{\varepsilon^2} & \text{für} \quad h_j > -\varepsilon, \quad \varepsilon > 0, \end{cases} \tag{7.3.7}$$

siehe Bild 7.3.1d.

Das wesentliche Problem der SUMT ist, daß nur für $r \to \infty$ das Optimum $\boldsymbol{p}^*$ erreicht werden kann, andererseits aber für sehr große Gewichtungsfaktoren r die Minimierung der Pseudo-Gütefunktion schlecht konditioniert ist. Außerdem haben die Methoden einen doppel-iterativen Charakter, da eine äußere Schleife über den Gewichtungsfaktor läuft und die Minimierung der Pseudo-Gütefunktion selbst iterativ ist. Numerische Untersuchungen zeigen auch, daß SUMT wesentlich mehr Funktionsaufrufe als neuere Algorithmen benötigen, SCHITTKOWSKI (1980b).

Eine andere Form von Straffunktionen, die *Multiplikator-Straffunktionen*, vermeiden das Problem der unendlichen Gewichtungsfaktoren. Zur Vereinfachung werden im folgenden nur Gleichungsnebenbedingungen betrachtet. Die notwendigen Bedingungen (7.2.17) zeigen, daß die Lagrange Funktion (7.2.16) eine geeignete Erweiterung der Gütefunktion um eine Straffunktion ist. Um zusätzlich zu erzwingen, daß das Minimum zulässig ist, wird die Lagrange Funktion um einen Strafterm (7.3.2) ergänzt. Die erweiterte Lagrange Funktion, die ohne

Nebenbedingungen zu minimieren ist, lautet dann

$$\Phi(\boldsymbol{p}, \boldsymbol{\lambda}, r) := f(\boldsymbol{p}) - \sum_{i=1}^{l} \lambda_i \, g_i(\boldsymbol{p}) + r \sum_{i=1}^{l} g_i^2(\boldsymbol{p}), \quad r > 0. \tag{7.3.8}$$

Die notwendige Bedingung für ein Minimum liefert

$$\nabla \Phi = \nabla f(\boldsymbol{p}) - \sum_{i=1}^{l} \lambda_i \, \nabla g_i(\boldsymbol{p}) + 2\, r \sum_{i=1}^{l} g_i(\boldsymbol{p}) \, \nabla g_i(\boldsymbol{p}) \stackrel{!}{=} 0. \tag{7.3.9}$$

Das Optimum $\boldsymbol{p}^*$ genügt dieser notwendigen Bedingung für alle r, wenn für die Faktoren λ_i die Lagrange Multiplikatoren λ_i^* gesetzt werden. Da diese aber nicht a priori bekannt sind, muß auch hier eine doppelte Iteration durchgeführt werden. Jeweils für gegebene Multiplikatoren λ_i wird zunächst die erweiterte Lagrange Funktion (7.3.8) minimiert, anschließend werden dann die Multiplikatoren für die nächste Minimierung geeignet modifiziert. Die Modifikation ist so zu wählen, daß die Multiplikatoren gegen die Lagrange Multiplikatoren konvergieren, POWELL (1978a), FLETCHER (1983). Die Konvergenz dieser Methode, die man als *Augmented Lagrange Multiplier Method* bezeichnet, ist wesentlich besser als die der SUMT, auch diese Methode erscheint durch die Doppel-Iteration aber eher indirekt.

Eine Reihe von direkteren Optimierungsverfahren ermittelt aus geeigneten Approximationen der Nebenbedingungen zunächst zulässige Parametervariationen, um dann die Richtung auszuwählen, in welcher die Gütefunktion am stärksten abnimmt, HAUG und ARORA (1979), VANDERPLAATS (1984). Die meisten Verfahren beschränken sich dabei auf lineare Näherungen für die Gütefunktion und/oder die Nebenbedingungen, so daß das Konvergenzverhalten in der Nähe des Optimums ähnlich schlecht wie beim Gradientenverfahren für die Optimierung ohne Nebenbedingungen ist.

Das bislang erfolgreichste Konzept wurde erstmals von POWELL (1978a,b) beschrieben und hat inzwischen viele Namen: *Sequential Quadratic Programming (SQP)*, *Recursive Quadratic Programming (RQP)*, *Lagrange-Newton-Verfahren*, *Variable-Metrik Methode*. Da dieses Konzept für die Optimierung von Mehrkörpersystemen interessant ist, soll es im folgenden Abschnitt ausführlicher beschrieben werden.

7.4 Lagrange-Newton-Verfahren

Die Ausführungen in Abschnitt 7.2 zeigen, daß die Lagrange Funktion die Gütefunktion und die Nebenbedingungen in geeigneter Weise kombiniert. Behandelt man die am Optimum aktiven Ungleichungsnebenbedingungen wie Gleichungen und vernachlässigt die inaktiven Nebenbedingungen, dann muß ein lokales Minimum die notwendigen Bedingungen (7.2.15) erfüllen:

$$\left.\begin{aligned} \nabla f(\boldsymbol{p}) - \sum_{i=1}^{l} \lambda_i \nabla g_i(\boldsymbol{p}) &= \mathbf{0}, \\ \boldsymbol{g}(\boldsymbol{p}) &= \mathbf{0}. \end{aligned}\right\} \tag{7.4.1}$$

Dies ist ein nichtlineares, algebraisches Gleichungssystem für die Variablen $(\boldsymbol{p}, \boldsymbol{\lambda})$,

$$\boldsymbol{a}(\boldsymbol{p}, \boldsymbol{\lambda}) = \mathbf{0}, \quad \boldsymbol{a} : \mathbb{R}^h \times \mathbb{R}^l \to \mathbb{R}^{h+l}, \tag{7.4.2}$$

das z.B. durch eine Newton-Raphson Iteration gelöst werden kann, vgl. (3.2.34). Ist $(\boldsymbol{p}^{(\nu)}, \boldsymbol{\lambda}^{(\nu)})$ ein guter Startwert, dann erhält man eine approximative Lösung von (7.4.2) in linearer Näherung aus

$$\begin{aligned} \boldsymbol{a}(\boldsymbol{p}^{(\nu+1)}, \boldsymbol{\lambda}^{(\nu+1)}) \approx\; & \boldsymbol{a}(\boldsymbol{p}^{(\nu)}, \boldsymbol{\lambda}^{(\nu)}) + \left.\frac{\partial \boldsymbol{a}}{\partial \boldsymbol{p}}\right|_{(\boldsymbol{p}^{(\nu)}, \boldsymbol{\lambda}^{(\nu)})} \left(\boldsymbol{p}^{(\nu+1)} - \boldsymbol{p}^{(\nu)}\right) \\ & + \left.\frac{\partial \boldsymbol{a}}{\partial \boldsymbol{\lambda}}\right|_{(\boldsymbol{p}^{(\nu)}, \boldsymbol{\lambda}^{(\nu)})} \left(\boldsymbol{\lambda}^{(\nu+1)} - \boldsymbol{\lambda}^{(\nu)}\right) \stackrel{!}{=} \mathbf{0}. \end{aligned} \tag{7.4.3}$$

Speziell für die Gleichungen (7.4.1) ergibt sich

$$\begin{bmatrix} \boldsymbol{W}^{(\nu)} & -\boldsymbol{N}^{(\nu)T} \\ \boldsymbol{N}^{(\nu)} & \mathbf{0} \end{bmatrix} \begin{bmatrix} \boldsymbol{p}^{(\nu+1)} - \boldsymbol{p}^{(\nu)} \\ \boldsymbol{\lambda}^{(\nu+1)} - \boldsymbol{\lambda}^{(\nu)} \end{bmatrix} = - \begin{bmatrix} \nabla f^{(\nu)} - \boldsymbol{N}^{(\nu)T} \boldsymbol{\lambda}^{(\nu)} \\ \boldsymbol{g}^{(\nu)} \end{bmatrix} \tag{7.4.4}$$

mit der Hesse-Matrix der Lagrange Funktion

$$\boldsymbol{W}^{(\nu)} = \boldsymbol{W}\left(\boldsymbol{p}^{(\nu)}, \boldsymbol{\lambda}^{(\nu)}\right) := \nabla^2 f^{(\nu)} - \sum_{i=1}^{l} \lambda_i^{(\nu)} \nabla^2 g_i^{(\nu)} \tag{7.4.5}$$

und der $l \times h$–Matrix

$$\boldsymbol{N}^{(\nu)} = \boldsymbol{N}\left(\boldsymbol{p}^{(\nu)}\right) := \begin{bmatrix} \nabla g_1^{(\nu)T} \\ \vdots \\ \nabla g_l^{(\nu)T} \end{bmatrix} \tag{7.4.6}$$

der Gradienten aller aktiven Nebenbedingungen. Da die Gleichungen (7.4.1) linear in den Lagrange Multiplikatoren $\boldsymbol{\lambda}$ sind, spielt der Startwert $\boldsymbol{\lambda}^{(\nu)}$ keine Rolle und läßt sich in (7.4.4) eliminieren:

$$\begin{bmatrix} \boldsymbol{W}^{(\nu)} & -\boldsymbol{N}^{(\nu)T} \\ -\boldsymbol{N}^{(\nu)} & \boldsymbol{0} \end{bmatrix} \begin{bmatrix} \boldsymbol{p}^{(\nu+1)} - \boldsymbol{p}^{(\nu)} \\ \boldsymbol{\lambda}^{(\nu+1)} \end{bmatrix} = \begin{bmatrix} -\nabla f^{(\nu)} \\ \boldsymbol{g}^{(\nu)} \end{bmatrix}. \tag{7.4.7}$$

Als Lösung erhält man eine Parametervariation $\delta\boldsymbol{p} = \boldsymbol{p}^{(\nu+1)} - \boldsymbol{p}^{(\nu)}$, welche die aktiven Nebenbedingungen in linearer Näherung erfüllt. Der daraus resultierende Punkt $\boldsymbol{p}^{(\nu+1)}$ und die zugehörigen Lagrange Multiplikatoren $\boldsymbol{\lambda}^{(\nu+1)}$ werden die notwendigen Bedingungen (7.4.1) i. allg. nicht exakt erfüllen, sondern lediglich verbesserte Werte für einen weiteren Iterationsschritt sein. Dadurch ergibt sich eine dem Newton-Verfahren (6.3.18) für unrestringierte Probleme entsprechende Iteration.

Bei Optimierungsproblemen mit Ungleichungsnebenbedingungen kennt man die am Optimum aktiven Nebenbedingungen nicht a priori. Daher sollten alle Ungleichungsnebenbedingungen in die Newton-Raphson Iteration integriert werden. Dazu definiert man zunächst ein zu (7.4.7) äquivalentes Optimierungsproblem für die Parametervariation $\delta\boldsymbol{p}$: Zu minimieren ist die quadratische Gütefunktion

$$q(\delta\boldsymbol{p}) := \delta\boldsymbol{p}^T \nabla f^{(\nu)} + \frac{1}{2} \delta\boldsymbol{p}^T \boldsymbol{W}^{(\nu)} \delta\boldsymbol{p} \tag{7.4.8}$$

mit den linearen Nebenbedingungen

$$\boldsymbol{N}^{(\nu)} \delta\boldsymbol{p} + \boldsymbol{g}^{(\nu)} = \boldsymbol{0}. \tag{7.4.9}$$

Um die Äquivalenz zu sehen, werden die Eigenschaften der Lösung dieses Ersatzproblems näher betrachtet. Mit der Lagrange Funktion

$$L(\delta\boldsymbol{p}, \boldsymbol{\lambda}) = q(\delta\boldsymbol{p}) - \boldsymbol{\lambda}^T \left(\boldsymbol{N}^{(\nu)} \delta\boldsymbol{p} + \boldsymbol{g}^{(\nu)} \right) \tag{7.4.10}$$

ergeben sich aus den Kuhn-Tucker Bedingungen (7.2.41) am Optimum $\delta\boldsymbol{p} := \boldsymbol{p}^{(\nu+1)} - \boldsymbol{p}^{(\nu)}$, $\boldsymbol{\lambda} := \boldsymbol{\lambda}^{(\nu+1)}$ die zu (7.4.7) identischen Beziehungen:

$$\begin{aligned} \frac{\partial L}{\partial\, \delta\boldsymbol{p}} &= \nabla f^{(\nu)} + \boldsymbol{W}^{(\nu)} \delta\boldsymbol{p} - \boldsymbol{N}^{(\nu)T} \boldsymbol{\lambda} = \boldsymbol{0}, \\ \frac{\partial L}{\partial \boldsymbol{\lambda}} &= -\left(\boldsymbol{N}^{(\nu)} \delta\boldsymbol{p} + \boldsymbol{g}^{(\nu)} \right) = \boldsymbol{0}. \end{aligned} \tag{7.4.11}$$

Das Optimierungsproblem (7.4.8) und (7.4.9) kann nun um die entsprechend (7.2.5) linearisierten Nebenbedingungen $h_j(\boldsymbol{p}^{(\nu+1)}) \leq 0$ ergänzt werden:

$$\nabla h_j^{(\nu)T} \delta \boldsymbol{p} + h_j^{(\nu)} \leq 0, \quad j = 1(1)m. \tag{7.4.12}$$

Wenn die Gütefunktion und die Nebenbedingungen allgemeine, nichtlineare Funktionen sind, muß die Lösung $\delta \boldsymbol{p}$ nicht die bestmögliche Parametervariation für das ursprüngliche Optimierungsproblem sein. Um mehr Flexibilität zu erreichen, kann das Newton-Verfahren mit einer Liniensuche (4.2.3) kombiniert werden, $\delta \boldsymbol{p} := \alpha\, \boldsymbol{s}^{(\nu)}$. Das quadratische Ersatzproblem (7.4.8), (7.4.9) und (7.4.12) dient dann zur Ermittlung einer günstigen Suchrichtung $\boldsymbol{s}^{(\nu)}$:

$$\begin{aligned}
&\min_{\boldsymbol{s} \in \mathcal{S}} q(\boldsymbol{s}) \quad \text{mit} \\
&\qquad q(\boldsymbol{s}) := \nabla f^{(\nu)^T} \boldsymbol{s} + \frac{1}{2}\, \boldsymbol{s}^T \boldsymbol{W}^{(\nu)} \boldsymbol{s}, \\
&\qquad \mathcal{S} := \Big\{ \boldsymbol{s} \in I\!R^h \;\Big|\; \nabla g_i^{(\nu)T} \boldsymbol{s} + g_i^{(\nu)} = 0, \quad i = 1(1)l, \\
&\qquad\qquad\qquad\qquad\;\; \nabla h_j^{(\nu)T} \boldsymbol{s} + h_j^{(\nu)} \leq 0, \quad j = 1(1)m \Big\}.
\end{aligned} \tag{7.4.13}$$

Für die Liniensuche ist $\alpha = 1$ ein günstiger Startwert. Anzumerken ist, daß zur Lösung des quadratischen Optimierungsproblems (7.4.13) für die Suchrichtung $\boldsymbol{s}$ keine zusätzlichen Funktionsaufrufe des ursprünglichen Optimierungsproblems (4.2.1) und (4.2.2) benötigt werden, sondern die Werte an der Stützstelle $(\boldsymbol{p}^{(\nu)}, \boldsymbol{\lambda}^{(\nu)})$ ausreichen. Die Lagrange Multiplikatoren von (7.4.13) an der Lösung $\boldsymbol{s} = \boldsymbol{s}^{(\nu)}$ sind geeignete Schätzwerte zur Ermittlung der Hesse-Matrix (7.4.5) an der Stützstelle $(\boldsymbol{p}^{(\nu+1)}, \boldsymbol{\lambda}^{(\nu+1)})$, da in der Nähe des Optimums die quadratische Approximation der Gütefunktion und die lineare Approximation der Nebenbedingungen gut sind, so daß bei der Liniensuche $\alpha \to 1$ konvergiert. Ein Vergleich der notwendigen Bedingungen (7.4.11) mit (7.4.7) zeigt dann die Übereinstimmung der Multiplikatoren.

Ein Nachteil des dargestellten Vorgehens ist, daß für das quadratische Teilproblem (7.4.13) mit der Hesse-Matrix $\boldsymbol{W}^{(\nu)}$ zweite Ableitungen der Gütefunktion und der Nebenbedingungen benötigt werden. Daher wird man diese wie bei den Quasi-Newton-Verfahren in Abschnitt 6.4 gegen eine geeignete Matrix $\boldsymbol{B}^{(\nu)}$ austauschen. Die notwendigen Bedingungen 2. Ordnung fordern, daß $\boldsymbol{W}^{(\nu)}$ am Optimum in den stationären Richtungen positiv semidefinit ist, die Hesse-Matrix selbst kann jedoch indefinit sein. Da sich die mit den Nebenbedingungen verträglichen Parametervariationen aber von Iteration zu Iteration ändern können, und die Bedingung (7.2.61) damit für allgemeine Matrizen schwer einzuhalten ist, wird man $\boldsymbol{B}^{(\nu)}$ selbst positiv semidefinit oder besser noch positiv definit halten. Die Matrix $\boldsymbol{B}^{(\nu)}$ soll zusätzlich anhand von Gradienten Informationen zweiter Ordnung über die Lagrange Funktion akkumulieren.

Diese Eigenschaften hat beispielsweise die BFGS-Modifikation (6.4.33), wobei $\delta \boldsymbol{p} := \boldsymbol{p}^{(\nu+1)} - \boldsymbol{p}^{(\nu)}$ die Parametervariation im ν–ten Schritt ist und $\boldsymbol{\gamma}$ nun mit Gradienten der Lagrange-Funktion (7.2.40) zu definieren ist:

$$\begin{aligned} \boldsymbol{\gamma} &:= \nabla L(\boldsymbol{p}^{(\nu+1)}, \boldsymbol{\lambda}, \boldsymbol{\mu}) - \nabla L(\boldsymbol{p}^{(\nu)}, \boldsymbol{\lambda}, \boldsymbol{\mu}) \\ &= \nabla f^{(\nu+1)} - \nabla f^{(\nu)} - \sum_{i=1}^{l} \lambda_i \left(\nabla g_i^{(\nu+1)} - \nabla g_i^{(\nu)} \right) \\ &\qquad - \sum_{j=1}^{m} \mu_j \left(\nabla h_j^{(\nu+1)} - \nabla h_j^{(\nu)} \right). \end{aligned} \tag{7.4.14}$$

Als Lagrange Multiplikatoren verwendet man i. allg. die Multiplikatoren des quadratischen Teilproblems, es sind jedoch auch andere Möglichkeiten denkbar. Für die Bewahrung der positiven Definitheit der Matrix $\boldsymbol{B}$ ist notwendig, daß $\delta \boldsymbol{p}^T \boldsymbol{\gamma} > 0$ gilt. Dies kann hier nicht gewährleistet werden, so daß POWELL (1978a,b) statt $\boldsymbol{\gamma}$ die folgende Linearkombination vorschlägt,

$$\boldsymbol{\eta} := \theta \boldsymbol{\gamma} + (1-\theta)\, \boldsymbol{B}^{(\nu)}\, \delta \boldsymbol{p}, \quad 0 \le \theta \le 1, \tag{7.4.15}$$

in der zu $\boldsymbol{\gamma}$ ein Anteil von $\boldsymbol{B}^{(\nu)}\, \delta \boldsymbol{p}$ addiert wird, um

$$\delta \boldsymbol{p}^T \boldsymbol{\eta} = \theta\, \delta \boldsymbol{p}^T \boldsymbol{\gamma} + (1-\theta)\, \delta \boldsymbol{p}^T \boldsymbol{B}^{(\nu)}\, \delta \boldsymbol{p} \tag{7.4.16}$$

genügend groß zu halten. Damit der Term (7.4.16) nicht zu schnell gegen Null konvergiert, kann man wegen der positiven Definitheit von $\boldsymbol{B}^{(\nu)}$ z.B.

$$\delta \boldsymbol{p}^T \boldsymbol{\eta} \ge \tau\, \delta \boldsymbol{p}^T \boldsymbol{B}^{(\nu)}\, \delta \boldsymbol{p}, \quad 0 < \tau < 1, \tag{7.4.17}$$

fordern. POWELL (1978a) gibt anhand von numerischen Experimenten den Wert $\tau = 0.2$ an. Falls $\boldsymbol{\eta} = \boldsymbol{\gamma}$ diese Bedingung erfüllt, wählt man $\theta \equiv 1$. Ansonsten folgt aus (7.4.17) mit (7.4.16)

$$\theta \le \frac{(1-\tau)\, \delta \boldsymbol{p}^T \boldsymbol{B}^{(\nu)}\, \delta \boldsymbol{p}}{\delta \boldsymbol{p}^T \boldsymbol{B}^{(\nu)}\, \delta \boldsymbol{p} - \delta \boldsymbol{p}^T \boldsymbol{\gamma}}. \tag{7.4.18}$$

Der obere Grenzwert für θ liegt im Intervall [0, 1], so daß man zusammenfassend

$$\theta = \begin{cases} 1 & \text{für} \quad \delta \boldsymbol{p}^T \boldsymbol{\gamma} \ge \tau\, \delta \boldsymbol{p}^T \boldsymbol{B}^{(\nu)}\, \delta \boldsymbol{p}, \\[2ex] \dfrac{(1-\tau)\, \delta \boldsymbol{p}^T \boldsymbol{B}^{(\nu)}\, \delta \boldsymbol{p}}{\delta \boldsymbol{p}^T \boldsymbol{B}^{(\nu)}\, \delta \boldsymbol{p} - \delta \boldsymbol{p}^T \boldsymbol{\gamma}} & \text{sonst} \end{cases} \tag{7.4.19}$$

erhält. Die BFGS-Modifikation lautet dann entsprechend der Rekursionsformel (6.4.33)

$$B_{BFGS}^{(\nu+1)} := B^{(\nu)} + \frac{\eta\,\eta^T}{\eta^T\,\delta p} - \frac{B^{(\nu)}\,\delta p\,\delta p^T\,B^{(\nu)}}{\delta p^T\,B^{(\nu)}\,\delta p}\,. \tag{7.4.20}$$

Als Startmatrix wählt man i. allg. wie bei der Optimierung ohne Nebenbedingungen die Einheitsmatrix, d.h. $B^{(0)} := I$.

Die positiv definite Matrix $B^{(\nu)}$ ersetzt die Hesse-Matrix $W^{(\nu)}$ in dem quadratischen Teilproblem (7.4.13) für die optimale Suchrichtung $s = s^{(\nu)}$. Für die Lösung dieses Problems, das durch die positive Definitheit von $B^{(\nu)}$ vereinfacht wird, existieren eine Reihe von speziellen Verfahren, GILL, MURRAY, SAUNDERS und WRIGHT (1984, 1985). Dabei kann aber der Fall eintreten, daß die linearisierten Nebenbedingungen im Gegensatz zu den nichtlinearen Nebenbedingungen nicht konsistent sind. Dies läßt sich durch Abschwächung der Nebenbedingungen vermeiden, d.h. man fordert nicht die vollständige Erfüllung der linearisierten Nebenbedingungen für einen Einheitsschritt $\delta p^{(\nu)} = s^{(\nu)}$, POWELL (1978b).

Für die Liniensuche ist ähnlich den SUMT eine geeignete Bewertungsfunktion Φ zu wählen, die eine Balance zwischen Erfüllen der Nebenbedingungen und Verringern der Gütefunktion schafft. Damit eine Lösung $\alpha > 0$ für

$$\Phi\left(p^{(\nu)} + \alpha\, s^{(\nu)}\right) < \Phi\left(p^{(\nu)}\right) \tag{7.4.21}$$

existiert, muß ihre gerichtete Ableitung für $\alpha = 0$ negativ sein. Von verschiedenen Autoren werden dafür eine Reihe von verschiedenen Funktionen und Abbruchkriterien der Liniensuche vorgeschlagen, indem die Gütefunktion um Strafterme für die Verletzung von Nebenbedingungen erweitert wird, POWELL (1978a,b), GILL, MURRAY, SAUNDERS und WRIGHT (1984), auf die hier nicht im Detail eingegangen werden kann.

8 Beispiele aus der Fahrzeugdynamik

Die bisher verwendeten Beispiele zur Veranschaulichung und Verifizierung der dargestellten Methoden waren bewußt einfach gehalten, um die Aufstellung der Bewegungsgleichungen und auch die Empfindlichkeitsanalyse von Hand durchführen zu können. Bei technisch relevanten Systemen dagegen werden die Bewegungsgleichungen und auch die adjungierten Gleichungen zur Ermittlung von Empfindlichkeitsfunktionen schnell sehr umfangreich. Die Anwendung der beschriebenen Methoden ist dann nur noch rechnergestützt mit integrierten Modellierungs- und Optimierungswerkzeugen möglich. An einem Beispiel aus der Fahrzeugdynamik soll dies im folgenden gezeigt werden.

8.1 Modellbildung in der Fahrzeugdynamik

Radaufhängungen von Fahrzeugen wurden in der Vergangenheit meist mit Hilfe von experimentellen Studien an Prototypen ausgelegt. Eine solche Auslegung setzt die Fertigung eines Prototyps voraus, die wiederum erst nach Abschluß anderer Teilentwicklungen möglich ist. Dadurch entsteht ein sequentieller Entwicklungsprozeß, der zu langen Entwicklungszeiten für ein neues Produkt führt. Durch Parallelisierung der einzelnen Entwurfsaufgaben kann der Entwicklungsprozeß wesentlich verkürzt werden. Man bezeichnet dies als *Concurrent Engineering*, HAUG (1993). Um jedoch auch die Auslegung eines technischen Systems bezüglich seines dynamischen Verhaltens in einer frühen Konzeptphase überprüfen zu können, benötigt man Modelle wie die in dieser Arbeit beschriebenen Mehrkörpersysteme.

Ein weiterer Grund für den Wandel von der experimentellen zur numerischen Analyse sind die gestiegenen Anforderungen an technische Systeme und die damit geforderte Integration komplexer aktiver Komponenten in mechanische Systeme, KARNOPP und HEESS (1991). Dabei genügt es i. allg. nicht, die aktiven Komponenten isoliert vom mechanischen Teilsystem auf der Basis sehr einfacher Modelle wie dem 1/4–Fahrzeug auszulegen, Bild 8.1.1a, KARNOPP (1990) und ELMADANY (1990). Denn eine auf diese Weise optimierte Komponente verhält sich im Gesamtfahrzeug aufgrund von zusätzlichen, nicht berücksichtigten Bewegungsmöglichkeiten nicht optimal, LANGLOIS, HANNA und ANDERSON (1991). Für die Optimierung des Gesamtfahrzeugs wird deshalb ein integriertes Modellierungs- und Entwurfskonzept benötigt, bei dem eine gleichzeitige Auslegung von aktiven und passiven Systemkomponenten möglich ist, Bild 8.1.1b, BESTLE (1993).

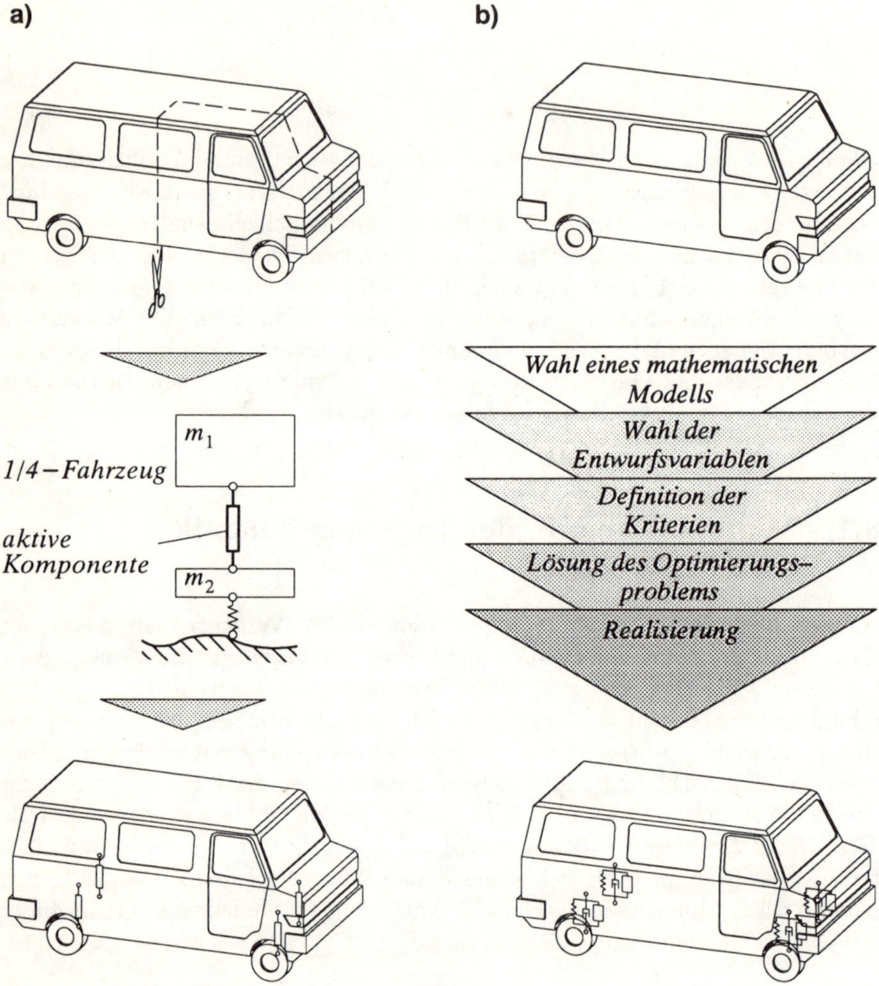

Bild 8.1.1: Entwurf einer Radaufhängung: Isolierter Komponentenentwurf (a) und integrierter Modellierungs- und Entwurfsprozeß (b)

Das Modell, welches einem Entwurfsprozeß zugrunde gelegt wird, muß an die Fragestellung angepaßt sein. Betrachtet man beispielsweise lediglich das symmetrische Überfahren einer Schwelle, wie sie zur Verkehrsberuhigung in Wohngebieten eingesetzt wird, genügt ein ebenes Fahrzeugmodell mit dem Freiheitsgrad $f = 6$ zur Beschreibung der entstehenden Vertikal- und Nickbewegung, Bild 8.1.2. Die verallgemeinerten Koordinaten beschreiben das Zucken y, die Hubbewegung z des Aufbaus, das Nicken α, die Einfederung w der Hinterräder, den Lenkerwinkel ϕ der Vorderachsen, sowie die Vertikalbewegung z_F des Fahrers. Diese können zu einem 6×1–Vektor

$$\boldsymbol{y} = [y,\, z,\, \alpha,\, w,\, \phi,\, z_F]^T \tag{8.1.1}$$

zusammengefaßt werden, Bestle, Eberhard und Schiehlen (1992).

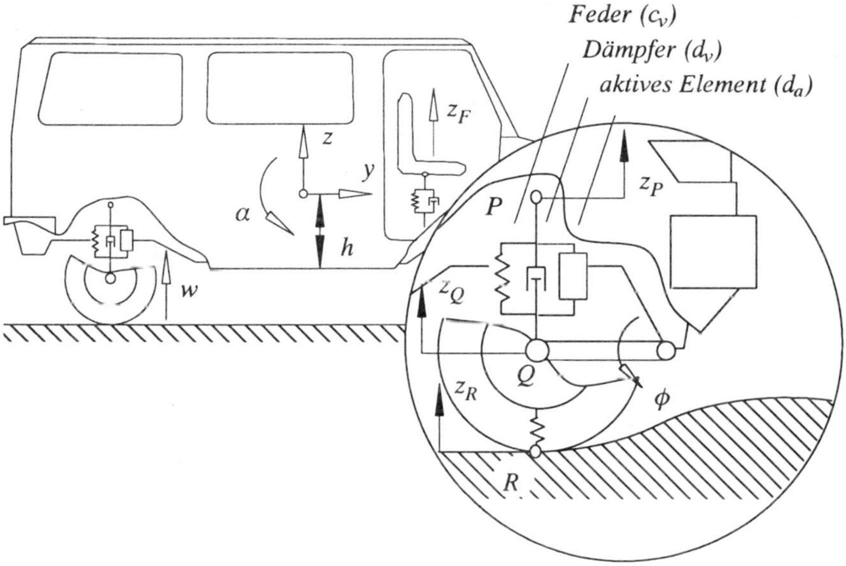

Bild 8.1.2: Ebenes Fahrzeugmodell

Beim einseitigen Überfahren des Hindernisses entsteht zusätzlich eine Rollbewegung, die nur durch ein räumliches Modell wiedergegeben wird, Bild 8.1.3. Das Mehrkörpersystem besteht dann aus 5 starren Körpern zur Modellierung des Aufbaus, des hinteren Radsatzes, der Vorderräder und des Fahrers. Die Translation des Aufbaus wird durch die Koordinaten x, y und z beschrieben, die Rotation durch die Kardanwinkel α, β und γ. Die hintere Radaufhängung erlaubt eine Vertikalbewegung w und eine Verdrehung ψ_h. Die Einfederung der Vorderräder wird durch die Lenkerwinkel ϕ_l und ϕ_r dargestellt. Mit der Vertikalbewegung z_F des Fahrers ergibt sich zusammenfassend ein 11×1–Vektor

$$\boldsymbol{y} = [x,\, y,\, z,\, \alpha,\, \beta,\, \gamma,\, w,\, \psi_h,\, \phi_l,\, \phi_r,\, z_F]^T \tag{8.1.2}$$

der verallgemeinerten Koordinaten zur Beschreibung des räumlichen Fahrzeugmodells.

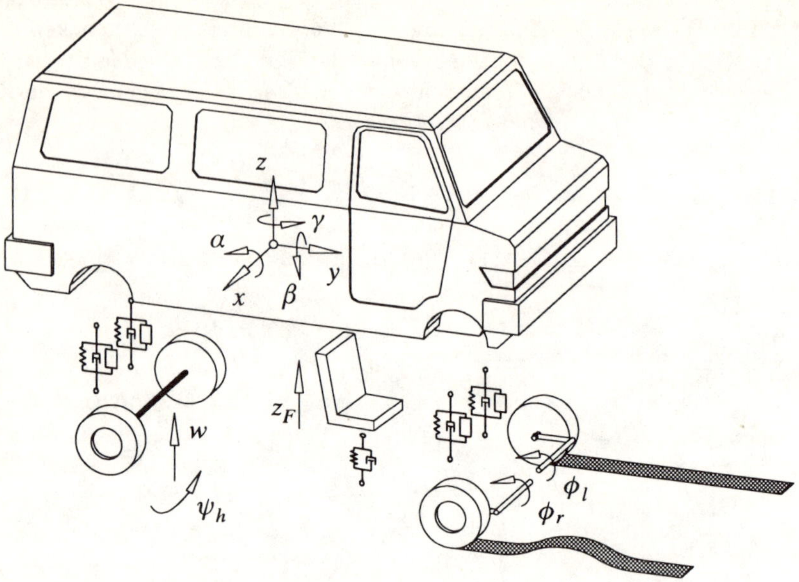

Bild 8.1.3: Räumliches Fahrzeugmodell

Die Radaufhängung wird jeweils durch die Parallelschaltung einer Feder, eines Dämpfers und eines aktiven Elements modelliert, vgl. Bild 8.1.2. Die Feder wirkt auf Aufbau und Fahrwerk mit einer zur Einfederung proportionalen Kraft

$$F_c = c_v\,(z_P - z_Q)\,, \tag{8.1.3}$$

wobei c_v die Federkonstante der vorderen Radaufhängung ist. Die Kraft eines Dämpfers mit linearer Charakteristik ist proportional zur Einfederungsgeschwindigkeit:

$$F_d = d_v\,(\dot{z}_P - \dot{z}_Q)\,. \tag{8.1.4}$$

Dabei bezeichnet d_v die Dämpferkonstante. Häufig empfiehlt es sich, die Dämpfercharakteristik durch eine kubische Kennlinie wiederzugeben:

$$F_d = d_v\,(\dot{z}_P - \dot{z}_Q)^3\,. \tag{8.1.5}$$

Um die Aufbaubewegung gezielt zu dämpfen, ist eine zur Absolutgeschwindigkeit des Aufbaus proportionale Kraft, d.h.

$$F_a = d_a\,\dot{z}_P\,, \tag{8.1.6}$$

besser geeignet als ein relativer Dämpfer. Eine solche Charakteristik läßt sich nur durch ein aktives Element erzeugen, das man als *skyhook damper* bezeichnet.

Entsprechende Kraftgesetze können auch für die hintere Radaufhängung formuliert werden. Die Koeffizienten dieser Gesetze sind geeignete Entwurfsvariablen, um das dynamische Verhalten des Gesamtfahrzeugs abzustimmen. Weiterhin haben geometrische Abmessungen wie der Radabstand oder die Schwerpunktshöhe h in Bild 8.1.2 Einfluß auf die Fahrdynamik und sind zusätzlich geeignete Entwurfsvariablen.

Während die Erfahrungen bei der Modellbildung sehr weitreichend sind, bereitet die Formalisierung von Optimierungskriterien noch erhebliche Schwierigkeiten. Teilweise mangelt es an grundlegenden Untersuchungen zur Festlegung von formalen Kriterien, die mit dem menschlichen Empfinden korrelieren.

Ein gebräuchliches Kriterium für den Fahrkomfort ist die Vertikalbeschleunigung $\ddot{z}_F$ des Fahrers. Betrachtet man die Fahrt über eine Schwelle als ein Fahrmanöver zur Abstimmung des Fahrwerks, können die Vertikalbeschleunigungen zusätzlich mit der Zeit gewichtet werden, um Dauerschwingungen zu vermeiden:

$$\psi_K := \int_{t^0}^{t^1} (t\,\ddot{z}_F)^2\,dt. \tag{8.1.7}$$

Optimaler Fahrkomfort drückt sich dann im Minimum dieses Funktionals aus.

Die Fahrsicherheit spiegelt sich in den Radlastschwankungen wider. Modelliert man den Reifen als lineare Feder, Bild 8.1.2, dann ist die Radlast proportional zur relativen Einfederung des Punktes R gegenüber Punkt Q. Damit lautet ein mögliches Kriterium zur Bewertung der Fahrsicherheit

$$\psi_S := \int_{t^0}^{t^1} (z_Q - z_R)^2\,dt. \tag{8.1.8}$$

Hoher Fahrkomfort wird i. allg. durch weiche Sekundärfederungen erreicht. Eine weiche Radaufhängung führt allerdings zu großen Einfederwegen. Um den begrenzten Einbauraum bei der Optimierung zu berücksichtigen, kann als weiteres Kriterium beispielsweise

$$\psi_E := \int_{t^0}^{t^1} \left(\frac{z_P - z_Q}{s_0}\right)^6 dt \tag{8.1.9}$$

herangezogen werden, wobei s_0 eine vorgegebene Einfederamplitude ist, die nicht allzu sehr überschritten werden sollte.

Die Kriterienfunktionen sind in Zusammenhang mit dem Fahrzeugmodell und der äußeren Anregung zu sehen. Bei einer praktischen Auslegung von Fahrwerken sind sie für mehrere, typische Fahrmanöver auszuwerten. Dabei liefern die Funktionen (8.1.7)-(8.1.9) für unterschiedliche Fahrmanöver unterschiedliche Werte, und auch die Empfindlichkeit gegen Parametervariationen ist bei den einzelnen Fahrmanövern unterschiedlich. Die Kriterienfunktionen und die Fahrmanöver sind daher jeweils als Einheit zu betrachten und bilden gemeinsam ein Kriterium im Sinne der Vektoroptimierung. Dadurch erhöht sich einerseits die Zahl der Kriterien, andererseits können dann im Rahmen der Mehrkriterienoptimierung die einzelnen Kriterientypen und Manöver den Anforderungen entsprechend unterschiedlich gewichtet werden.

8.2 Computergestützter Entwurfsprozeß

Zur Unterstützung der Modellbildung wurden in den letzten drei Jahrzehnten eine Reihe von Formalismen entwickelt, die zum Teil auch direkt auf die Fahrzeugdynamik ausgerichtet sind, SCHIEHLEN (1990). Aufbauend auf der Modellbeschreibung generieren diese Formalismen automatisch die Bewegungsgleichungen, die von Hand kaum fehlerfrei aufzustellen sind. Durch ihre Effizienz und Zuverlässigkeit haben die Mehrkörperformalismen eine breite Akzeptanz in der industriellen Praxis gefunden.

Man unterscheidet numerische und symbolische Formalismen. Bei numerischen Formalismen ist die Aufstellung der Bewegungsgleichungen mit der numerischen Integration gekoppelt. Für gegebene Werte von Systemparametern und Zustandskoordinaten wird direkt die zeitliche Ableitung des Zustandsvektors berechnet, um einen weiteren Integrationsschritt ausführen zu können. Die Bewegungsgleichungen selbst sind dabei nicht zugänglich. Symbolische Formalismen erzeugen dagegen die Bewegungsgleichungen in symbolischer Form, meist bereits in einer speziellen Programmiersprache, um sie in Integrationsalgorithmen einbinden zu können. Im Hinblick auf die für die Optimierung benötigte Empfindlichkeitsanalyse hat die Verfügbarkeit der Bewegungsgleichungen in symbolischer Form entscheidende Vorteile. Aufbauend auf den Ausgaben des Formalismus lassen sich die adjungierten Gleichungen direkt generieren.

Ein Beispiel für einen symbolischen Formalismus ist NEWEUL, KREUZER und LEISTER (1989). Das Programm NEWEUL erzeugt die Ausgaben wahlweise in FORTRAN- oder MAPLE-kompatibler Form. MAPLE, CHAR u.a. (1990), ist ein Formelmanipulationsprogramm, das u.a. die für die Formulierung der adjungierten Gleichungen benötigten partiellen Ableitungen erzeugen kann. Aufgrund seiner Programmierfähigkeit ist MAPLE ein geeignetes Werkzeug, um auch die Empfindlichkeitsanalyse von Mehrkörpersystemen vollständig zu automatisieren, Bild 8.2.1. Vom Benutzer sind dazu lediglich die Entwurfsvariablen und Anfangsbedingungen festzulegen sowie die Kriterien zu definieren. Der von MAPLE erzeugte problemspezifische und FORTRAN-kompatible Code kann dann in probleminvariante Standardalgorithmen zur Optimierung und numerischen Integration eingebunden werden. Ausgehend von Anfangsentwürfen läßt sich damit eine optimale Auslegung finden.

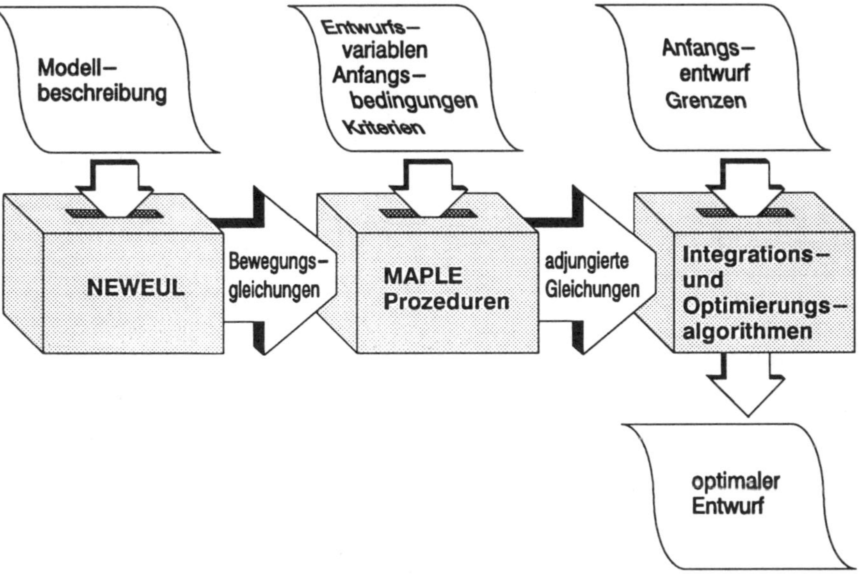

Bild 8.2.1: Computergestützte Optimierung

Unter dem Aspekt der Mehrkriterienoptimierung ist allerdings die numerische Lösung eines einzelnen skalaren Ersatzproblems lediglich als Unterstützung für den kreativen Ingenieur zu betrachten, um verschiedene Pareto-optimale Entwürfe zu erhalten. Das Optimierungskonzept selbst muß flexibel genug sein, um die Gewichtung der einzelnen Kriterien interaktiv verändern zu können, einzelne Kriterien unberücksichtigt zu lassen oder als Nebenbedingungen zu berücksichtigen, sowie eine interaktive Wahl für ein spezielles Mehrkriterienverfahren treffen zu können. Darüber hinaus sind durch die Automation der Modellbildung und Empfindlichkeitsanalyse Modelländerungen und -anpassungen, sowie Neufestlegungen von Entwurfsvariablen effizient und zuverlässig durchführbar.

8.3 Optimierung des dynamischen Verhaltens

Als Beispiel für eine Optimierung soll das Fahrwerk der in Abschnitt 8.1 beschriebenen Fahrzeugmodelle auf das Überfahren einer cosinusförmigen Schwelle abgestimmt werden. Das Straßenprofil läßt sich in Abhängigkeit des Radaufstandspunktes y_R durch folgende Funktion beschreiben:

$$z_R = \begin{cases} \frac{H}{2}\left[1 - \cos\left(\frac{2\pi\, y_R}{L}\right)\right] & \text{für} \quad y_R \in [0,\, L], \\ 0 & \text{sonst.} \end{cases} \tag{8.3.1}$$

Dabei bezeichnet $H = 0.1\,m$ die Höhe und $L = 3\,m$ die Länge der Schwelle in Fahrtrichtung, die mit einer Geschwindigkeit von $20\,m/s$ überfahren wird. Für dieses Fahrmanöver ist gleichzeitig der Fahrkomfort (8.1.7), die Fahrsicherheit (8.1.8) und die Einfederung (8.1.9) zu optimieren.

Das entstehende Vektoroptimierungsproblem kann beispielsweise mit dem Verfahren der gewichteten Kriterien skalarisiert werden. Als Ersatzkriterium erhält man dann entsprechend Gleichung (4.3.6)

$$\psi(\boldsymbol{p}) = w_K\, \frac{\psi_K(\boldsymbol{p})}{\bar{\psi}_K} + w_S\, \frac{\psi_S(\boldsymbol{p})}{\bar{\psi}_S} + w_E\, \frac{\psi_E(\boldsymbol{p})}{\bar{\psi}_E} \tag{8.3.2}$$

mit den Gewichtungsfaktoren w_K, w_S und w_E, sowie den individuellen Minima $\bar{\psi}_K$, $\bar{\psi}_S$ und $\bar{\psi}_E$.

Entwurfsvariablen sind die Federsteifigkeiten und Dämpferkonstanten c_v, c_h, d_v, d_h der vorderen und hinteren Radaufhängung, sowie der Regelparameter d_a der aktiven Komponenten (8.1.6) und die Schwerpunktshöhe h:

$$\boldsymbol{p} = [c_v\,,\, c_h\,,\, d_v\,,\, d_h\,,\, d_a\,,\, h]^T\,. \tag{8.3.3}$$

Bereichsgrenzen für die Systemparameter werden bei der Optimierung als Nebenbedingungen berücksichtigt.

Um ein Gefühl für das Erreichbare zu entwickeln, kann man die Kriterien zunächst isoliert betrachten. Bei Optimierung des ebenen Modells mit kubischen Dämpferkennlinien bezüglich des Fahrkomforts ergeben sich die in Bild 8.3.1 dargestellten Beschleunigungen für den Fahrer. Die Optimierung führt sowohl für das aktive ($d_A > 0$) als auch das passive ($d_A = 0$) Fahrwerk zu verbessertem Fahrkomfort, Bild 8.3.2. Insbesondere das optimierte aktive Fahrwerk reduziert gleichzeitig die Beschleunigungsspitzen und das Nachschwingen.

In beiden Fällen sind die Verbesserungen in den ersten Optimierungsschritten sehr groß und nehmen dann stark ab, Bild 8.3.2. Trotz der geringen Veränderungen des Kriterienwertes in der Endphase der Optimierung kann der Optimierungsalgorithmus jedoch nicht konvergieren, da die Änderungen von Entwurfsvariablen, welche nur geringen Einfluß auf den Fahrkomfort haben, auch

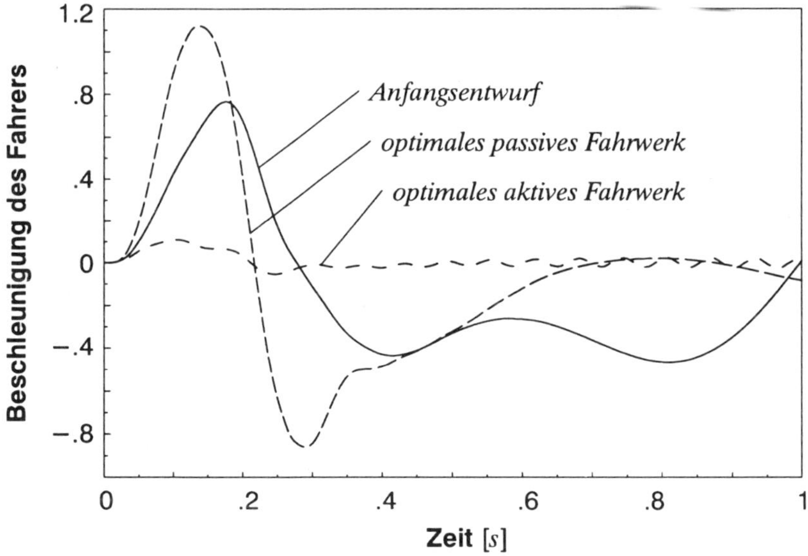

Bild 8.3.1: Komfortoptimales ebenes Fahrzeugmodell

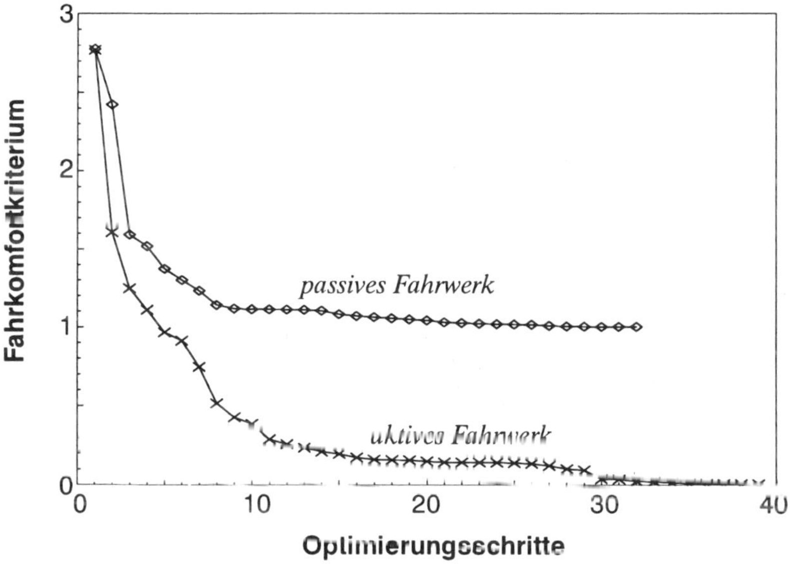

Bild 8.3.2: Optimierung des ebenen Fahrzeugmodells bezüglich des Fahrkomforts

in den letzten Optimierungsschritten noch beträchtlich sind. Die Fahrwerksabstimmung ist in diesem Fall robust gegen Änderungen solcher Systemparameter, und die Fertigung der entsprechenden Komponenten wird wegen der geringeren Toleranzanforderungen erheblich verbilligt.

In entsprechender Weise läßt sich auch die Einfederung und die Fahrsicherheit isoliert optimieren. Bild 8.3.3 zeigt die Beschleunigungen des Fahrers für das ebene Fahrzeugmodell mit linearem Dämpfer und aktivem Fahrwerk. Bezüglich der Einfederung optimierte Radaufhängungen führen zu großen Beschleunigungsspitzen, fahrsicherheitsoptimierte Radaufhängungen zu geringeren aber schwach gedämpften Beschleunigungsverläufen. In beiden Fällen erkennt man einen deutlich schlechteren Fahrkomfort gegenüber dem fahrkomfortoptimierten Fahrzeug und damit den Zielkonflikt bei der Mehrkriterienoptimierung.

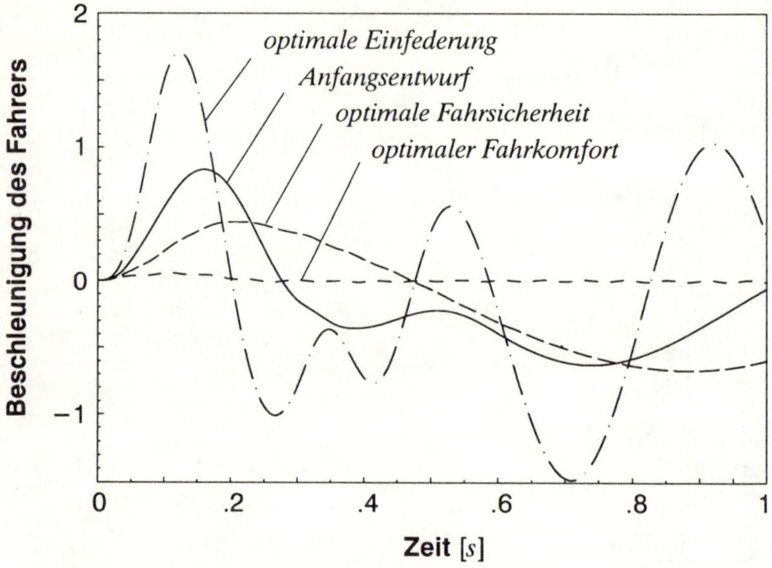

Bild 8.3.3: Optimierung des ebenen Fahrzeugmodells bezüglich einzelner Kriterien

Der Kompromiß zwischen den verschiedenen Anforderungen kann durch Studien mit einem kombinierten Kriterium (8.3.2) mit unterschiedlichen Gewichtungsfaktoren gefunden werden, Bild 8.3.4. Jede der gefundenen Lösungen ist für die gewählte Gewichtung optimal, die Entscheidung für die eine oder andere Lösung bleibt Aufgabe des Ingenieurs.

Ähnliche Ergebnisse findet man auch beim einseitigen Überfahren des Hindernisses mit dem in Bild 8.1.3 dargestellten räumlichen Modell. Unter dem Aspekt der Fahrkomfortoptimierung ergeben sich ebenfalls für Radaufhängungen mit kombinierten passiven und aktiven Komponenten bessere Ergebnisse als für rein

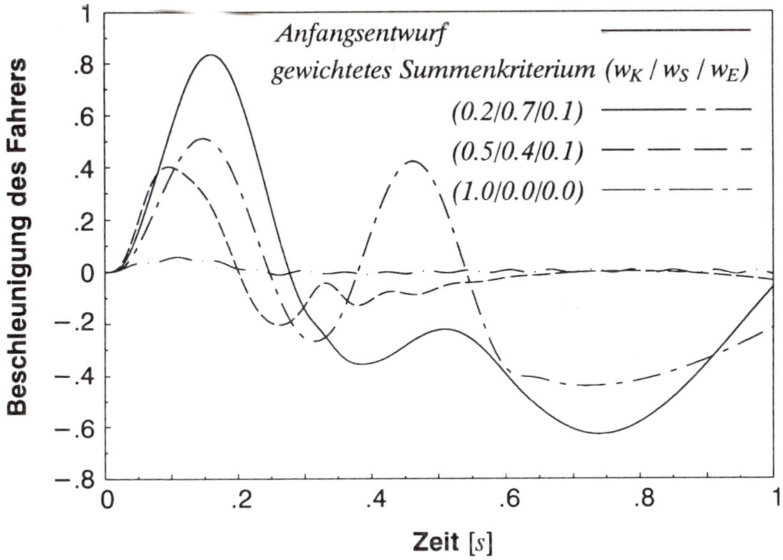

Bild 8.3.4: Mehrkriterienoptimierung des ebenen Fahrzeugmodells

passive Fahrwerke, Bild 8.3.5 und 8.3.6. Allerdings muß auch hier ein geeigneter Kompromiß zwischen den verschiedenen Anforderungen mit Hilfe der Mehrkriterienoptimierung gefunden werden.

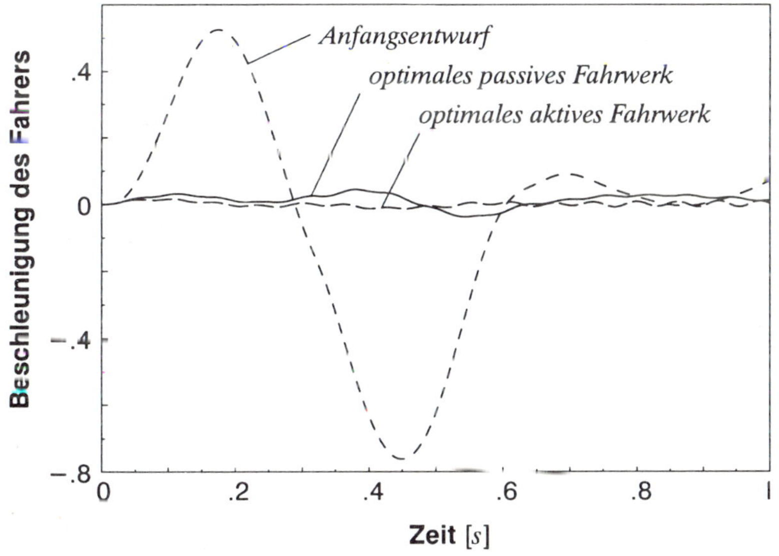

Bild 8.3.5: Komfortoptimales räumliches Fahrzeugmodell

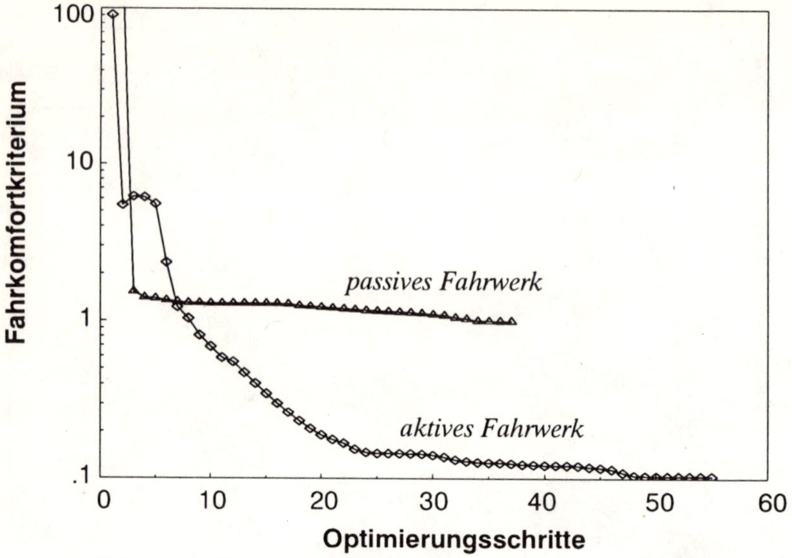

Bild 8.3.6: Optimierung des räumlichen Fahrzeugmodells bezüglich des Fahrkomforts

9 Zusammenfassung

Die Auslegung eines technischen Systems ist eine kreative Ingenieuraufgabe, die durch den Computer wesentlich unterstützt werden kann. Ziel der vorliegenden Arbeit ist daher die Entwicklung und Zusammenstellung von Methoden für einen integrierten Modellierungs- und Entwurfsprozeß. Der Einsatz des Computers beschränkt sich dabei nicht nur auf die numerische Analyse und Auswertung von Funktionen, sondern mit Hilfe von Formelmanipulationsprogrammen ist auch die Gleichungsgenerierung weitgehend automatisierbar. Damit werden bei der Entwicklung neuer Produkte frühzeitige Konzeptstudien und Voroptimierungen bezüglich des dynamischen Verhaltens ermöglicht, wodurch in einer frühen Entwicklungsphase Konzeptfehler erkannt und eventuell Parallelkonzepte aufgedeckt werden können.

Die Bausteine eines solchen Modellierungs- und Optimierungswerkzeugs sind Methoden zur Modellbildung, Simulationsverfahren, Verfahren für die Empfindlichkeitsanalyse und Optimierungsalgorithmen. Dies sind gleichzeitig wichtige Phasen eines Entwurfsprozesses und werden daher in der vorliegenden Arbeit im Detail dargestellt.

In der Technischen Dynamik beginnt der Entwurfsprozeß mit dem Aufstellen eines Mehrkörpersystemmodells und dem Erstellen der zugehörigen Bewegungsgleichungen zur Simulation und Analyse des dynamischen Verhaltens. Man hat dabei zwischen Mehrkörpersystemen mit Baum- bzw. Kettenstruktur und solchen mit kinematischen Schleifen zu unterscheiden. Für Mehrkörpersysteme mit Baumstruktur läßt sich immer eine Beschreibung mit verallgemeinerten Koordinaten finden, die Bewegungsgleichungen sind dann gewöhnliche Differentialgleichungen. Für Mehrkörpersysteme mit kinematischen Schleifen werden zwei unterschiedliche Beschreibungsformen diskutiert. Ausgehend vom aufspannenden Baum, der durch Aufschneiden der kinematischen Schleifen entsteht, ist einerseits eine Beschreibung durch differential-algebraische Gleichungen möglich, andererseits kann durch ein symbolisches oder symbolisch-numerisches Vorgehen auch eine Beschreibung mit verallgemeinerten Koordinaten gefunden werden. Letztere hat den Vorteil, daß sie wie bei Mehrkörpersystemen mit Baumstruktur auf gewöhnliche Differentialgleichungen führt, welche numerisch effizienter integriert werden können als differential-algebraische Gleichungen.

Durch diese Modellierung wird das technische System gleichzeitig parametrisiert. Einzelne Systemparameter, die Entwurfsvariablen, können am Rechner gezielt verändert werden, um ein gewünschtes dynamisches Verhalten zu erreichen. Zur Systematisierung dieser Suche nach optimalen Werten für die Entwurfsvariablen muß das dynamische Verhalten durch geeignete Kriterien bewertet werden. Ausgehend von in der Systemdynamik gebräuchlichen Kriterien wird ein sehr allgemeines Kriterium in Form eines Funktionals definiert. Dieses bewertet zum einen das dynamische Verhalten des Mehrkörpersystems in einem interessierenden Zeitintervall, zum anderen den Endzustand und die Endzeit. Mit Hilfe dieses Kriteriums ist eine einheitliche Darstellung des weiteren Entwurfsprozesses möglich.

Häufig können die verschiedenen Anforderungen an ein technisches System nicht durch ein einzelnes Kriterium beschrieben werden, sondern es sind verschiedene, gleichberechtigte Kriterien zu formulieren. Die gleichzeitige Minimierung aller Kriterien führt auf ein Mehrkriterien- oder Vektoroptimierungsproblem. Als Lösung erhält man i. allg. keine eindeutige Lösung, für die alle Kriterien minimal sind, sondern eine Menge von Pareto-optimalen Lösungen, die im Sinne des Vektorkriteriums nicht miteinander vergleichbar sind. Die Bestimmung einzelner Pareto-optimaler Punkte erfolgt in einem interaktiven und iterativen Entscheidungs- und Lösungsprozeß, bei dem das Vektoroptimierungsproblem jeweils durch Klassifizierung einzelner Kriterien als zu minimierende Gütefunktionen mit entsprechender Wichtigkeit oder als Nebenbedingungen auf ein skalares Ersatzproblem reduziert wird. Für diese Reduktion werden eine Reihe von verschiedenen Mehrkriterienverfahren beschrieben. Die Lösungen der einzelnen Ersatzprobleme sind jedoch als Vorschläge zu interpretieren, durch andere Klassifizierungen oder Gewichtungen ergeben sich andere Pareto-optimale Lösungen. Eine endgültige Entscheidung muß der Ingenieur aufgrund von anderen, nicht formalisierbaren Kriterien treffen.

Die Lösung der skalaren Ersatzprobleme ist mit den verfügbaren Algorithmen der Parameteroptimierung möglich. Der Lösungsprozeß ist ebenfalls iterativ und erfordert sehr viele Analyseschritte, d.h. rechenzeitintensive Simulationen. Um eine geeignete Auswahl für die Optimierung von Mehrkörpersystemen treffen zu können, muß man die Struktur der verschiedenen Optimierungsalgorithmen kennen. Daher werden sowohl die Grundlagen der Optimierung als auch die verschiedenen Verfahren beschrieben und einander gegenübergestellt. Dabei zeigt sich, daß aufgrund ihrer guten Konvergenzeigenschaften die Quasi-Newton-Verfahren für die Optimierung ohne Nebenbedingungen und die Lagrange-Newton-Verfahren für die Optimierung mit Nebenbedingungen am besten geeignet sind.

Der Nachteil dieser Optimierungsverfahren besteht darin, daß eine Berechnung von Gradienten erforderlich ist. Dabei bereiten insbesondere die Abhängigkeiten der funktionalen Kriterien von den Zustandsvariablen Schwierigkeiten. Deshalb nimmt die Empfindlichkeitsanalyse von Mehrkörpersystemen in dieser

Arbeit einen breiten Raum ein. Der Gradient eines funktionalen Kriteriums läßt sich entweder rein numerisch mit Hilfe von finiten Differenzen ermitteln oder mit den beiden beschriebenen semi-analytischen Verfahren, der Direkten Methode und der Adjungierte Variablen Methode. Es zeigt sich, daß eine Empfindlichkeitsanalyse mit semi-analytischen Verfahren wesentlich zuverlässiger ist als eine Berechnung von Gradienten durch numerische Differentiation. Insbesondere das Adjungierte Variablen Verfahren ist bei technisch relevanten Fragestellungen zudem auch effizienter als andere Methoden. Gestützt auf symbolische Bewegungsgleichungen ist die Empfindlichkeitsanalyse mit Hilfe von Formelmanipulationsprogrammen weitgehend automatisierbar.

Die in der vorliegenden Arbeit entwickelten und beschriebenen Verfahren bilden ein gute Grundlage für die Modellierung und Optimierung vieler technischer Systeme. Die Arbeit steht andererseits aber auch erst am Beginn einer möglichen Entwicklung. Dies drückt sich zum einen in nicht behandelten Teilproblemen, wie der Empfindlichkeitsanalyse von Mehrkörpersystemen mit Unstetigkeiten, aus. Zum anderen kann man durch die Automatisierung des Vorgehens bereits vorhandene Grenzen erkennen. Die symbolischen Differentiationen der Bewegungsgleichungen zur Empfindlichkeitsanalyse lassen das Ergebnis nämlich rasch anwachsen, was nur durch rekursive Strukturen in den Bewegungsgleichungen und den adjungierten Gleichungen zu vermeiden ist. Hier kann eventuell die Automatische Differentiation, GRIEWANK (1989), die Grenzen weiter hinausschieben. Die Industrie hat die Mehrkörperdynamik als Analyseinstrument akzeptiert und den Bedarf an strukturierten Methoden zur Systemsynthese erkannt. Es ist deshalb wichtig, die weitere Entwicklung auf dem Gebiet der Optimierung von Mehrkörpersystemen voranzutreiben.

Literatur

AFIMIWALA, K.A. UND MAYNE, R.W.

Optimum Design of an Impact Absorber. *J. of Eng. for Ind.* **96** (1974) 124–130.

ALISHENAS, T.

Zur numerischen Behandlung, Stabilisierung durch Projektion und Modellierung mechanischer Systeme mit Nebenbedingungen und Invarianten. Dissertation. Stockholm: Königliche Technische Hochschule, Institut für Numerische Analysis und Informatik, 1992.

ARORA, J.S.

Theoretical Manual for IDESIGN. Techn. Rep. ODL-85.9. Iowa City: The University of Iowa, College of Eng., 1985.

Introduction to Optimum Design. New York: McGraw-Hill, 1989.

ARORA, J.S. UND HAUG, E.J.

Efficient Optimal Design of Structures by Generalized Steepest Descent Programming. *Int. J. for Num. Meth. in Eng.* **10** (1976) 747–766.

ARORA, J.S. UND TSENG, C.H.

IDESIGN User's Manual. Version 3.5. Iowa City: The University of Iowa, College of Eng., 1986.

BAE, D.S. UND YANG, S.-M.

A Stabilization Method for Kinematic and Kinetic Constraint Equations. In: *Real-Time Integration Methods for Mechanical System Simulation*, von E.J. Haug und R.C. Deyo (Hrsg). Berlin: Springer, 1991, S. 209–232.

BARMAN, N.-C.

Design Sensitivity Analysis and Optimization of Constrained Dynamic Systems. Ph.D. Thesis. Iowa City: The University of Iowa, 1979.

BARTLE, R.G.

The Elements of Real Analysis. 2. Auflage. New York: J. Wiley & Sons, 1976.

BAUMGARTE, J.

Stabilization of Constraints and Integrals of Motion in Dynamical Systems. *Comp. Meth. in Appl. Mech. and Eng.* **1** (1972) 1–16.

A New Method of Stabilization for Holonomic Constraints. *J. Appl. Mech.* **50** (1983) 869–870.

BESTLE, D.

Zur Optimierung von Mehrkörpersystemen. Institutsbericht IB-14. Stuttgart: Universität, Institut B für Mechanik, 1989.

Optimization of Automotive Systems. In: *Concurrent Engineering: Tools and Technologies for Mechanical System Design*, von E.J. Haug (Hrsg.) Berlin: Springer, 1993, S. 671–683.

BESTLE, D. UND EBERHARD P.

Analyzing and Optimizing Multibody Systems. *Mech. Struct. and Mach.* **20** (1992) 67–92.

BESTLE, D., EBERHARD P. UND SCHIEHLEN, W.

Optimization of an Actively Controlled Vehicle System. *Zur Veröff. einger.*, 1992.

BESTLE, D. UND SEYBOLD, J.

Sensitivity Analysis of Constrained Multibody Systems. *Archive of Appl. Mech.* **62** (1992) 181–190.

BLAJER, W.

Motivating the Projection Method for Dynamic Analysis of Constrained Systems. *Zur Veröff. einger.*, 1990.

BLAJER, W., BESTLE, D. UND SCHIEHLEN, W.

An Orthogonal Complement Matrix Formulation for Constrained Multibody Systems. *Erscheint im J. of Mech. Design*, 1993.

BRANDL, H., JOHANNI, R. UND OTTER, M.

A Very Efficient Algorithm for the Simulation of Robots and Similar Multibody Systems without Inversion of the Mass Matrix. In: *Theory of Robots, Proc. of the IFAC Int. Symp. on Theory of Robots,* von P. Kopacek (Hrsg.) Oxford: Pergamon Press, 1988, S. 95–100.

BRYSON, A.E. UND DENHAM, W.F.

A Steepest-Ascent Method for Solving Optimum Programming Problems. *J. of Appl. Mech.* **29** (1962) 247–257.

BULIRSCH, R. UND RUTISHAUSER, H.

Interpolation und genäherte Quadratur. In: *Mathematische Hilfsmittel des Ingenieurs, Teil III*, von R. Sauer und I. Szabo (Hrsg.) Berlin: Springer, 1968, S. 232–319.

BUNDAY, B.D.

Basic Optimisation Methods. London: Ed. Arnold, 1984.

CHAR, B.W., GEDDES, K.O., GONNET, G.H., MONAGAN, M.B. UND WATT, S.M.

MAPLE – Reference Manual. 5. Auflage. Waterloo: Waterloo Maple Publ., 1990.

DANTZIG, G.B.

Reminiscences About the Origins of Linear Programming. In: *Mathematical Programming: The State of the Art, Bonn 1982*, von A. Bachem u.a. (Hrsg.) Berlin: Springer, 1983, S. 78–86.

DIXON, L.C.W. UND SZEGÖ, G.P.

The Numerical Optimisation of Dynamic Systems: A Survey. In: *Numerical Optimisation of Dynamic Systems*, von L.C.W. Dixon und G.P. Szegö (Hrsg.) Amsterdam: North-Holland, 1980, S. 3–28.

DUSCHEK, A. UND HOCHRAINER, A.

Tensorrechnung in analytischer Darstellung. Band I: Tensoralgebra. Wien: Springer, 1960.

Tensorrechnung in analytischer Darstellung. Band II: Tensoranalysis. Wien: Springer, 1961.

ELMADANY, M.M.

Optimal Linear Active Suspensions with Multivariable Integral Control. *Veh. Sys. Dyn.* **19** (1990) 313–329

EPPLER, R.

Optimierung. Vorlesungsmanuskript. Stuttgart: Universität, Institut A für Mechanik, 1981.

ESCHENAUER, H.A.

Multicriteria Optimization Techniques for Highly Accurate Focusing Systems. In: *Multicriteria Optimization in Engineering and in the Sciences*, von W. Stadler (Hrsg.) New York: Plenum Press, 1988, S. 309–354.

FENG, T.-T., ARORA, J.S. UND HAUG, E.J.

Optimal Structural Design under Dynamic Loads. *Int. J. for Num. Meth. in Eng.* **11** (1977) 39–52.

FIACCO, A.V. UND MCCORMICK, G.P.

Nonlinear Programming: Sequential Unconstrained Minimization Techniques. New York: Wiley, 1968.

FISCHER, U. UND STEPHAN, W.

Prinzipien und Methoden der Dynamik. Leipzig: VEB Fachbuchverlag, 1972.

FLETCHER, R.

Penalty Functions. In: *Mathematical Programming: The State of the Art, Bonn 1982*, von A. Bachem u.a. (Hrsg.) Berlin: Springer, 1983, S. 87–114.

Practical Methods of Optimization. 2. Auflage. Chichester: J. Wiley & Sons, 1987.

FLETCHER, R. UND POWELL, M.J.D.

A Rapidly Convergent Descent Method for Minimization. *The Comp. Journal* **6** (1963) 163–168.

FLETCHER, R. UND REEVES, C.M.

Function Minimization by Conjugate Gradients. *The Comp. Journal* **7** (1964) 149–154.

FOX, R.L.

Optimization Methods for Engineering Design. Reading: Addison-Wesley, 1971.

FÜHRER, C.

Differential-algebraische Gleichungssysteme in mechanischen Mehrkörpersystemen. Theorie, numerische Ansätze und Anwendungen. Dissertation. München: Technische Universität, Mathematisches Institut, 1988.

GILL, P.E., MURRAY, W., SAUNDERS, M.A. UND WRIGHT, M.H.

Sequential Quadratic Programming Methods for Nonlinear Programming. In: *Computer Aided Analysis and Optimization of Mechanical System Dynamics*, von E.J. Haug (Hrsg.) Berlin: Springer, 1984, S. 679–700.

Model Building and Practical Aspects of Nonlinear Programming. In: *Computational Mathematical Programming*, von K. Schittkowski (Hrsg.) Berlin: Springer, 1985, S. 209–247.

GILL, P.E., MURRAY, W. UND WRIGHT, M.H.

Practical Optimization. London: Academic Press, 1981.

GOLUB, G.H. UND LOAN, C.F. VAN

Matrix Computations. London: North Oxford Academic Publ., 1986.

GRIEWANK, A.

On Automatic Differentiation. In: *Mathematical Programming: Recent Developments and Application*, von M. Iri und K. Tanabe. Dortrecht: Kluwer, 1989.

HAUG, E.J.

Design Sensitivity Analysis of Dynamic Systems. In: *Computer Aided Optimal Design: Structural and Mechanical Systems*, von C.A. Mota-Soares (Hrsg.) Berlin: Springer, 1987, S. 705–755.

Computer-Aided Kinematics and Dynamics of Mechanical Systems. Vol I: Basic Methods. Boston: Allyn & Bacon, 1989.

Intermediate Dynamics. Englewood Cliffs: Prentice Hall, 1992.

Concurrent Engineering Tools and Technologies for Mechanical System Design, NATO Advanced Study Institute, 25. Mai – 5. Juni 1992, Iowa City, U.S.A. Berlin: Springer, 1993.

HAUG, E.J. UND ARORA, J.S.

Design Sensitivity Analysis of Elastic Mechanical Systems. *Comp. Meth. in Appl. Mech. and Eng.* **15** (1978) 35–62.

Applied Optimal Design – Mechanical and Structural Systems. New York: Wiley, 1979.

HAUG, E.J., ARORA, J.S. UND FENG, T.T.

Sensitivity Analysis and Optimization of Structures for Dynamic Response. *J. of Mech. Design* **100** (1978) 311–318.

HAUG, E.J., ARORA, J.S. UND MATSUI, K.

A Steepest-Descent Method for Optimization of Mechanical Systems. *J. of Opt. Theory and Appl.* **19** (1976) 401–424.

HAUG, E.J., MANI, N.K. UND KRISHNASWAMI, P.

Design Sensitivity Analysis and Optimization of Dynamically Driven Systems. In: *Computer Aided Analysis and Optimization of Mechanical System Dynamics*, von E.J. Haug (Hrsg.) Berlin: Springer, 1984, S. 555–635.

HAUG, E.J., WEHAGE, R.A. UND MANI, N.K.

Design Sensitivity Analysis of Large-Scale Constrained Dynamic Mechanical Systems. *J. of Mech., Transm., and Autom. in Design* **106** (1984) 156–162.

HEARN, A.C.

REDUCE – User's Manual. Santa Monica: Rand, 1993.

HSIAO, M.H., HAUG, E.J. UND ARORA, J.S.

A State Space Method for Optimal Design of Vibration Isolators. *J. of Mech. Design* **101** (1979) 309–314.

HSIEH, C.C

Treatment of General Boundary Conditions and Point-wise State Variable Constraints in Optimum Design for Static and Dynamic Response. Ph.D. Thesis. Iowa City: The University of Iowa, 1984.

HSIEH, C.C. UND ARORA, J.S.

Design Sensitivity Analysis and Optimization of Dynamic Response. *Comp. Meth. in Appl. Mech. and Eng.* **43** (1984) 195–219.

A Hybrid Formulation for Treatment of Point-wise State Variable Constraints in Dynamic Response Optimization. *Comp. Meth. in Appl. Mech. and Eng.* **48** (1985) 171–189.

HWANG, C.-L. UND MASUD, A.S.

Multiple Objective Decision Making – Methods and Applications. Lecture Notes in Econ. and Math. Sys. 164. Berlin: Springer, 1979.

HWANG, R.-S. UND HAUG, E.J.

A Recursive Multibody Dynamics Formulation for Parallel Computation. Techn. Rep. 13. Iowa City: The University of Iowa, CCAD, 1988.

IMSL MATH LIBRARY

FORTRAN Subroutines for Mathematical Applications. User's Manual. Houston: IMSL, Inc., 1989.

JAENSCH, C., SCHNEPPER, K. UND WELL, K.-H.

Ascent and Descent Trajectory Optimization of Ariane 5/Hermes. *AGARD Space Vehicle Flight Mechanics*, 1990.

KARNOPP, D.

Design Principles for Vibration Control Systems Using Semi-active Dampers. *J. of Dyn. Sys., Measurement and Control* **112** (1990) 448–455.

KARNOPP, D. UND HEESS, G.

Electronically Controllable Vehicle Suspensions. *Veh. Sys. Dyn.* **20** (1991) 207–217.

KARNOPP, D.C. UND TRIKHA, A.K.

Comparative Study of Optimization Techniques for Shock and Vibration Isolation. *J. of Eng. for Ind.* **91** (1969) 1128–1132.

KESSLER, B.

Bewegungsgleichungen für Echtzeitanwendungen in der Fahrzeugdynamik. Dissertation. Stuttgart: Universität, Institut B für Mechanik, 1989.

KIM, S.S. UND VANDERPLOEG, M.J.

QR Decomposition for State Space Representation of Constrained Mechanical Dynamic Systems. *J. Mech., Transm., and Autom. in Design* **108** (1986) 183–188.

KIRSCH, U.

Optimum Structural Design. New York: Mc-Graw Hill, 1981.

KRÄMER, E.

Maschinendynamik. Berlin: Springer, 1984.

KREISSELMEIER, G. UND STEINHAUSER, R.

Systematische Auslegung von Reglern durch Optimierung eines vektoriellen Gütekriteriums. *Regelungstechnik* **27** (1979) 76–79.

KREUZER, E.

Symbolische Berechnung der Bewegungsgleichungen von Mehrkörpersystemen. Dissertation. VDI Fortschritt-Berichte, Reihe 11, Nr. 32. Düsseldorf: VDI-Verlag, 1979.

KREUZER, E. UND LEISTER, G.

Programmsystem NEWEUL'90. Anleitung AN-24. Stuttgart: Universität, Institut B für Mechanik, 1991.

KRISHNASWAMI, P.

Computer-Aided Optimal Design of Constrained Dynamic Systems. Ph.D. Thesis. Iowa City: The University of Iowa, 1983.

LEISTER, G.

Wahl geeigneter Koordinaten zur Dynamikanalyse von Mehrkörpersystemen. Zwischenbericht ZB-49. Stuttgart: Universität, Institut B für Mechanik, 1990.

Beschreibung und Simulation von Mehrkörpersystemen mit geschlossenen kinematischen Schleifen. Dissertation. VDI Fortschritt-Berichte, Reihe 11, Nr. 167. Düsseldorf: VDI-Verlag, 1992.

LEISTER, G. UND BESTLE, D.

Symbolic-numerical Solution of Multibody Systems with Closed Loops. *Veh. Sys. Dyn.* **21** (1992) 129–142.

MAGNUS, K. UND MÜLLER, H.H.

Grundlagen der Technischen Mechanik. Stuttgart: Teubner, 1979.

MANI, N.K.

Use of Singular Value Decomposition for Analysis and Optimization of Mechanical System Dynamics. Ph.D. Thesis. Iowa City: The University of Iowa, 1984.

MANI, N.K., HAUG, E.J. UND ATKINSON, K.E.

Application of Singular Value Decomposition for Analysis of Mechanical System Dynamics. *J. Mech., Transm., and Autom. in Design* **107** (1985) 82–87.

MIELE, A.

Recent Advances in Gradient Algorithms for Optimal Control Problems. *J. of Opt. Theory and Appl.* **17** (1975) 361–430.

MITSCHKE, M.

Dynamik der Kraftfahrzeuge. Band C: Fahrverhalten. Berlin: Springer, 1990.

MÜLLER, P.C. UND SCHIEHLEN, W.O.

Lineare Schwingungen. Wiesbaden: Akademische Verlagsgesellschaft, 1976.

NELDER, J.A. UND MEAD, R.

A Simplex Method for Function Minimization. *Comp. J.* **7** (1965) 308–313.

NIKRAVESH, P.E.

Some Methods for Dynamic Analysis of Constrained Mechanical Systems: A Survey. In: *Computer Aided Analysis and Optimization of Mechanical System Dynamics*, von E.J. Haug (Hrsg.) Berlin: Springer, 1984, S. 351–368.

Computer-Aided Analysis of Mechanical Systems. Englewood Cliffs: Prentice Hall, 1988.

Systematic Reduction of Multibody Equations of Motion to a Minimal Set. *Int. J. Non-linear Mech.* **25** (1990) 143–151.

OSTERMEYER, G.-P.

On Baumgarte Stabilization for Differential Algebraic Equations. In: *Real-Time Integration Methods for Mechanical System Simulation*, von E.J. Haug und R.C. Deyo (Hrsg.) Berlin: Springer, 1990, S. 193–207.

OSYCZKA, A.

Multicriterion Optimization in Engineering. Chichester: Ellis Horwood, 1984.

PARS, L.A.

A Treatise on Analytical Dynamics. London: Heinemann, 1965.

POWELL, M.J.D.

An Efficient Method for Finding the Minimum of a Function of Several Variables Without Calculating Derivatives. *The Comp. Journal* **7** (1964) 155–162.

Algorithms for Nonlinear Constraints that Use Lagrangian Functions. *Mathematical Programming* **14** (1978a) 224–248.

A Fast Algorithm for Nonlinearly Constrained Optimization Calculations. In: *Numerical Analysis, Proc. Biennal Conf. Dundee 1977*, von G.A. Watson (Hrsg.) Lecture Notes in Math. 630. Berlin: Springer, 1978b, S. 144–157.

RAND, R.H.

Computer Algebra in Applied Mathematics: An Introduction to MACSYMA. Res. Notes in Math. 94. Boston: Pitman, 1984.

RILL, G.

Auswahl eines geeigneten Integrationsverfahrens für die nichtlinearen Bewegungsgleichungen bei Erregung durch beliebige Zeitfunktionen. Forschungsbericht FB-4. Stuttgart: Universität, Institut B für Mechanik, 1981.

SCHIEHLEN, W.

Zur Klassifizierung von Mehrkörpersystemen. *Deutsche Luft- und Raumfahrt, Forschungsber.* **75-32** (1975) 254–269.

Technische Dynamik. Stuttgart: Teubner, 1986.

Multibody Systems Handbook, von W. Schiehlen (Hrsg.) Berlin: Springer, 1990.

SCHIRM, W., BLAJER, W. UND SCHIEHLEN, W.

Zur Behandlung von Mehrkörpersystemen mit kinematischen Schleifen in Minimalform. *ZAMM* **73** (1993) T105–T107.

SCHITTKOWSKI, K.

Nonlinear Programming Codes: Information, Tests, Performance. Lecture Notes in Econ. and Math. Sys. 183. Berlin: Springer, 1980a.

A Numerical Comparison of 13 Nonlinear Programming Codes with Randomly Generated Test Problems. In: *Numerical Optimisation of Dynamic Systems*, von L.C.W. Dixon und G.P. Szegö (Hrsg.) Amsterdam: North-Holland, 1980b, S. 213–234.

Nichtlineare Programmierung. In: *Optimierungsverfahren – Software und praktische Anwendungen.* CCG Lehrgang-Manuskript. Oberpfaffenhofen: Carl-Cranz-Gesellschaft, 1991.

SCHMOLL, K.-P.

Modularer Aufbau von Mehrkörpersystemen unter Verwendung der Relativkinematik. Dissertation. VDI Forschritt-Berichte, Reihe 18, Nr. 57. Düsseldorf: VDI-Verlag, 1988.

SCHRAMM, D.

Ein Beitrag zur Dynamik reibungsbehafteter Mehrkörpersysteme. Dissertation. VDI Forschritt-Berichte, Reihe 18, Nr. 32. Düsseldorf: VDI-Verlag, 1986.

SEIREG, A.

A Survey of Optimization of Mechanical Design. *J. of Eng. for Ind.* **94** (1972) 495–499.

SHAMPINE, L.F. UND GORDON, M.K.

Computer Solution of Ordinary Differential Equations – The Initial Value Problem. San Francisco: Freeman, 1975.

SILVERMAN, J.; STEUER, R.E. UND WHISMAN, A.W.

Computer Graphics at the Multicriterion Computer/User Interface. In: *Decision Making with Multiple Objectives*, von Y.Y. Haimes und V. Chankong (Hrsg.) Lect. Notes in Econ. and Math. Sys. 242. Berlin: Springer, 1985, S. 201–213.

STADLER, W.

Stability Implications and the Equivalence of Stability and Optimality Conditions in the Optimal Design of Uniform Shallow Arches. In: *Proc. of the Int. Symp. on Optimum Structural Design*, 11th ONR Structural Mechanics Symp., Tucson, Arizona, Oct. 19–22, 1981.

Multicriteria Optimization in Mechanics: A Survey. *Appl. Mech. Rev.* **37** (1984) 277–286.

Fundamentals of Multicriteria Optimization. In: *Multicriteria Optimization in Engineering and in the Sciences*, von W. Stadler (Hrsg.) New York: Plenum Press, 1988, S. 1–25.

VANDERPLAATS, G.N.

Numerical Optimization Techniques for Engineering Design. New York: McGraw-Hill, 1984.

ADS – A Fortran Program for Automated Design Synthesis. Version 2.01. Santa Barbara: Engineering Design Optimization Inc., 1987.

WEHAGE, R.A. UND HAUG, E.J.

Generalized Coordinate Partitioning for Dimension Reduction in Analysis of Constrained Dynamic Systems. *J. of Mech. Design* **104** (1982) 247–255.

WILLMERT, K.D. UND FOX, R.L.

Optimum Design of a Linear Multi-Degree-of-Freedom Shock Isolation System. *J. of Eng. for Ind.* **94** (1972) 465–471.

ZACH, F.

Technisches Optimieren. Wien: Springer, 1974.

ZIELINSKI, R. UND NEUMANN, P.

Stochastische Verfahren zur Suche nach dem Minimum einer Funktion. Berlin: Akademie-Verlag, 1983.

ZURMÜHL, R.

Matrizen und ihre technischen Anwendungen. 4. Auflage. Berlin: Springer, 1964.

Sachverzeichnis